有机蔬菜
节本高效栽培新技术

王志鹏　孙培博 ＿＿＿＿＿＿ 主编

YOUJI SHUCAI

JIEBEN GAOXIAO ZAIPEI

XINJISHU

U0298937

 化学工业出版社

· 北京 ·

内 容 简 介

本书比较详细地总结了主要蔬菜种类有机栽培技术。主要内容包括：有机蔬菜生产概述、有机蔬菜栽培节本高效育苗技术、主要蔬菜作物有机栽培壮苗培育技术、温室有机蔬菜节本高效栽培技术、大拱棚有机蔬菜节本高效栽培技术、露地有机蔬菜节本高效栽培技术等。

本书为作者数十年的生产实践经验总结，技术实用、易学、环境友好，产品安全、高产、优质。适于农业系统的管理、技术干部，从事有机农业生产栽培的科技工作者、各大农场业主、技术干部以及农户个体业主阅读参考。

图书在版编目（CIP）数据

有机蔬菜节本高效栽培新技术/王志鹏，孙培博主编. —北京：化学工业出版社，2022.1
ISBN 978-7-122-40139-7

Ⅰ.①有⋯　Ⅱ.①王⋯　②孙⋯　Ⅲ.①蔬菜园艺–无污染技术　Ⅳ.①S63

中国版本图书馆 CIP 数据核字（2021）第 213840 号

责任编辑：张林爽
责任校对：边　涛　　　　　　　　　　　　装帧设计：史利平

出版发行：化学工业出版社（北京市东城区青年湖南街 13 号　邮政编码 100011）
印　　装：大厂聚鑫印刷有限责任公司
880mm×1230mm　1/32　印张 8½　字数 220 千字　2022 年 1 月北京第 1 版第 1 次印刷

购书咨询：010-64518888　　　　　　　　　　售后服务：010-64518899
网　　址：http://www.cip.com.cn
凡购买本书，如有缺损质量问题，本社销售中心负责调换。

定　价：49.80 元

《有机蔬菜节本高效栽培新技术》
编写人员

主　编　王志鹏　孙培博

副主编　于倩倩　孙喜林　张力丹

参　编　台述强　宋　艳　梁凤美　赵兴宇　徐建华

前 言

有机农业来源于中国传统农耕生产。早在 20 世纪，我国悠久的、科学的农耕文明已经被世界科技界认同。

欧洲"化学农业"理念的推广，对中国传统农业生产产生了很大影响。特别是化学农药、化学肥料的频繁施用，污染了地下水与江河湖海，杀灭了大量的有益生物种群，破坏了生态平衡，严重损害了各种农作物赖以生存的土壤与生态环境，农残超标的农产品给消费者的健康带来了隐患。

残酷的现实告诉我们：必须回归绿色农业、有机农业。当然，化学农业也有着产量高、增效快，能够进行大规模的工业化生产之长处，不可完全摒弃，而应该科学地利用其长处和特点，将化学农业与有机农业相互结合，加以改造，以服务于有机农业并完善有机农业生产，确保环境友好以及农产品安全、高产、优质。

为此我们编写了《有机蔬菜节本高效栽培新技术》一书，书中详细介绍了编者数十年来总结的关于环境友好以及农产品安全、高产、优质生产的技术。今把它奉献给热爱农业的广大同行和农民朋友们，期盼它能对国家快速推广有机农业、保护生态环境、美化我们的家园、促进农民增收增效、保障广大消费者身体健康有所裨益。

孙培博

2021 年 12 月

目 录

第四章　温室有机蔬菜节本高效栽培技术　58

第五章　大拱棚有机蔬菜节本高效栽培技术

第六章　露地有机蔬菜节本高效栽培技术

第一章

有机蔬菜生产概述

第一节
有机蔬菜生产基地、园区建设

1. 基地园区选择

有机蔬菜生产基地、园区要选择远离工矿企业所在地、居民集中居住区、医院、垃圾场、污水处理场、动物养殖场与交通干线的地点。产地的环境质量应符合以下要求：土壤环境质量符合《土壤环境质量农用地土壤污染风险管控标准（试行）》（GB 15618—2018）中的二级标准；农田灌溉用水水质符合《农田灌溉水质标准》（GB 5084—2005）的规定；环境空气质量符合《环境空气质量标准》（GB 3095—2012）中的二级标准。

2. 设置缓冲带

为预防有机蔬菜生产区域受到邻近常规生产区域的污染，应在有机和常规生产区域之间设置有效的缓冲带或物理屏障。有机生产园区与周边常规生产区要有宽10米以上的隔离林带，或其他物理屏障，以防止有机生产地块受到常规生产区的污染。缓冲带上种植的植物不能被认证为有机产品。

3. 转换期

常规生产区要转换为有机生产区，必须有 24～36 个月的转换期。一年生植物的转换期至少为播种前的 24 个月，草场和多年生饲料作物的转换期至少为有机饲料收获前的 24 个月，饲料作物以外的其他多年生植物的转换期至少为收获前的 36 个月。新开垦、撂荒 36 个月以上的或有充分证据证明 36 个月以上未使用有机生产禁用物质的地块，也应经过至少 12 个月的转换期。

处于转换期的地块，如果使用了有机生产中禁止使用的物质，应重新开始转换。当地块使用的禁用物质是当地政府机构为处理某种病害或虫害而强制使用的时候，可以适度缩短转换期，但应关注施用产品中禁用物质的降解情况，确保在转换期结束之前，土壤中或多年生作物体内的残留达到非显著水平，所收获产品不应作为有机产品或有机转换产品销售。转换期内应严格按照有机生产标准的要求进行管理。严禁使用有机生产禁用物质，确保园区水源、土壤不被重金属、农药、粉尘、有害气体、有害微生物等污染。

第二节
有机蔬菜生产中肥料与植物激素的科学使用

1. 人工合成的各种化学肥料严禁在有机蔬菜生产中直接施用

化学肥料（简称化肥）直接下地，其负面作用是极为严重的。如化学肥料施入土壤之后会使土壤板结、盐渍化。部分化肥还会使土壤酸化，杀死土壤中的各种有益生物，变活土为死土。化学肥料利用率仅有 20%～30%，大量的肥料元素会渗入地下或流入江河湖海，污染地下水，破坏生态环境。

但是，单纯依靠有机肥料很难满足各种蔬菜作物对多种肥料元素的需求，这必然制约蔬菜作物产量的提高、品质的优化。为了获取高产量、高品质的有机农产品，还必须施用蔬菜作物所必需的化学肥料，特别是含钙、钾、镁、铁、锌等大中微量元素的肥料。这些营养元素单纯依靠施用有机肥料难以满足蔬菜作物生长发育等生理功能的需求。而且这些元素本身对食用者的身体健康具有重要保健作用。

但是这些化学肥料必须遵循有机生产规程，按植物的需求数量、需肥比例，将其掺混入动物粪便中，再掺加足量的有益微生物，搅拌均匀，用农膜封闭发酵并充分腐熟，将化学肥料的各种肥料元素，经微生物的作用转化为氨基酸态、络合态等的小分子有机化合物，即将化学肥料转化为有机生物菌肥后方可施用。

这样操作，既保护了生态环境、改良了土壤，又能满足作物对生长发育所必需的营养元素的需求，不但增产效果显著，还能确保产品达到有机标准。另外，以这种方式生产的有机产品，其品质与食用口感优于不施用化学肥料的有机产品，其产量与经济效益又大大高于大量施用化学肥料的非有机生产的产品。

2. 植物内源激素无可替代

赤霉素、吲哚乙酸、芸苔素内酯等激素类物质，是植物自身产生的、具有重要作用的植物内源激素，对作物的生长发育、成花结果、授粉受精、果实膨大、产量提高、品质优化等诸多方面有着突出的、无可替代的重要作用。这些物质在作物产品自身中都有不同数量的存在，多年来通过人们不懈努力，很多可以人工合成。经数十年的广泛使用，且经大量实践证明：人工合成的植物激素在促进作物生长发育、成花结果、坐果率提高、果实膨大，以及抗御冻害、干旱等各种自然灾害等诸多方面效果显著，对农业生产力的提高具有独特重大的效应，是人类科学技术进步的标志。

3. 植物细胞膜稳态剂的应用

植物细胞膜稳态剂又称"天达2116"，其换代产品称为"天达能量合剂"。其主要组成成分为从甲壳素类物质中提炼出的复合氨基低聚糖和多种维生素、多种氨基酸以及钾、钙、镁等多种营养元素，这些物质都是对人类身体健康具有重要作用、有益的营养物质。数十年在各种作物生产上的推广应用表明，其效应独特，能大幅度提高植物体自身的抗逆性能，使用后的植物表现出高抗干旱、高抗水涝、抗低温、耐高温、抗药害等特性，能显著地提高植物叶片的光合效能，促进作物增产、优质，而且还具有较强的降解农药残留的特殊功能。鉴于"天达"产品在生产中的表现，有机生产中不应该将其排除，而应对其进行推广应用。

第二章

有机蔬菜栽培节本高效育苗技术

　　培育壮苗是设施及露地蔬菜栽培成功的一项极为重要的技术措施。但是长期以来，人们习惯于传统的育苗方式、方法，即便是采用现代工厂化育苗，由于育苗规程、技术不科学及错误的流程操作等，经常出现育出的蔬菜秧苗为弱苗，抗性、适应性较差，花芽分化质量存在严重缺陷，主要表现在以下三个方面：

　　一是营养基质或基质中掺加化学肥料多，基质土壤溶液浓度高，种子播种后容易发生烧种、烧苗现象，出苗缓慢，出土时间参差不齐，苗相的整齐度差，缺苗现象严重。

　　二是苗床浇水仍然采用在基质表面喷水或漫水灌溉，表面喷水和漫水灌溉不但耗费水量多，易引起肥料大量流失，浪费肥水，而且还会挤压排除土壤中的空气，诱发土壤缺氧、土体板结，制约根系发育，降低根系活性，减弱根系的吸收与合成功能，传染病害，等等。

　　三是单株秧苗营养面积小、苗龄时间长，培育的秧苗多为花芽分化质量差、根系发育不良、高腿细茎的弱苗。用其定植后易萎蔫、缓苗慢，容易感染病害，并且生长发育迟缓，进入结果期晚，难以获取高产、高效益。

　　为保障育苗质量，培育高抗枯萎病、黄萎病、青枯病、立枯病、猝倒病等土传病害的葫芦科（瓜类）、茄科、十字花科、豆科等蔬菜秧苗，应推广实行有机蔬菜标准化育苗技术。

一、苗床建设

苗床分为冷床与暖床。在低温季节育苗，须建暖床。暖床应在温室等保温性能良好的设施中建造。暖床又分电热加温苗床、炉火加温苗床和不加温暖床等。

在温暖季节育苗，可采用冷床。冷床又分为"三防"苗床和一般苗床。

1. 电热加温苗床建设

电热加温苗床应根据电加热线的功率、长度设计建造，一般苗床畦面宽 1～1.2 米、长 10～15 米，畦埂高 15～16 厘米，苗床一端预留排水孔，排水孔宽 20～30 厘米、高 5 厘米，以使操作者能伸进手去，调整塑料农膜，排除多余水分。

苗床畦面需整至水平状，底部平铺农膜，农膜上面平铺 1 层 3～5 厘米厚的聚苯乙烯塑料泡沫板（苯板）作保温隔热层，以便预防苗床基质（土壤）热量向地下传递。如果无苯板，也可在苗床底部的两层农膜之间，均匀铺设 1 层 3～5 厘米厚的锯末、麦糠、碎草或破旧草帘等保温物，并以 100 倍除虫菊素+300 倍 0.7%苦参碱+100 倍小檗碱类植物农药混合液细致喷洒，消灭其内的残留病虫害后作保温层。保温层上面平铺一层农膜（农膜不得漏水）的作用是，使苗床底部保温层保持干燥，以免因含水量增加提高其导热系数，防止热量向地下传递。该农膜四周边缘需高于苗床畦面 5～8 厘米，后在农膜上面铺设一层 3 厘米厚的小石子（石子直径 1 厘米左右）。石子层上面均匀铺撒一层 1 厘米厚的碎草，后填入营养基质。营养基质层经木板按压或拍压后，其厚度需达到 8～10 厘米。

后在苗床底部的石子层内灌透水，再按 10 厘米×10 厘米或 8 厘米×8 厘米的正方形切割营养土块，经晾墒土块缝隙裂开后，在相关缝隙内铺设电加热线。

电加热线铺设：苗床边行根据切块大小，每间隔 8～10 厘米宽铺设一道，苗床中心部位每间隔 16～32 厘米铺设一道，拉直电加热线后，用手指按压将其塞入苗床土块缝隙中，其深度为 0.5 厘米左右。

在苗床营养土块裂缝的上部铺设电加热线，可直接加热苗床表层种子周围的土壤；营养基质底部铺有苯板或锯末、干草等保温层，可防止热量下传，节省用电，通电后土壤升温快、土温高。播种后，种子发芽快，出苗早，出苗整齐，根系发达，幼苗健壮。

电加热线外接于控温仪和电源上，苗床上部扎竹拱或粗钢丝拱架，拱架高度、弧度一致，拱架弧面的上面覆盖无滴农膜，搭建成小拱棚。夜晚在拱棚拱面上加盖草帘或其他保温材料，草帘外面再覆盖 1 层塑料农膜，增强保温效果。

苗床灌溉时，需把进水管从苗床一端的排水孔处插入苗床底部的石子层内，向床内灌水，通过石子层溢满苗床的畦底面，利用土壤毛细管作用渗灌营养基质，至营养土块表面有少部分显露湿润即可。底部石子层内有多余水分时，可调整排水口处的农膜高度，让多余水分流出苗床。

从苗床底部的石子层中灌水，渗灌苗床营养土块，土壤中的水气比例适宜，不板结，不缺氧，利于根系发育、幼苗健壮；床底渗水灌溉，通过调节灌水量，既能保持根际土壤最佳的水气比例，利于根系发育，又可以使营养土块土壤表层保持干燥或半干燥状态，秧苗茎叶等营养体不沾染水分，不会产生水滴或水膜，苗床的空气湿度低，各种病害不易发生。

如果用营养钵育苗，可以把装满营养基质的营养钵按正方形排列，直接摆放于苗床底部的塑料农膜上；如果用营养盘育苗，可把营养盘排列放于苗床底部农膜上。电加热线铺设于营养盘或营养钵的间隙中。

苗床灌溉必须在苗床底部的农膜上面进行，水分通过营养钵或营养盘（也称育苗盘、穴盘）底部的排水孔吸水，渗灌营养钵（或营养盘）内的营养基质，为幼苗生长发育提供水肥供应。

如果在保温条件比较好的温室中育苗，建苗床时可只设保温层，不铺设电加热线，建设方法同电热加温苗床。

2. 冷床建造

在温暖季节育苗，苗床畦面整至水平状后，可只在苗床底部铺设农膜，农膜上铺设石子灌水层，石子上面再铺设碎草，碎草上铺设营养基质，或直接在农膜上面摆放营养钵或营养盘进行育苗。

3. "三防"苗床建造

在高温多雨季节育苗，需建"三防"苗床，做到防高温、强光、日烧，防水涝、湿渍，防病虫害，这样才能确保培育出健壮的秧苗。

"三防"苗床建设：应选择高燥、大雨之后无积水的地块，按南北方向整畦，畦底面要高于地面 5 厘米以上，苗床畦面宽 100~120 厘米，苗床长因育苗数量而定，一般 10~20 米。苗床四周设置宽 25 厘米、深 10 厘米的降温水沟，沟内灌适量井水，气温高时，及时更换沟内井水，通过井水吸热降温，调控苗床温度在 20~30℃。

苗床底部必须达到水平状，并用长而直的木板条刮平，后灌适量水检查畦底面的水平度。注意水量要小，水深 0.3 厘米左右即可。如果床底畦面达不到水平状，可借助水面随即整修调整畦底面，使之呈水平状。后在苗床畦面上铺设 1.5 米宽、不漏水的塑料农膜，农膜边缘搭在畦埂上。农膜上面铺设小石子、大粒沙子或碎煤渣，其厚度达 3 厘米左右。如果铺设石子或煤渣，其底部农膜上面需再垫铺 1~2 层旧农膜，防止石子、煤渣扎坏畦底面上的农膜，造成漏水。

石子层铺设好后，随即灌水，水深至石子表层，借助水平面整平石子层至水平状，再在其上铺设 1 层旧草帘，或 0.5~1 厘米厚的碎草或麦草等，草层上面铺设营养基质。

苗床一端留有 20 厘米×30 厘米左右的灌水穴，另一端留有排水口。通过灌水穴向苗畦的石子层内灌井水，水从另一端的排水口流入苗床四周的降温水沟内，调控苗床温度。

在苗床旁边降温沟的畦埂上面，用竹条或粗钢丝扎成高 100～120 厘米、宽 150 厘米的拱架，拱架顶部覆盖宽 120 厘米的无破碎的旧无滴膜，再用防虫网全面覆盖封闭拱棚。播种后，把防虫网边缘埋压入沟外土内，严密封闭（注意：灌水穴应预留在拱棚一端防虫网的外面），防止蚜虫、斑潜蝇、白粉虱等害虫进入，预防害虫为害秧苗、传染病害。遇高温天气时，苗床灌溉井水，通过沙石层流入苗床各部与四周的降温水沟内，并经过营养基质的毛细管作用，渗灌营养基质，降低土壤温度。

这样处理后，苗床高燥，拱棚支架顶部有半透明的旧农膜遮阳、防雨，拱棚四周有防虫网封闭，拱棚通风透气，苗床底部灌有井水，井水温度只有 16℃ 左右，可以大量吸收苗床热量，使之降温。同时拱棚外的农膜和防虫网可避免雨淋秧苗，预防高温、强光、日烧和病虫害。

利用基质毛细管渗灌土壤营养基质，避免了土壤板结现象的发生，营养基质的含水量稳定，其固相、气相、液相和谐，始终维持在适宜秧苗根系生长发育的良好状态，保障秧苗健壮。

基质渗灌，秧苗的地上部分茎叶等营养体不接触水分，叶片、茎蔓不会存有水滴、水膜，病菌孢子难以发芽，可避免病菌侵染，秧苗极少有病害发生。

二、营养基质配制

营养基质可就地取材自行配制，可选用草炭土、蚯蚓粪、锯末、煤渣、细沙土和未种植过蔬菜的田园土、充分腐熟的动物粪便等。田园土、草炭土、煤渣、细沙土都要粉碎过筛，去除石子、土块、杂草、碎根等，再在强光下暴晒数天，杀菌灭虫备用。动物粪便要提前 30 天左右，掺加生物菌，搅拌均匀后堆积，外用农膜严密封闭，进行高温厌氧发酵，充分腐熟，杀灭粪便中的害虫、蛆蛹与病菌，净化改变粪便中的有害物质，并将各种肥料元素转化为氨基酸态、络合态等的小分子有机化合物。发酵维持高温

20 天左右，后打开农膜，再次搅拌，重新封闭，继续发酵 7 ~ 10 天，方可用于配制营养基质。锯末要过筛，后在阳光下曝晒数天，杀菌灭虫后方能使用。

营养基质配制比例：草炭土、田园土或蚯蚓粪 4 份，锯末或煤渣 3 份，细沙土 1 ~ 2 份，腐熟动物粪便 1 ~ 2 份。充分搅拌，掺混均匀，填入营养钵或营养盘内，或铺设于苗床上整平、灌水、切块，以备播种育苗。

三、种子处理

种子处理分以下几个步骤：

1. 晒种

晒种可杀灭病菌，降低种子含水量，提高种子细胞液原生质浓度。播种后，种子吸水快，发芽势强，发芽整齐。

晒种应在播种前 5 ~ 10 天进行，要连续晒种 3 天左右。晒种时注意种子不可在水泥地、柏油路或金属盘面上晒，以免烫伤或污染种子。要铺设被单、纸板等作负载面，或在柳条编制的清洁簸箕、笸箩上翻晒。

2. 种子消毒

种子消毒经常采用的方法：

（1）干热消毒　在进行干热消毒之前，种子必须延长晒种时间，直至种子含水量降至 8% 以下，方可进行干热消毒。其方法是把含水量降至 8% 以下的种子，放置在恒温箱内，用 72℃ 高温处理 72 小时，杀灭病毒与各种病菌，后浸种、催芽、播种。

（2）药物浸种消毒　消毒时先把种子装入尼龙纱网袋内，后用冷水冲洗、细致搓洗，洗净种皮表面的黏状脏物，再用 0.2% 高锰酸钾药液、1% 硫酸铜药液、1% 溃腐灵药液或其他小檗碱类植物农药药液浸泡 10 ~ 30 分钟，捞出后以清水冲洗净药液，后浸种催芽。

（3）温汤烫种　洗净种皮表面的黏状脏物后，再以热水烫种 30 分钟，打破休眠。不同种类的蔬菜种子应采用不同的水温烫种，黄瓜、番茄、辣甜椒、茄子种子需用 50～55℃热水；南瓜、西葫芦需用 55～60℃热水；葫芦、冬瓜需用 60～80℃热水；西瓜、苦瓜、丝瓜可先用 100℃开水烫种 5～7 秒，后立即取出种子袋，放入 40～45℃冷水中，降温至 50～55℃，维持 30 分钟；豆角、菜豆等豆科种子需用 40～50℃热水；白菜、萝卜、甘蓝等十字花科蔬菜和大葱、洋葱、韭菜等种子需用 40～45℃热水，烫种 30 分钟。经过高温杀菌或温汤浸种，打破休眠后，催芽播种或直接播种。

3. 浸种催芽

种子消毒后，再用 25～30℃的冷水浸种，让种子吸饱水分，以利发芽。黄瓜、冬瓜、南瓜、西葫芦、西瓜、番茄等种子，需浸种 5～7 小时；无籽西瓜、葫芦、黑籽南瓜、丝瓜、苦瓜、辣甜椒等种子，需浸种 10～12 小时；茄子种子需浸种 18～20 小时；白菜、萝卜、甘蓝等十字花科蔬菜种子，需浸种 2～4 小时；大葱、韭菜、洋葱种子，需浸种 5～6 小时；菜豆、豆角等豆科种子，需浸种 3～5 小时；芹菜、香菜种子，需用 15～20℃井水浸种 20～24 小时。

种子吸饱水分后催芽，不同种类的蔬菜需用不同的温度催芽。

番茄、辣甜椒、茄子种子需在 25～30℃温度条件下催芽；西瓜、黄瓜、冬瓜、丝瓜等瓜类种子需在 28～32℃温度条件下催芽；芹菜、香菜、茼蒿等叶菜类种子，需在 15～20℃温度条件下催芽。菜豆等豆类种子，大葱、韭菜、洋葱种子，以及大白菜、甘蓝等十字花科蔬菜种子一般不进行催芽，浸种后直接播种。

催芽最好在恒温箱内进行，如果没有恒温设备，可自制简易恒温箱，方法如下：找一个长宽 30～40 厘米、高 40～60 厘米的纸箱（可根据种子数量调整纸箱大小），去掉顶部纸板，制成一个只有上部开口、四周与底部封闭严密的长方形高纸箱，后在离纸箱顶部开口 10 厘米左右高处，同高度水平方向并排穿入三根细铁丝，铁丝间距 10 厘米左右，拉紧固定，上面平放一块略小于纸箱横截面的纸板（或三合板），纸板上密密地扎上直径 1 厘米左右的孔洞，孔洞间距 2 厘米左右，纸板上面平铺用开水烫过的洁净湿棉布。纸板下面正中位置的铁丝上吊一个 20 瓦左右的灯泡。催芽时纸箱口以被子、毛巾被或被单等覆盖物封严保温。

自制恒温箱在催芽之前，需先调节温度，使温度稳定在所需用温度范围内后，方可进行催芽。方法：在恒温箱内上部纸板上平放一支温度计，每 30 分钟观察一次温度。若温度高于适温上限，可改换小号灯泡，或改换覆盖物，把被子换为毛巾被等薄质覆盖物；若温度低于适温下限，可适度提高灯泡的瓦数，或增加覆盖物的厚度。经仔细连续观察 1~2 小时，箱内温度确实稳定在适宜温度范围内且不再变动时，方可放入种子，进行催芽。

种子需薄薄地平摊于箱内纸板上面的湿布面上，再以开水烫泡过、拧干的洁净湿布覆盖。催芽过程中，每天早、晚需用 30℃左右的清水冲洗种子 2 次，洗后甩净水分或用洁净湿布沾净种皮表面水分，继续催芽。只要注意调整好温度，用此方法催芽，种子发芽速度快，发芽整齐。

4. 冷冻处理

采用越冬、春促成栽培蔬菜作物时，为提高秧苗的抗冻、耐低温性能，需对开始发芽的种子进行冷冻处理。待部分种子露出胚根（露白）时，以 −2~0℃的低温处理种子 6~8 小时，锻炼发芽种子的耐低温能力，后继续催芽至大部分种子露白、幼根长不超过 0.5 厘米时播种。

冷冻处理方法：可自制冷冻盒进行处理，根据种子数量选一个 20 厘米×10 厘米×25 厘米的泡沫盒，盒底先平铺一层棉花，上铺一层用塑料农膜严密包裹、不漏水的冰块（夏季可以用冰棍或冰糕代替）。冰块要铺放平整，在包裹冰层的塑料农膜上面平铺一层洁净的湿棉布，布面上摊放种子，再用湿棉布覆盖严密，棉布的布面上面再用棉花盖严，使种子处于 −1~0℃的温度条件下进行冷冻处理，低温锻炼。

冷冻最好进行 2 次，间隔时间 12~24 小时。经低温锻炼后的种子要先放入井水中（水温 16℃左右）回暖 15~20 分钟，后方可甩净水分继续催芽，待大部分种子发芽后播种。

5. 特殊种子处理方法

（1）黑籽南瓜　休眠性强，发芽率低，需事先进行冷冻处理，后用赤霉素浸种，打破休眠，方能提高发芽率。方法：把阳光晒过的种子放于冰箱或恒温箱内，用-4~0℃的温度处理24~36小时，后放于塑料纱网袋内，绑紧袋口，再放于清水中充分搓洗，清除净种皮表面污物。后用150~200毫克/千克赤霉素液浸泡，当年新种子浸泡20~24小时，隔年种子浸泡6~12小时，后晾种18小时左右再行催芽播种。

（2）葫芦　洗净种子后，先用60~62℃热水浸种10分钟，后用50~55℃热水浸种20分钟，再用25~30℃清水继续浸泡4小时，然后用100毫克/千克赤霉素液浸泡2小时，稍晾干，再用清水浸泡30分钟后催芽播种。

（3）瓠瓜、苦瓜种子　种皮厚，吸水困难、发芽不整齐。洗净种子后，先用60~65℃热水浸种5~10分钟，后用50~55℃热水浸种20分钟，再用清水继续浸泡24小时，然后用100毫克/千克赤霉素液浸泡2小时，稍晾干，再用清水浸泡30分钟后催芽播种。

也可以用80℃热水烫种，充分搅拌，水温降至50℃时，继续浸泡20分钟，后再用清水浸泡7~8小时，种皮变软后，用人工将种喙破开小口后催芽播种。

（4）无籽西瓜　种皮厚，吸水、发芽困难，洗净种子后，先用100℃热水烫种6~7秒，后置于50~55℃水中继续浸泡25~30分钟，再用清水浸泡7~8小时，种皮变软后，用人工将种喙破开小口后催芽播种。

（5）冬瓜种子　因其成熟度不一致，种皮吸水快、种仁吸水慢，吸水不匀，发芽不整齐，需采用间歇浸种方法提高发芽整齐度。

具体操作：种子洗净后用50~55℃热水浸种25~30分钟，后用清水浸种2.5小时，捞出种子晾1小时，再浸泡2~3小时，再晾1小时，如此反复3次后催芽播种。

（6）茄子砧木　"托鲁巴姆""CRP"等砧木种子休眠性强，洗净种子后需用 100 ~ 200 毫克/千克赤霉素液浸泡 24 小时，后用清水洗净，进行催芽播种。

（7）芫荽（香菜）种子　用清水浸泡 1 ~ 2 小时，再用 1000 倍硫脲液浸种 12 小时，后催芽或直接播种。

四、播种

营养基质通过苗床底部渗灌造墒后即可播种。播种分点播与撒播。

（1）点播　一般营养钵、营养盘育苗和大粒种子播种多行点播。每钵或每穴大粒种子多播 1 粒，小粒种子多播 2 ~ 4 粒。注意：不必在营养钵中挖穴播种，可直接将种子平放在营养钵的中心处，然后在其上成堆状覆土，覆土厚度（堆高）以种子发芽出土后不带种皮（"带帽"）为度，一般为种子直径的 3 倍左右。瓜类种子覆土厚 1.5 ~ 2 厘米，茄果类种子覆土厚 1.0 ~ 1.2 厘米。覆土范围：土堆直径 3 厘米左右，只要做到严密覆盖封闭种子即可。这样操作省工省土，种子透气性好，种子周围基质升温快，利于发芽，发芽早、发芽整齐，出苗快、出苗率高。

（2）撒播　茄果类、瓜类等蔬菜育苗，幼苗长至 2 片真叶时开始花芽分化，一般要先在播种床上撒播，待幼苗长至 2 片真叶时，分苗于较大的营养钵或营养基质土块中。

撒播又分水撒与土撒。

a. 水撒：经过催芽，已经发芽的种子需水撒。水撒不会伤及胚芽，且撒种均匀。水撒时，需把已经发芽的种子放入盛有清水的洁净不锈钢（或塑料）小盆内，操作时用不沾染油污的新炊帚搅拌，和水一起反复均匀甩撒至苗床畦面上，如果盆内水分洒净后盆内还有种子，可再次加水，搅拌甩撒，直至甩撒净盆内种子为止，后覆土。

b. 土撒：不行催芽的种子可实行土撒。把种子掺混入种子体积 50 倍左右、消过毒的细土或营养基质中，充分搅拌，掺混均匀后撒播畦面。注意：必须少量多次分撒，撒播之前，把种土分成 3 等分，分 3 次均匀撒播全畦面，种土全部撒完后覆土。绝不允许一次性撒完种土，防止苗床出苗后种苗分布不均匀。

覆土方法：用 2 根横截面 1.2 厘米×2 厘米的顺直方木棍，1 根平放于苗畦的一端近畦埂处，方木的宽面（2 厘米面）着地，另一根与该方木相距 80 厘米左右，与前者平行摆放于畦面上，后在两条方木之间均匀摊撒营养基质或细沙土；当方木之间的畦面撒满基质，且基质厚度略高于方木棍时，再用一根顺直木板条沿着方木棍刮平覆土。如此方法逐段覆土，直至覆满整个畦面。

如此覆土，其厚度全为 1.2 厘米，恰到好处，幼苗出土迅速，整齐一致，不会"带帽"出土。

注意：方木棍截面窄边尺寸可根据不同种子所需覆土厚度适当调整。

五、苗床管理

（1）温度管理　注意按照每种作物生长发育所需要的最适宜温度进行调控。发芽前适度高温，保持该种子发芽最适宜温度的上限，尽力促进种子快速发芽。部分幼苗出土后立即降温，白天维持其最适宜温度的上限，夜晚维持其最适宜温度的下限，减少有机营养消耗，预防幼苗徒长成高腿弱苗，确保幼苗健壮。

（2）光照管理　在保障温度的前提下，早揭、晚盖保温覆盖物，让幼苗早见光、多见光、见强光，尽量延长见光时间，提高光合效能，促进有机营养物质的生产与积累，抑制病害发生，培育壮苗。

（3）肥水管理　注意适度控制浇水量与浇水次数，促使作物根系发达。只要中午强光、高温时叶片不发生萎蔫现象，无须浇水。浇水必须在苗床底部农膜上面渗灌，通过营养钵、营养盘底部排水孔吸水，渗灌湿润营养钵（或营养盘、营养土块）内的基质。严禁喷灌与大水漫灌，预防因土壤板结而抑制根系发育；防止叶片沾染水分诱发病害。结合浇水，在水内掺加 10 ~ 20 倍沼液或腐熟的动物粪便浸出液进行根系追肥；亦可结合病虫害防治用药，在药液内掺加 300 倍硫酸钾镁、10 倍沼液、10 倍动物粪便浸出液、50 倍发酵牛奶、50 倍米醋或 100 倍红糖进行根外叶面追肥，提高光合效能，促使幼苗健壮，优化花芽分化。

（4）幼苗锻炼　定植前 5 天左右，要停止苗床灌溉，并对苗床加大通风量，适度降温至其最适宜温度的下限，锻炼幼苗，提高其对不良气候环境的适应能力，以利栽植后快速缓苗，提高成活率。

六、病虫害防治

整个苗床必须用防虫网全面封闭，预防害虫侵入。每次变天之前，需细致喷洒 600 倍植物细胞膜稳态剂+300 倍溃腐灵（或其他小檗碱类植物农药）+800 倍大蒜油+100 倍红糖+500 倍 1.5%除虫菊素+500 倍 0.7%苦参碱+300 倍硫酸钾镁+300 倍葡萄糖酸钙（或 10 倍沼液）混合液，预防病虫害发生，促进幼苗健壮成长。

第三章
主要蔬菜作物有机栽培壮苗培育技术

一、瓜类蔬菜嫁接育苗技术

（一）黄瓜等瓜类靠接法嫁接育苗技术

温室栽培黄瓜，多在9月份前后嫁接育苗，且嫁接要在中型拱棚等设施内进行。因为此时正值初秋季节，温室内夜间温度偏高，在温室内嫁接，幼苗极容易旺长，形成徒长高腿弱苗；且高夜温不利于雌花芽分化，会制约丰产栽培。

播种期从8月底至10月上中旬。此期间播种越早，操作越难，但是早播可实现阳历年前结果、丰产，经济效益显著。

靠接法嫁接，应先播种黄瓜，5~7天后再播种黑籽南瓜，或播种专门用于嫁接黄瓜的南瓜品种种子。若以插接法嫁接，应先播种黑籽南瓜种子或其他用于嫁接黄瓜的南瓜品种种子，3天后再播种黄瓜。

嫁接育苗操作步骤如下：

（1）搭建拱棚设施 拱棚需南北向建造，棚高1.7米左右，棚宽5米左右，棚长根据育苗数量而定，拱棚需覆盖无滴农膜，拱棚顶部必须预留80厘米宽、能够适时封闭的通风口。

（2）建造播种畦（播种苗床） 每亩（1亩=666.7平方米）温室需建

播种畦两个，分别播种南瓜与黄瓜种子，畦宽1～1.2米、长5～6米，畦底整至水平，后铺设农膜，膜上铺设1层石子，石子直径1厘米左右，石子层厚度2厘米左右，灌水2.2厘米深，借助水面调整石子层至水平状。后铺设草帘或碎草，草层厚1厘米左右，再在其上铺撒营养土，土层厚度8～10厘米。

营养土（基质）用充分腐熟的粪面1份，经太阳曝晒过的壤土5份，河沙4份，过细筛，掺混均匀，耙实后，再用顺直的木板条刮平畦面，后从底部农膜上灌透水，通过石子层渗灌湿润营养基质。部分畦面有少量湿润状时停止灌水。检查苗床营养土面是否有塌陷状，若有则立即撒营养土整平，排出石子层多余水分，后播种。

（3）种子处理　播种前5～8天需进行种子处理。

①晒种与冻种：每亩用黄瓜种子200～250克，黑籽南瓜种子2500～3000克，播种前晒种2～3天。南瓜种子晒种后再置于-4～0℃低温条件下冷冻处理2～3天，解除休眠。

②浸种与消毒：种子需装入尼龙纱网中，扎口封闭网袋，后在水龙头下或清水中搓洗干净，甩去水分，再以0.2%高锰酸钾药液浸泡5～10分钟，取出种袋，用清水冲洗净，再以55℃热水烫种28～30分钟，后以25～30℃清水浸泡5～6小时，催芽或直接播种。

黑籽南瓜种子，经晒种、冷冻后，用尼龙纱网包好，在清水中充分搓洗，洗净种皮外部的黏状物，再以0.2%高锰酸钾药液浸泡10分钟，后用清水洗净，放入80℃热水中烫种25～30分钟，边烫边搅拌。后以30℃温水浸种10～12小时，后催芽。若用当年的新种子，需浸种20～24小时。

③催芽：用开水烫过的干净白布，沾净种子皮表面水分，后置于催芽箱中，在25～28℃的温度条件下催芽。部分种子显露胚根时，再置于-2～0℃条件下处理6～8小时，后用井水浸泡10～20分钟，取出种子，甩净水分后继续催芽，间隔12小时再冷冻处理1次，大部分种子发芽后播种。

南瓜种子在30～32℃的温度条件下催芽，每天检查一次，挑出发芽的种子先行播种，播过两次后，余下的种子不再催芽，一次性播入苗床。

（4）播种 播种应在9月初进行，最迟至9月中旬结束，靠接法嫁接，应先播种黄瓜种子，5~7天后再播种用作砧木的南瓜或黑籽南瓜种子。均匀撒播种子，后细致调整种子之间的距离，黄瓜种子相互间距离3~3.5厘米，覆土厚度1.5厘米。

南瓜种子播种后，种子间距1厘米，覆土厚度2~3厘米。

（5）苗床管理 种子播种后，要立即覆盖地膜，覆盖并封闭好拱棚农膜。

① 温度调节：黄瓜苗床出苗前，白天温度维持28~30℃，夜晚维持18~20℃；出苗后，夜温降至16~18℃，子叶展平、心叶开始显露、下胚轴长至7厘米高后，白天温度降至23℃左右，夜晚降至10~12℃，低温炼苗，防止幼苗徒长，下胚轴过长、细弱，成高腿苗。若温度高于适温，要通风降温。嫁接前3~5天，逐步揭去拱棚农膜，用自然气候条件锻炼幼苗。

南瓜苗床白天温度维持30~35℃，夜晚维持18℃左右，幼苗出土、子叶展开、茎高长至7厘米时，白天温度降至23℃左右，夜晚降至10~14℃，进行炼苗，以备嫁接。

② 适时揭除地膜：少量幼苗出土时，于早晨日出前或傍晚落日后1小时左右揭除地膜。

③ 喷药：幼苗出齐苗时与嫁接当天，各用200倍溃腐灵（或其他小檗碱类植物农药）+1000倍大蒜油+100倍红糖+50倍发酵牛奶+8000倍0.01%芸苔素内酯+3000倍有机硅+600倍植物细胞膜稳态剂（壮苗灵）混合药液细致喷洒秧苗，杀灭病菌，促进幼苗细胞分裂，促使幼苗健壮，以备嫁接。

（6）嫁接 嫁接必须在拱棚等封闭设施内进行。

① 嫁接苗假植苗床建造：每亩温室一般需苗床50平方米。苗床建在拱棚内，拱棚外覆盖无滴农膜。拱棚内整修两排宽120厘米、长1500~

2000 厘米的南北向苗床，两排苗床中间留 80 厘米宽的操作行。苗床畦埂高 15～20 厘米，床底整至水平状，后铺设 1.6 米宽的农膜，把苗床底部和床壁遮严，膜上平铺一层 2 厘米厚的洁净小石子（直径小于 1 厘米），借助浇水整平石子层表面至水平状。然后在石子层上面铺设一层废旧草帘，其上填入营养土，土厚 10 厘米。苗床底部铺设小石子，苗床灌溉可以向床头的浇水穴中灌水，通过石子间的空隙流向全苗床，再由土壤毛细管作用渗透到营养土中。如此操作，既节省水肥，又不致土壤板结，土壤中水气比例协调，幼苗栽植后发根快、根系发达、生长健壮。

如果用营养钵或营养盘栽植嫁接苗，苗床无须铺设石子层，直接将营养钵或营养盘填满营养基质、栽植好嫁接苗，后排放于苗床底部的塑料农膜上面。

② 营养土配制：蔬菜在幼苗期从土壤中吸取的肥料元素量是很少的，因此严禁掺加速效化学肥料，必须用经过阳光曝晒的肥沃壤土 8～9 份、充分腐熟的优质粪面 1～2 份，二者分别过筛、掺混均匀后，填入苗床或营养钵内，土层厚 10～12 厘米。苗床土在搅拌过程中必须用 200 倍溃腐灵（或其他小檗碱类植物农药）+500 倍 0.7%苦参碱+600 倍苏云金杆菌+500 倍 1.5%除虫菊素混合液细致喷洒消毒，杀灭营养土中的病菌与害虫，并掺混均匀填入营养钵或苗床中，苗床土整平后方可栽植嫁接苗。

注意苗床的一端必须留有 20 厘米左右长、宽的浇水穴，以便于苗床灌溉、调节浇水量、排出多余水分。

③ 靠接法嫁接：黄瓜苗高 7～10 厘米、第一片真叶长至硬币大小，南瓜幼苗子叶展开、真叶长至麦粒大小时，为嫁接适期。

操作时，棚内要设置灌满井水的水盆，或在苗床外缘开沟灌溉井水，以保持棚内空气相对湿度达到 95%以上。

棚内空气温度需维持在 25～28℃，如果棚内温度过高，可在拱棚表面覆盖草苫或遮阳网遮阳降温。注意，遮阳时上午在拱棚东侧覆盖，中午在拱棚顶部覆盖，下午在拱棚西侧覆盖，既不能让强光直射秧苗，又要让棚内有足够的散射光，为嫁接苗提供光源，维持较强的光合效能。

嫁接具体操作时，先用特制的竹签刀剔除砧木南瓜苗的生长点，再用刀片从子叶节下 0.5 厘米处自上向下斜切，切口长 0.6 厘米，切口深达茎粗的 2/5～1/2。黄瓜苗从子叶节下 2 厘米处自下向上斜切，切口长 0.6 厘米，切口深达茎粗的 3/5～4/7。

黄瓜苗与砧木南瓜苗各自切好后，将黄瓜苗切口挂在砧木南瓜苗切口上，黄瓜苗的真叶压在砧木南瓜苗两片子叶的上面，切口对齐，后用嫁接夹夹牢（黄瓜苗在夹口内侧，南瓜苗在外侧）。

嫁接操作过程中，注意刀片要清洁，不沾染泥水，以免感染病菌；操作要仔细，手用力要轻，不可损伤瓜苗，引起瓜苗组织坏死。

④ 嫁接苗栽植：嫁接苗必须随嫁接随栽植，随扣小拱棚，覆盖农膜，封闭苗床，维持苗床环境空气湿度达 95% 以上。

方法：在假植苗床的畦面上，按 10 厘米行距开 5 厘米深沟，沟内先浇水，后按 10 厘米株距放苗，黄瓜根离开砧木南瓜根 0.3～0.5 厘米远，瓜苗接口高于地面 2 厘米以上，然后覆土稳苗，再次浇透水。水下渗后覆盖干燥营养土，摊平床面。

幼苗栽好后需呈正方形排列，以便于将来切块。苗床栽植结束后立即覆盖农膜、严密封闭，保持苗床内湿度与适宜温度。

也可以用营养钵或营养盘假植嫁接苗，把嫁接后的秧苗直接栽植于营养钵或营养盘内，随即排放于假植苗床的畦面上。畦面事先需灌溉 1 厘米左右深的水，把嫁接成的秧苗栽植于营养钵或营养盘内，再排放在苗床的水面中，要边放苗边覆膜保湿，预防嫁接苗萎蔫，降低成活率。

（7）嫁接苗假植于苗床后的管理　为保证嫁接苗成活，嫁接苗假植后应做好保温、保湿、遮阳、防病等管理。

① 保温：嫁接苗栽植后的 1～3 天，白天苗床空气温度维持 25～30℃，夜晚维持 18～20℃，以利于嫁接接口产生愈合组织、提高成活率；3 天后白天降温至 25～28℃，夜晚降至 14～16℃，防止幼苗徒长，利于

雌花芽分化。断根后白天温度提高至 28～30℃，夜晚降至 10～16℃，大温差管理，有利于培养壮苗和促进雌花芽分化。定植前 4～5 天，白天温度降至 20～23℃，夜晚降至 8～12℃，低温炼苗，以备定植。

② 通风与肥水管理：嫁接苗假植之后，开始 3 天苗床不要通气，保持床内空气湿度在 95% 左右，防止幼苗萎蔫。3 天后开始通风，逐渐降低苗床湿度，锻炼幼苗。通风要在嫁接操作结束时，随即大开外拱棚顶风口，尽快降低外棚内的空气湿度。6 天后假植苗床的小棚开始通风，注意要先开小口，并且苗床小棚风口与外棚风口错开，防止冷风直吹瓜苗。10 天后小棚通风口逐渐加大，第 12～13 天时，逐步撤掉小棚农膜，大棚通风口适度减小，维持棚内苗床适宜温度与湿度。

此后适度控制浇水，维持营养土透气与适宜湿度，促进根系发育，只要晴天中午高温时叶片不发软就无须浇水，个别叶片发软时随即在苗床底部农膜上灌溉，结合灌水，每 10 平方米苗床追施 1000 毫升沼液或腐熟动物粪便浸出液。幼苗 3～4 片真叶时移栽，移栽前 4～5 天苗床停止浇水。

③ 遮阳：遮阳只可遮挡直射强光，尽量让嫁接苗多见散射光，只要瓜苗叶片不发生萎蔫现象，遮阳时间越短越好。一般遮阳从上午 9 时左右开始到下午 4 时前后停止，早、晚让其多见阳光。遮阳上午只在拱棚东侧覆苫，中午只在拱棚顶部覆苫，下午只在拱棚西侧覆苫，让幼苗多见散射光。遮阳时间应逐日缩短，第 6～7 天后不再遮阳，使瓜苗尽量多见光，确保秧苗健壮、不徒长、定植时成活率高。

④ 喷药保护：嫁接后 7 天，撤去小拱棚棚膜后，立即用 800 倍植物细胞膜稳态剂（壮苗灵）+300 倍靓果安（或其他小檗碱类植物农药）+100 倍红糖 +8000 倍 0.01% 芸苔素内酯 +300 倍硫酸钾镁 +300 倍葡萄糖酸钙 +3000 倍有机硅混合药液细致喷洒幼苗，提高幼苗抗逆性，促进细胞分裂，优化花芽分化，防止病菌感染诱发病害。

断根之前再喷洒上述药液 1 次，药液基本干燥后随即断根。幼苗 3～4 片真叶时移栽。移栽前再次喷洒上述药液，后移栽。

⑤ 浇水、切块、断根、清除萌蘖：喷药后随即灌透水，结合浇水追施沼液或动物粪便浸出液，每 10 平方米苗床 1000 毫升。水渗后切块，切块要适当深切，切块之后进行黄瓜苗断根。

断根要在嫁接后 11 ~ 15 天内完成，以防止黄瓜苗茎增粗、伤口过大。断根方法：自嫁接口下 0.3 厘米处切断黄瓜茎，为了防止断茎重新愈合长在一起，还需再从地面处把黄瓜的茎段切除。断根后如果发生萎蔫现象，可适当遮阳，以提高成活率。

注意断根需在晴天下午喷药后 3 ~ 4 点开始，直到夜晚，尽量一次完成。如此操作秧苗成活率高，无病害发生。

（二）黄瓜等瓜类插接法嫁接育苗技术

插接法和靠接法一样，必须在适温、高湿条件下进行操作，在嫁接的设施内进行嫁接和幼苗培育，而且要求操作技术更为娴熟，其详细过程如下：

1. 嫁接苗假植苗床建设

9 月份育苗，可参阅"黄瓜等瓜类靠接法嫁接育苗技术"，在温室外面建拱棚，拱棚内建假植苗床，苗床底部整平，后铺设一层无破损、不漏水的农膜，膜上撒 0.5 ~ 1 厘米厚的营养土，上排放营养钵或营养盘。

如果在 11 月份以后育苗，因天气转寒，需在温室内搭建拱棚，拱棚内建假植苗床，进行嫁接育苗。苗床底部铺双层农膜，双层农膜之间铺设一层 3 厘米厚的泡沫塑料板，或均匀铺一层 3 ~ 5 厘米厚的锯末或麦糠，以利保温。膜上撒 1 厘米厚细沙土，上排放营养钵或营养盘。扎小拱棚、覆盖农膜保湿保温，进行秧苗培育。

2. 播种

插接法嫁接育苗，需先播种砧木种子，并把种子直接播种于营养钵或营养盘内，以利嫁接操作时移动苗体，便于操作。

营养基质可选用口径×高为 10 厘米×10 厘米或 8 厘米×10 厘米的

塑料钵，或 6 厘米×6 厘米的育苗盘盛装。营养钵装入营养基质后，整齐排列平放入苗床中，后浇水播种。浇水时把水直接浇灌在床底农膜上，利用营养基质的毛细管作用，让营养钵内的基质从底部排水孔中吸水，利于幼苗健壮。

营养基质吸水后，其表面略显湿润时即可播种南瓜种子，每钵平放 1 粒已经发芽的南瓜种子，种子上面覆土 2~3 厘米厚。

黄瓜种子播种，需在砧木苗开始出土时进行，种子发芽后均匀撒播于苗床上（播种苗床准备同靠接育苗），种子间距 1 厘米左右，播后覆土厚 2 厘米，加盖地膜保墒，少量种子出土时于清晨日出前撤去地膜。

3. 苗床管理

砧木南瓜种子出土后，白天温度维持在 25~28℃，夜晚温度维持在 10~16℃，预防幼苗徒长，促使幼苗下胚轴粗壮，待幼苗子叶开展、心叶显露如麦粒大小时嫁接。

幼苗出齐后和嫁接前 1~2 小时，应分别对两个苗床细致喷洒 200 倍溃腐灵（或其他小檗碱类植物农药）+100 倍红糖+500 倍 0.7%苦参碱+500 倍 1.5%除虫菊素混合液杀菌灭虫，预防幼苗感染病害或发生虫害。

4. 嫁接

砧木苗子叶平展、真叶刚显露时；黄瓜幼苗出土，子叶刚展开或还没展开时，为嫁接最适宜期。

嫁接工具为特制的竹签与刀片，竹签长 6 厘米左右，签柄粗度及横截面形状与黄瓜幼苗下胚轴等同，竹签先端呈双切面楔形利刃，刃口锋利光滑，并用 75%酒精消毒后方可使用。

操作时，先取出砧木苗（带着营养钵）用竹签剔除其生长点，再把竹签从子叶节的顶端由上向下斜方向插一小穴，穴深 0.6 厘米左右，穴底部接近茎的皮部，但不能插破茎的表皮。插后先不要拔出，随即用刀片把黄瓜子叶苗从子叶节下 1 厘米处削成双切面楔形，然后立即拔出竹签，把削好的接穗插入砧木苗的小穴内，使二者紧密接合。全部操作过程的速度要快，手指用力要轻、要细致，切忌用力过重损伤幼苗，引起组织坏死，诱发病害。

5. 幼苗插接以后的管理

接穗插入砧木苗小穴内后，要立即把营养钵重新放回苗床上，排放整齐，并在床底的畦面农膜上面浇水 0.5 ~ 1 厘米深，随即覆盖无滴农膜，封闭小拱棚，维持苗床空气湿度达 95% 以上。

为保障嫁接苗成活，且成活后能够正常生长发育，必须做好嫁接苗床的温度、湿度、光照、通风、肥水与除萌蘖管理及病虫害防治等工作。

（1）温度管理　棚内温度白天维持在 25 ~ 28℃，夜晚 18 ~ 20℃，以利于嫁接口的愈合；4 ~ 5 天后，白天降温至 23 ~ 27℃，夜晚降至 10 ~ 16℃，适当蹲苗，使幼苗矮壮；接穗真叶发出后，白天温度提高至 28 ~ 30℃，夜晚降至 10 ~ 16℃，利于幼苗的生长发育，促进雌花芽分化，减少病害发生。

定植前 5 天，白天降温至 20 ~ 23℃，夜晚 8 ~ 15℃，低温炼苗，以利于幼苗增强抗逆性能，提高定植成活率。

（2）湿度管理　幼苗假植初的 3 天内，小棚封闭，不通风，使空气湿度尽量达到饱和状态，以防止接穗失水萎蔫。3 ~ 5 天后，接口基本愈合，小棚开始通风排湿，尽快降低苗床湿度，预防病害发生，锻炼幼苗，让其逐步适应外界自然环境。

外拱棚通风，应在嫁接操作结束时立即进行，先开启外拱棚农膜，在保证小棚温度的前提下，大口通风，快速排湿，尽快降低嫁接棚内空气湿度。外拱棚通风时，要注意封闭假植苗床的小拱棚，维持苗床必需的湿度与温度。

3 ~ 4 天后，小拱棚开始通风时，外棚应适当缩小风口，减少通风量。4 ~ 5 天时，小拱棚要逐渐加大风口，增大通风量，6 ~ 7 天时，逐渐揭掉小拱棚农膜，只保留嫁接外棚的农膜，调整风口大小，维持棚内适宜温度与湿度，以利嫁接苗的生长发育。

如果幼苗中午前后有个别萎蔫现象发生，应立即在棚的采光面的相应部位放下草帘或遮阳网遮阳，并适当对苗床浇水，注意水量不可过大，床底农膜存水不得超过 0.3 厘米深。

嫁接苗成活后（7～10 天）应逐渐加大通风量，最后撤去假植苗床农膜，使嫁接苗逐步适应外界环境条件。

（3）光照管理　幼苗嫁接初期，不能受太阳强光照射，否则接穗易发生萎蔫死亡。因此，应该在拱棚采光面的相应部位放下草帘或覆盖遮阳网遮阳，以利于嫁接苗的成活。只要接穗不出现萎蔫现象，就要尽量缩短遮阳时间，使幼苗多见阳光，保证幼苗光合作用正常进行，促成壮苗。

遮阳一般从上午 9 时左右开始，先在东边遮阳，中午在棚顶部遮阳，下午在棚西边遮阳，4 时左右停止遮阳。早、晚尽量让幼苗适度照射直射光，以后每天逐渐缩短遮阳时间，6～7 天后可不再遮阳。让幼苗接受自然阳光照射，维持较高的光合效能，提高幼苗营养水平，促成壮苗。

（4）肥水管理　幼苗嫁接成活后，要适度控制浇水，维持营养土适宜水分含量与含氧量，促进根系发达。只要晴天中午叶片不发软就不要浇水，如果发软，可随即在苗床底部农膜上浇水，结合浇水追施沼液或腐熟动物粪便浸出液，每 10 平方米苗床 1000 毫升。移栽前 5 天停止浇水，低温炼苗，以备移栽。

（5）喷药保护　嫁接后 6～8 天，揭掉苗床小拱棚农膜后，立即对幼苗喷洒 600 倍植物细胞膜稳态剂（壮苗灵）+200 倍溃腐灵（或其他小檗碱类植物农药）+8000 倍 0.01% 芸苔素内酯+100 倍红糖+800 倍大蒜油+300 倍硫酸钾镁+300 倍葡萄糖酸钙+3000 倍有机硅混合液，预防病虫害发生，提高幼苗抗逆性能，促进花芽分化，促根壮苗。幼苗移栽时再喷洒 1 次，药液干后随即移栽。

（6）及时摘除砧木萌蘖　嫁接后如果砧木苗发生新芽，要及时摘除，发现 1 芽摘除 1 芽，防止其影响接穗的生长发育与花芽分化。

二、茄果类蔬菜育苗技术

（一）番茄有机栽培育苗技术

为了争取时间，提高经济效益。露地栽培番茄应在设施内采取暖床育苗，谷雨节气前后栽植。大拱棚（简称大棚）栽培番茄，应于 12 月中下旬在温室内建暖床育苗，翌年 2 月下旬至 3 月上旬栽植。温室栽培番茄，最好能在 7 月下旬前后播种育苗，8 月中旬前后分苗。此时虽然处于高温、多雨、病虫害最为猖獗的时期，也是番茄育苗最为困难的时期，但是只要育苗成功，定植后可以及早上市，进而显著提高经济效益。此时期育苗，要想确保成功，必须抓好以下技术措施：

1. 建设"三防"苗床

只有做到防高温、强光、日烧，防水涝、湿渍，防病虫害，才有可能培育出无病虫害、带有花穗的健壮大苗。

"三防"苗床分播种苗床和分苗床。

（1）播种苗床建造　温室中栽培番茄，每亩需秧苗 3000～3200 株，需建长 200～300 厘米、宽 100～120 厘米的播种畦。育苗数量多时，可适量增加苗床长度。苗床需选择高燥、大雨之后无积水的地块。按南北方向整畦，畦底要高于地面 10 厘米左右，畦埂宽 20～25 厘米，高于畦面 5～8 厘米。

苗床四周设置宽 25 厘米、深 10 厘米的降温水沟，沟内灌满井水，气温高时要及时更换沟内井水，调控苗床温度在 30℃以下。

苗床畦面需用长（直）木板刮平，使之呈水平状，然后在苗床底部铺设 120～150 厘米宽的无破碎、不漏水的塑料农膜，农膜四周边缘搭在畦埂上。为防止农膜被扎破而造成漏水，其底部农膜表面需要垫铺 1～2 层旧农膜，后在农膜上面铺设小石子或碎煤渣 2～3 厘米厚。石子铺好后，灌水至接近淹没石子表面,后借助水面,调整石子表面至水平状。后在畦面的一端,向畦内距东西向短畦埂 20～25 厘米处,东西方向平放一根横截面 4 厘米×5 厘米、长 100～120 厘米的方木棍,组成南北宽 20～25 厘米、东西长 100～120 厘米的灌水槽,苗床的另一端留有宽 20 厘米左右的排水口,畦面浇水时,其开口处用木棍抬高畦面底部农膜,阻挡水分外泄。需要排出畦面多余水分时,可撤出木棍,压低排水口处农膜高度,排出多余水分。

在石子层表面铺设 1 层旧的稻草帘,或 2 厘米厚的麦草或稻草(灌水槽无须铺设),草帘或稻草表面铺设营养土。

营养土(基质)用 1～2 份充分腐熟的粪面、5～6 份经过多次翻晒并过筛的洁净细河沙、3 份锯末或粉碎成粉粒状的煤渣,掺混均匀配制而成,后填入苗床畦面。营养基质在掺混搅拌过程中必须用 200 倍溃腐灵(或其他小檗碱类植物农药)+500 倍 0.7%苦参碱+600 倍苏云金杆菌+500 倍 1.5%除虫菊素混合液细致喷洒消毒,杀灭营养基质中的病菌与害虫。

此种营养基质吸水、保水、保肥性能强,基质松散、透气性好,将来分苗不伤根或极少伤根。

营养基质铺设厚度 8～10 厘米,搂耙均匀,整平后用木板刮平、轻轻拍实,以备播种。

苗床通过灌水槽向畦面石子层内灌井水,通过木棍底部石子孔隙进入畦面,流满石子层,渗灌湿润营养土(基质)。如有多余水分,可撤除排水口处的木棍,压低排水口处的畦面农膜,让多余水分从排水口流出,进入苗床四周的降温水沟内,形成流动循环,以便降低苗床温度。

播种后要在苗床降温水沟的畦埂上面搭建高 100 厘米、宽 150 厘米左右的竹片或粗钢丝拱架,拱架顶部覆盖宽 150 厘米左右的无破碎、旧的无滴膜。播种后,随即用防虫网封闭拱棚,防虫网边缘埋压入降温水沟外的土内,压严压实封闭严密(注意:应将降温水沟留在棚内,灌水槽留在棚外,灌水槽处的防虫网埋压于水槽内侧的石子层中),防止蚜虫、斑潜蝇、白粉虱、棉铃虫等害虫进入，以免传染病毒病和害虫为害幼苗。遇高温天气时，苗床经灌水槽浇灌井水，通过沙石层流入苗床各部，再通过营养基质的毛细管作用，渗灌营养基质，降低基质温度，后经排水口进入降温水沟，降低苗床温度。

这样处理后，苗床高燥，拱棚顶部有半透明的旧农膜遮阳、防雨，拱棚四周的防虫网通风透气，苗床底部和苗畦外的降温水沟内存有井水，井水温度只有20℃左右，可以大量吸收苗床热量，降低苗床温度，预防高温危害，并可避免雨涝、水渍、强光、日烧等危害，预防病虫害的发生。

利用基质毛细管作用渗灌营养基质，避免了土壤板结现象的发生，使营养基质含水量相对稳定，固相、气相、液相三者和谐，始终维持在适宜于番茄秧苗根系生长发育的良好状态，保障秧苗健壮生长。

（2）分苗床建造　每亩温室需建设分苗床40平方米，建设方法基本上同播种苗床。苗床畦面整至水平后，可只在苗床底部铺设农膜，农膜上铺设石子灌水层，石子上面再铺设碎草，草上铺设营养基质，将秧苗假植于苗床基质中；或直接在农膜上面摆放营养钵或营养盘，将秧苗假植于营养钵或营养盘内进行育苗。

2. 种子处理

每亩温室栽培番茄需种子30～32克。种子播种前5天左右需晒种2～3天，后装入尼龙纱网袋内，在水龙头处用清水搓洗干净，再放入50～55℃热水中，烫种30分钟，再以100倍溃腐灵药液、0.2%高锰酸钾药液或100倍硫酸铜药液浸泡20分钟，杀菌消毒。后以清水充分冲洗干净，再兑入凉水，降温至常温，继续浸种5～7小时，取出种子，甩净水分，置于恒温箱或自制的纸质恒温箱内，以25～28℃的温度催芽，少量种子发芽后，再置于−2～0℃的温度条件下冷冻处理6～8小时。后放于井水内回暖15分钟，甩净水分继续催芽，12小时后再次冷冻处理6小时，后继续催芽，待70%种子发芽后播种。

3. 播种

播种前先用长直木板条刮平畦面，后用 200 倍溃腐灵（或其他小檗碱类植物农药）+500 倍 0.7%苦参碱+500 倍 1.5%除虫菊素+1000 倍植物细胞膜稳态剂混合液细致喷洒苗床，杀灭营养基质中的病菌与害虫，后播种。

为使种子播撒均匀，不经催芽的种子，可掺加 50 倍细土，分成三等份，分三次均匀撒播，每次都必须均匀撒播全畦面。

经催芽、已经发芽的种子应实行水播。方法：把已经发芽的种子放入盛有清水的洁净搪瓷（或塑料、不锈钢）盆内，以新炊帚搅拌，和水一起均匀甩撒入苗床畦面，后覆土 1.2 厘米厚。

覆土方法：用两根横截面 1.2 厘米×2 厘米、长 100～120 厘米的木棍，1 根紧挨灌水槽木棍处摆放，1 根间隔 80 厘米平行摆放，2 厘米面着地。然后在两根木棍之间的畦面上铺撒营养基质或消过毒的细沙土，土层厚度 1.2 厘米，木条之间的畦面全部覆满土后，再用长 100 厘米、宽 3～5 厘米的一条边缘呈直线的木板沿方木棍刮平覆土。后如此操作，直至畦面全部覆土完结。最后畦面覆盖地膜保墒，拱棚随即封闭旧农膜和防虫网。此法操作，畦面覆土全部为 1.2 厘米厚，种子出苗快，子叶不会戴帽，苗齐苗匀。

4. 苗床管理

（1）温度管理　注意经常观察苗床温度，床温白天维持在 25～27℃，当高于 28℃ 时，可覆盖遮阳网遮阳，并及时浇灌井水降温，以利出苗和幼苗健壮。幼苗开始出土时，于清晨日出前或傍晚日落后，撤除覆盖畦面的农膜。出齐苗后，可于清晨进行间苗，拔除杂草、畸形苗、杂种苗、过大苗、过小苗和过密苗，调整苗距为 2～3 厘米。后随即喷洒 300 倍溃腐灵（或其他小檗碱类植物农药）+500 倍 0.7%苦参碱+600 倍植物细胞膜稳态剂+8000 倍 0.01%芸苔素内酯+100 倍红糖+300 倍硫酸钾镁+300 倍葡萄糖酸钙混合液，后立即封闭拱棚。

幼苗 2 片真叶时降温炼苗，白天控温 20～25℃，夜晚维持在 12～

16℃，2 天后分苗。

注意：苗床内严禁出现低于 10℃ 的夜温，预防因低温诱发花芽分化不良及多心皮果。

（2）肥水管理 出齐苗后，每天中午高温时细致观察苗床，如果发现有少量幼苗叶片发软，立即从灌水槽中浇灌井水，结合浇水，每平方米苗畦冲施 1 千克沼液或 1 千克腐熟动物粪便浸出液。

浇水后，畦面略显湿润时，立即取出灌水槽的排水口木棍，下压畦底农膜，排出石子层内多余水分。此后适度控制浇水，只要不出现叶片变软现象，无须浇水，以预防幼苗徒长，促进根系发达。

（3）病虫害防治 出齐苗时，结合间苗除草，苗床喷洒 300 倍溃腐灵（或其他小檗碱类植物农药）+8000 倍 0.01%芸苔素内酯+600 倍植物细胞膜稳态剂+500 倍 0.7%苦参碱+500 倍 1.5%除虫菊素+100 倍红糖+300 倍硫酸钾镁+300 倍葡萄糖酸钙混合液，以预防病害，促进叶片光合作用，促使幼苗健壮。幼苗 2 片真叶时再喷洒 1 次，随即分苗。

5. 分苗

幼苗长到 2 片真叶时开始分化花芽，必须及时分苗，抑制其营养生长，促使根系发达，改善幼苗的风光条件和营养条件，促进花芽分化，保苗健壮，花芽分化良好。

（1）建设分苗床 温室内栽培番茄，每亩需建分苗床 35 平方米左右。

9 月中旬前后分苗，用一般苗床即可，如果在 9 月初以前分苗，为保证育苗安全，仍然需采用"三防"苗床，苗床建设方法同播种床。苗床需建多个，可并排建在一起，每两个之间设有 30 厘米宽的降温水沟，拱棚可根据总体苗床大小统一搭建。拱棚顶部覆盖旧的无滴塑料农膜，拱棚顶部必须设置通风口，以便通风降温，通风口需用防虫网封闭，预防通风时进入害虫。覆盖拱棚的农膜边缘需缝接 100 厘米宽的防虫网。幼苗假植后，把防虫网四周边缘用泥土埋压严实即可。

（2）分苗床营养土（基质）配制　用1～2份生物菌有机肥或充分腐熟的粪面，8～9份没有种过菜的壤土，二者掺混均匀配制而成。营养土在掺混搅拌过程中，必须用300倍溃腐灵（或其他小檗碱类植物农药）+300倍硫酸钾镁+500倍0.7%苦参碱+500倍1.5%除虫菊素混合液，细致喷洒消毒，杀灭营养基质中的病菌与害虫，后填入直径10～12厘米的营养钵内或直接铺设在苗床畦面上，营养土厚度需达到10～12厘米。

分苗前1～12小时，必须用200倍溃腐灵（或其他小檗碱类植物农药）+8000倍0.01%芸苔素内酯+500倍0.7%苦参碱+600倍苏云金杆菌+500倍1.5%除虫菊素+600倍植物细胞膜稳态剂+100倍红糖混合液细致喷洒秧苗，杀灭病菌与害虫，提高幼苗假植的成活率，预防病虫害发生。

（3）分苗　分苗前7天左右，播种苗床停止浇水，要干土起苗，做到随起苗、随分级、随栽植。如果在苗床畦面直接假植，株行距10～12厘米，幼苗假植后呈正方形排列。栽后浇透水，浇水后随即切块，水渗后再次覆盖干燥的营养基质0.5厘米厚，以利保墒、促发不定根。

若用营养钵假植分苗，可先在营养钵中填入3厘米深的营养基质，浇灌20毫升1000倍植物细胞膜稳态剂+1000倍旺得丰土壤生物菌接种剂混合液，后假植秧苗。

分苗栽植时不得用手按压营养基质，假植后营养基质必须填满营养钵，苗床畦面需事先浇灌深1厘米的井水，栽后直接把营养钵放入水中，促进基质尽快吸水，使茎多发不定根，根系发达，秧苗健壮。

注意：幼苗下胚轴过长时，可轻轻弯曲下胚轴，让子叶节以下1厘米的茎浅埋入基质内，促发不定根，培养壮苗。

6. 分苗后的管理

（1）遮阳　分苗后要注意适当遮阳，防止幼苗萎蔫。遮阳应只遮直射强光，尽量让幼苗多见散射光进行光合作用，生产有机营养，以利壮苗。

（2）温度管理　分苗后，白天苗床温度维持在25～28℃，夜温15～20℃，以利缓苗。3天后，白天床温维持在20～27℃，夜温12～18℃。移栽前 7 天左右，降低苗床温度，白天控温 18～23℃，夜晚控温 12～16℃，增强秧苗抗逆性能，提高移栽成活率。

（3）肥水管理 缓苗后控制浇水，只要中午高温时叶片不出现萎蔫现象，无须浇水。严防苗床湿度过大，诱发病害，造成幼苗徒长。

缓苗后，苗床喷洒 100 倍红糖+300 倍硫酸钾镁+300 倍葡萄糖酸钙（或 3%沼液、2%腐熟豆饼浸出液）+600 倍植物细胞膜稳态剂+300 倍溃腐灵（或其他小檗碱类植物农药）+8000 倍 0.01%芸苔素内酯+6000 倍有机硅混合液。后每 10 天左右喷洒 1 次，促苗健壮，花芽分化优质。

如幼苗长势偏旺，可在 2～5 片真叶时，于晴天中午前后用蘸过酒精消毒液的竹质牙签，刺穿秧苗茎基部 3～5 厘米高处（刺穿后拔出牙签），抑制其营养生长，促进花芽分化。

（4）苗床病虫害防治 用"三防"苗床育苗，一般很少发生病虫危害，如操作时不小心传入病虫害，可用以下药液防治：

分苗后每 10 天左右喷洒一次 600 倍植物细胞膜稳态剂（壮苗灵或能量合剂）+200 倍溃腐灵（或其他小檗碱类植物农药）+500 倍 0.7%苦参碱+500 倍 1.5%除虫菊素+800 倍大蒜油+6000 倍有机硅混合液，杀菌灭虫，预防病虫害，提高幼苗的抗逆性能，促根壮苗。

若发生猝倒病或立枯病，可放掉沙石层内的井水，降低苗床湿度，并撒施药土进行防治。配制药土方法：用 100 倍清枯立克+600 倍植物细胞膜稳态剂混合液，每平方米苗床用 10 毫升混合液，掺加 500 克细土，掺混均匀后均匀撒在苗床畦面上。撒后适当中耕，并以鸡毛掸子掸掉叶面上的药土，让叶片见光进行光合作用，以利壮苗。

（5）移栽前炼苗 为提高栽植成活率，秧苗在移栽前 5～7 天必须炼苗。方法：先增大通风量，延长夜间通风时间，降低苗床温度与湿度，白天控温 18～23℃，夜晚控温 12～16℃，增强秧苗抗逆性能，提高秧苗对外界环境条件的适应能力。降温的同时，对苗床灌透水至基质表面全部湿润，后放净苗床低部沙石层中的水分，随即切块。基质自然干燥后，其切口会开裂至基质底部，移栽时不散块、无伤根，秧苗成活率可达 100%，并且缓苗迅速。

如果用营养钵假植，在降温的同时，需在移栽前 5～7 天挪动钵体，倒苗 2 次左右，防止根系长出钵外、扎入泥土中，影响移栽成活率，延长缓苗时间。

（二）茄子有机栽培育苗技术

1. 苗床建造

苗床分为播种苗床和分苗床。

（1）播种苗床建造　栽植茄子，每亩需成苗 2000～2200 株，播种苗床 3～4 平方米。高温季节育苗，必须采用"三防"苗床，苗床宽 100 厘米，长根据育苗数量确定。

如果低温季节育苗，需在温室内建暖床，苗床底部铺设 5 厘米厚的泡沫板，以防止苗床热量下传，降低营养基质温度。建设方法同"番茄有机栽培育苗技术"。

（2）分苗床建造　夏季分苗，必须在温室外面建设分苗床。选择高燥、大雨之后无积水的地块，按南北方向整畦。分苗床宽 100～120 厘米、长 10～12 米，畦埂宽 60 厘米、高 5 厘米，栽培每亩茄子需苗床 3 个，面积 30 平方米左右。苗床建设方法同"番茄有机栽培育苗技术"。

苗床底部的畦面整至水平状后，畦面上铺设农膜，农膜边缘压盖于畦埂上。后在畦面的农膜上排放已经假植茄苗的营养钵，随即用防虫网全面封闭苗床，防虫网四边底部用土埋严压实，有灌溉槽的一端用方木棍压实，用石子严密封闭，防止蚜虫、斑潜蝇、白粉虱等害虫进入。

拱棚架顶部需覆盖宽 140～160 厘米、无破碎、已经用过的无滴膜，用压膜线配合地锚固定，做到防雨淋、水渍，防日晒、高温、强光，预防各种病虫害。

苗床需在灌水槽内浇灌井水，经农膜表面流向苗床各部，再经过营养钵底部的排水孔进入营养钵内,通过营养基质的毛细管作用,渗灌秧苗根系,保障水分供应。

2. 种子处理

(1)杀菌消毒 晒种三天,将种子含水量降低至 8% 以下,后干热消毒。

(2)浸种 先将种子装入尼龙袋内,扎口封闭放在水龙头下清洗干净,再用 50~55℃ 热水浸种 25~30 分钟。后用常温清水浸泡,浸种时间18~20 小时。

(3)催芽 高温季节育苗无须催芽,低温季节育苗需用 28~32℃ 的恒温催芽,方法同“(一)番茄有机栽培育苗技术”。

3. 播种

在播种床的床底农膜上浇透水,如果营养基质吸水后苗床营养土表面下沉,继续撒营养基质,轻轻拍实、刮至畦面水平,后播种。已经发芽的种子需水播,不进行催芽的种子可掺加细土撒播,方法同“番茄有机栽培育苗技术”。

全部种子播种完成后覆土 1.2 厘米厚,覆土方法同“(一)番茄有机栽培育苗技术”。

4. 苗床管理

(1)肥水管理 播种后,需通过苗床底部石子层渗灌苗床营养基质,至隐约显露湿润即可。后直至出苗以前根据土壤湿度状况适度浇水。出苗以后,每天中午 11 点到下午 1 点,注意观察幼苗生长状况,看其叶片是否出现少量萎蔫现象,如没有萎蔫现象则无须浇水,如果出现有少量萎蔫现象,需立即在农膜上浇灌井水,结合浇水追施沼液或者有机肥料(鸡粪)浸出液,每 10 平方米苗床5000 毫升。灌水深度高于小石子层平面 1~2 厘米即可。

(2)温度管理 晴日白天控温 25~30℃,夜晚控温 12~18℃,阴天控温 15~18℃。分苗前 3~5 天降温炼苗,白天控温 20~23℃,夜晚控温

10～18℃。注意：育苗全程夜温严禁低于10℃，以防花芽分化不良，诱发僵果现象发生。

（3）病虫害防治　苗子出齐后，及时喷洒100倍红糖+3%沼液（或3%有机鸡粪浸出液）+300倍溃腐灵（或其他小檗碱类植物农药）+8000倍0.01%芸苔素内酯+50倍有机米醋+300倍硫酸钾镁+600倍植物细胞膜稳态剂混合液，预防病害发生。分苗之前再喷洒一次。

后每10天左右喷洒一次300倍靓果安（或其他小檗碱类植物农药）+600倍植物细胞膜稳态剂+100倍红糖+3%沼液（或3%有机鸡粪浸出液或300倍硫酸钾镁+300倍葡萄糖酸钙）+8000倍0.01%芸苔素内酯+6000倍有机硅混合液，预防病害发生，促使秧苗健壮。

5. 分苗

幼苗2片真叶时进行分苗，先在12厘米×12厘米的营养钵内装入半钵营养基质，后用3%沼液+800倍生物菌混合液，每钵浇灌20～30毫升。

浇好以后，播种床起苗，随即移栽于营养钵内。起苗前，播种床5天内停止浇水，起苗时注意防止伤根。若幼苗下胚轴较长，可适度弯曲放入钵内，后回填营养基质至满钵，要把秧苗子叶节下方1～1.5厘米以下部分全部埋入营养基质内，促使多发不定根，秧苗根系发达。注意：回填营养基质后严禁用手按压钵内营养基质。

6. 分苗床管理

分苗床排放假植秧苗之前，畦面需浇灌2厘米深的2%沼液（或者2%有机肥料浸出液），假植茄苗的营养钵随即摆放到分苗床上，营养钵之间应适度留出间隙，便于浇水、排水。

（1）温度管理　晴日白天控温20～30℃，夜晚控温12～18℃，阴天控温15～18℃。移栽前5～7天降温炼苗，白天控温20～23℃，夜晚控温10～18℃。注意：育苗全程的夜温严禁低于10℃，以防花芽分化不良，坐果后出现僵果、石茄。

（2）肥水管理　每7～10天浇一次水，结合浇水冲施沼液（或腐熟动物粪便浸出液），每 10 平方米 5000 毫升。注意：只要中午高温时叶片不出现少量萎蔫现象，就不需要浇水。

（3）病虫害防治　参考"（一）番茄有机栽培育苗技术"。

（三）辣甜椒有机栽培育苗技术

1. 苗床建造

苗床分为播种苗床与分苗床，暑季育苗，必须采用"三防"苗床。低温季节育苗，需在温室内建暖床。

（1）播种苗床建造　栽培辣甜椒，每亩需成苗 4000 株左右，播种苗床 5～6 平方米，苗床宽 100 厘米，长根据育苗数量确定，建造方法同"（一）番茄有机栽培育苗技术"。低温季节育苗，需在温室内建暖床，苗床底部铺设 5 厘米厚的泡沫板，以防止苗床热量下传，降低营养基质温度。建造方法同"（一）番茄有机栽培育苗技术"。

苗床边缘畦埂高度：暖床 10 厘米左右，冷床 5 厘米左右。进水槽与苗畦之间，用横截面 4 厘米×5 厘米、长 100 厘米的方木棍隔开。建造方法同"（一）番茄有机栽培育苗技术"。

（2）分苗床建造　夏季分苗，必须在温室外面建设分苗床，排放营养钵，假植幼苗。苗床需选择高燥、大雨之后无积水的地块，按南北方向整畦。苗床宽 100 厘米、长 1000～1200 厘米，畦埂宽 60 厘米、高 5 厘米。栽培辣甜椒，每亩需苗床 3～4 个，总面积 45～50 平方米。畦面整平后灌水，借助水面整平畦面至水平状，后铺设农膜，方法同"（一）番茄有机栽培育苗技术"。在农膜上面排放假植辣甜椒幼苗的营养钵，营养钵直径 10 厘米、高 10～12 厘米，每平方米排放 100 株左右。方法同"（一）番茄有机栽培育苗技术"。

苗床需浇灌井水，经农膜表面流向苗床各部，再经过营养钵底部的排水孔进入营养钵内，经营养基质的毛细管作用，渗灌秧苗根系，保障水分供应，降低基质温度。如果畦面灌水量过多，可撤去灌水槽处排水口的方木棍，下压农膜，排出多余水分。

低温季节育苗，需在温室内建暖床，营养钵之间铺设电热线，电热线外接于控温仪和 220 瓦电源上，通电加温，维持 25℃左右的适宜温度，以保证秧苗正常生长发育。如果温室的保温条件好，苗床温度有保障，可只设保温层，不铺设加温线。

2. 种子处理

（1）杀菌灭毒　晒种三天，将种子含水量降低至 8% 以下，后干热法消毒。其后将种子装入尼龙纱网袋内，在水龙头下冲水搓洗，洗净脏物后，再用 50～55℃ 热水浸泡 30 分钟，后继续用常温清水浸泡 10 小时。

（2）催芽　夏季育苗，种子不必催芽，严寒季节育苗，处理好的种子甩净水分后放入恒温箱内，控温 27～30℃，进行催芽。方法同"（一）番茄有机栽培育苗技术"。

3. 播种

在播种床的床底农膜上浇透水，如果营养基质吸水后下沉塌陷，需继续撒营养基质，轻轻拍实、刮平，畦面必须达到水平状，后播种。已经发芽的种子需水播，不进行催芽的种子可掺加细土撒播。播种后覆土 1.2 厘米。方法同"（一）番茄有机栽培育苗技术"。

4. 播种苗床管理

（1）肥水管理　播种后需通过苗床底部石子层渗灌苗床营养基质，至畦面隐约显湿润时停止灌水，后在畦面铺设地膜保墒。

出苗以前一般无须浇水，发现有少量幼苗出土时，于清晨日出前或傍晚日落后撤除地膜。出苗以后，每天中午 11 点到下午 1 点观察幼苗生长状况，如没有萎蔫现象发生，无须浇水，如果出现少量萎蔫现象，需立即在农膜上浇水，结合浇水，追施沼液、有机肥浸出液或腐熟鸡粪浸出液，每平方米苗床 500～1000 毫升。灌水量以畦面略显湿润即可。

苗子出齐后，喷洒 100 倍红糖+3%沼液（或 3%有机鸡粪浸出液）+300

倍溃腐灵（或其它小檗碱类植物农药）+50倍米醋+8000倍0.01%芸苔素内酯+300倍硫酸钾镁+300倍葡萄糖酸钙+600倍植物细胞膜稳态剂+6000倍有机硅混合液。分苗前再喷洒一遍。

（2）温度管理 晴日白天控温25～30℃，夜晚控温12～18℃，阴天控温15～18℃。移栽前5～7天降温炼苗，白天控温20～23℃，夜晚控温10～18℃。注意：育苗全程夜温严禁低于10℃，以防花芽分化不良，诱发石果、僵果现象发生。

（3）病虫害防治 每10天左右喷洒一次300倍靓果安（或其他小檗碱类植物农药）+600倍植物细胞膜稳态剂+100倍红糖+3%沼液（或3%腐熟有机鸡粪浸出液）+300倍硫酸钾镁+300倍葡萄糖酸钙+8000倍0.01%芸苔素内酯+6000倍有机硅混合液，预防病害发生，促使秧苗健壮。

5. 分苗

苗子2片真叶时进行分苗，先在10厘米×12厘米的营养钵内装3厘米深的营养基质，后用3%沼液+1000倍生物菌土壤接种剂混合液，每钵浇20毫升左右。

浇好以后，播种床起苗，起出的幼苗随即假植于营养钵内。

起苗前，播种床5天内停止浇水，起苗时注意防止伤根。覆土埋根后严禁用手按压钵内营养基质，避免伤及根系。详细参阅"（一）番茄有机栽培育苗技术"。

6. 分苗床管理

分苗床在排放营养钵之前，苗床底部畦面需先浇灌2厘米深的1%沼液或者1%有机肥料浸出液，后排放假植辣甜椒幼苗的营养钵，营养钵之间留出间隙，便于浇水、排水。后用防虫网、旧无滴农膜封闭苗床。方法同"（二）茄子有机栽培育苗技术"。

（1）温度管理 晴日白天控温25～30℃，夜晚控温12～18℃，阴天控温15～18℃。移栽前5～7天降温炼苗，白天控温20～23℃，夜晚控温

10~18℃。注意：育苗全程夜温严禁低于10℃，以防花芽分化不良，诱发僵果现象发生。

（2）肥水管理　每7~10天浇一次水，结合浇水，追施沼液、有机肥浸出液或腐熟鸡粪浸出液，每平方米苗床500~1000毫升。注意：只要中午高温时叶片不出现少量萎蔫现象，就无须浇水，尽力延长浇水间隔时间，促进根系发达。

（3）病虫害防治　每10天左右喷洒一次300倍靓果安（或其他小檗碱类植物农药）+600倍植物细胞膜稳态剂+100倍红糖+3%沼液（或3%腐熟有机鸡粪浸出液或300倍硫酸钾镁+300倍葡萄糖酸钙）+500倍1.5%除虫菊素+800倍大蒜油+8000倍0.01%芸苔素内酯+6000倍有机硅混合液，预防病虫害发生，促使秧苗健壮。

三、十字花科蔬菜育苗技术

十字花科蔬菜包括油菜、油麦菜、白菜类、菜心、芥蓝、花椰菜、西兰花等。

1. 设施选择

根据育苗季节不同，需选用不同育苗设施及与当地气候条件相适应的品种。夏秋温暖季节育苗，必须避开高于30℃的高温时期，选择耐热品种，在拱棚内或露地建"三防"苗床，配有防虫网、遮阳网等设施育苗；冬季需在温室内采用暖床，选择耐寒品种育苗。

苗床建设时，其底部畦面必须借助浇水整至水平状，后在畦底铺设不漏水的农膜，在农膜上排放育苗盘。

育苗盘（穴盘）选择：小白菜、油菜、油麦菜等育苗一般选用72或128孔育苗盘；大白菜、花椰菜、甘蓝、芥蓝、西兰花等育苗采用72孔育苗盘。

2. 营养基质选择

（1）自配制育苗营养基质　选用草炭、蛭石、珍珠岩、充分翻晒并过筛的黏性壤土、充分腐熟的羊粪（或牛马粪、鸡粪等），按（3～4）∶1∶1∶（4～3）∶1的体积比例掺混均匀。结合掺混，对营养基质细致喷洒100倍靓果安（或其他小檗碱类植物农药）+500倍0.7%苦参碱+500倍1.5%除虫菊素混合液。喷洒后随即堆积并覆盖农膜封闭，闷5～7天，杀灭营养基质内的病菌、害虫，再装盘播种。该基质疏松透气、保肥保水、营养完全、育苗安全。

（2）商品基质　从信誉度高的基质生产厂家购买优质穴盘育苗基质。

选好的营养基质在播种之前装入育苗盘内，让其均匀高于穴盘0.5厘米左右，后用长、宽各大出穴盘4厘米的木板（木板厚1～1.5厘米），放于穴盘上面，人工均匀用力按压木板，压实穴盘中的营养基质，刮平备用。

3. 种子处理

将种子装入细尼龙纱网袋内，放入冷水中轻轻搓洗清洁，后放入40℃温水中浸泡30分钟，再用20℃清水浸种1～2小时，取出种子，甩净水分，晾至无水即可播种。

4. 播种

在装满营养基质的穴盘上平放一个穴盘，上下对齐，其上再平放木板，用力均匀按压木板，压出播种穴，穴深0.3～0.4厘米，穴内点播种子3～4粒，后覆盖营养基质，刮平，再用1000倍生物菌土壤接种剂+1000倍植物细胞膜稳态剂喷洒穴盘内基质，后排放于苗床底部农膜表面上，然后在穴盘表面覆盖地膜保墒。

5. 苗期管理

十字花科蔬菜，从播种至出苗约需2～3昼夜，时间短，且忌强光、高温、干旱，必须维持土壤湿润、温度适宜。

夏秋季节育苗，播种后，随即在畦面底部农膜上适度灌溉井水降温，浇水后随即排出多余水分。出苗后，在清晨日出前或傍晚日落后及时撤掉覆盖苗盘的地膜。后每日早晨、中午前后、傍晚做3～4次田间观察，察看出苗与植株生长状况，苗床温度、湿度、日照强烈程度等，灵活管理。

（1）温度调控　出苗前控温 25～30℃，出苗后调控温度 23～27℃，不得高于 30℃。移栽前 5～7 天，降温炼苗，白天控温 18～23℃，夜温 10～15℃。

（2）肥水管理　根据基质含水量与幼苗表现状况，在苗床底部农膜上适时适量浇灌井水，调节床温，维持营养基质湿润。

子叶转绿至"2 叶 1 心"期，秧苗进入独立的自养阶段，此时若营养基质缺水、缺肥，或温度过高（高于 30℃），或水分过多，都会影响秧苗的正常生长。特别是浇水过勤过多，会导致基质缺氧，制约根系生长，诱发病害，严重影响秧苗生长发育。管理上需注意：

一是及时、适时用井水浇灌，严格控制灌水量，个别苗穴表面显湿后立即停水，并排掉床底多余水分。

二是结合灌溉进行追肥，冲施沼液、腐熟动物粪便浸出液或生物菌有机肥浸出液，每平方米苗床 500～1000 毫升，补充营养。

三是注意控水，促进根系发达，只要中午强光高温时叶片不变软、不出现萎蔫现象，不得浇水，以预防秧苗徒长，保障幼苗生长发育健壮。雨天注意拱棚覆膜，预防雨淋秧苗诱发病害。并要注意苗床及时排水，严禁苗床畦面积水。

（3）间苗、除草　幼苗 2 片真叶（拉十字）时进行间苗，用剪刀剪除小苗、弱苗、病虫苗、过大苗、非本品种苗，每穴选留 2 株生长均匀的壮苗。结合间苗剪除杂草。4 片真叶时再次间苗，每个穴孔只保留 1 株生长发育均匀的壮苗。

（4）降温炼苗　幼苗 4 片真叶时定植，定植前 3～4 天停止浇水，控温 12～23℃，进行炼苗，提高移栽成活率。

（5）病虫害防治　苗畦搭建矮拱棚，用防虫网严密封闭，预防虫害危害秧苗。

拱棚上部再覆盖旧农膜，预防雨淋、强光、高温，保障种子正常发芽、出土，幼苗健壮生长，预防病害发生。

出齐苗后、幼苗长至 2 片真叶时，需细致喷洒 500 倍枯草芽孢杆菌（或 1%蛇床子素或 300 倍靓果安）+100 倍红糖+50 倍发酵牛奶（或 50 倍米醋）+8000 倍 0.01%芸苔素内酯+600 倍植物细胞膜稳态剂+300 倍硫酸钾镁+300 倍葡萄糖酸钙+6000 倍有机硅混合液，预防病害发生，提高秧苗抗逆性能，促使幼苗生长健壮。

四、豆类蔬菜育苗技术

豆类蔬菜包括四季豆、豇豆、毛豆、扁豆、豌豆、无丝豆等。

1. 设施与营养基质选择

同"十字花科蔬菜育苗技术"。

2. 种子处理

（1）晒种 播种前，将种子摊在簸箕内，在阳光下晒种 1～2 天，降低种子含水量，提高原生质浓度，增强种子吸水性能，提高发芽率、发芽势和发芽整齐度。用 2 年的陈种子播种，播种前晒种，其效果尤为显著。

（2）温汤浸种 将种子装入细尼龙纱网袋内，在清水中轻轻清洗清洁，甩净水分，后放入 50℃温水中浸泡。浸种容器中需放置温度计，随时观察水温，适时、适量加入热水，控温 50～52℃。10～15 分钟后取出，甩净水分，将种子袋放于 500 倍高锰酸钾药液中浸泡 5～10 分钟，后洗净药液，继续用冷水浸泡 2～4 小时，催芽或直接播种。

（3）催芽 豆类蔬菜一般不进行催芽，多直接播种。但春促成早熟栽培，为提早收获，需先行催芽，后用暖床育苗，幼苗 2～4 片真叶时定植于设施或大田内。

催芽，需控温 25～28℃。注意：种子胚根显露至 2 毫米内为宜，若胚根过长，播种时易损伤折断，降低出苗率。催芽方法同番茄育苗。

（4）接种根瘤菌 播种前用 50 倍植物细胞膜稳态剂+根瘤菌剂拌种，可提高根系的固氮能力，尤其在没有种过豆科植物的地块、新开垦的地块或较贫瘠的地块,其增产效果明显。根瘤菌剂可自行配制,方法:从上一年拉秧的菜豆老根中选择根瘤多、根瘤大的植株,剪取细根及根瘤,收藏入尼龙纱网袋中,在无光处用清水洗净泥土,再在30℃以下的暗室内阴干,后将干燥的根瘤压成粉末状,放在干燥、清洁、低温、无光处保存备用。

根瘤菌剂有效期为一年,每亩菜豆需用干菌剂50克左右。给菜豆种子接种时,先用50倍植物细胞膜稳态剂溶液喷雾种子,湿润种子表面,再用该溶液湿润根瘤菌剂,使其含水量达到35%左右,然后掺加侧孢芽孢杆菌粉剂100克左右,二者掺混均匀,细致拌种,后播种。

3. 播种

选用32孔穴盘或直径6~8厘米的营养钵,穴盘或营养钵需事先用100倍石灰水浸泡12~20小时(或用500倍高锰酸钾水溶液浸泡10分钟)杀菌消毒,后穴内装足营养基质,再用1000倍生物菌土壤接种剂喷洒湿润,后播种。

在穴盘基质面上,用消过毒的、直径2厘米的木棍按压营养基质,做成深2~3厘米的播种穴,后放入发芽种子2粒,没有催芽的种子需放3粒,后覆土3~4厘米厚。在播种穴的上面堆成高于穴盘表面1厘米左右、直径3~4厘米的土堆。播种完成后,随即将穴盘排放于苗床畦面铺设的农膜上,再在苗床畦埂上扎拱,严密封闭防虫网、防雨农膜等,预防病虫害和高温、强光、雨淋、水渍等危害。

4. 苗期管理

(1)温度调控 出苗前,白天温度保持25~30℃,若温度高于30℃,需覆盖遮阳网遮阳或喷灌井水降温,夜温保持15~18℃。出苗后降温,预防幼苗徒长,白天温度维持20~23℃,夜温维持12~16℃,促使根系发达。2片真叶后,白天控温25~28℃,夜晚控温10~16℃,阴天控温8~18℃,保苗健壮,优化花芽分化。定植前3~5天,白天控温18~23℃,夜晚控温8~16℃,降温炼苗。

(2)肥水管理 豆类蔬菜,其种子子叶中富含养分,对基质养分要求不严。管理上，应保持苗床空气相对湿度为 65%～70%，营养基质湿度也不宜过高。出苗前后，一般不需要浇水，真叶长出后，根据植株表现与基质水分状况进行肥水管理。若缺水，可在苗床底部农膜上面适度浇灌，结合浇灌，冲施沼液或腐熟动物粪便浸出液，每平方米 500 毫升，维持营养基质湿润、补充无机营养，满足秧苗生长发育对肥水的需求。

2 片真叶后，结合浇水，再次冲施沼液或腐熟动物粪便浸出液，每平方米 500 毫升。结合防病，喷洒 100 倍红糖+300 倍溃腐灵+50 倍发酵牛奶+300 倍硫酸钾镁+300 倍葡萄糖酸钙+600 倍植物细胞膜稳态剂+6000～8000 倍 0.01%芸苔素内酯+6000 倍有机硅混合液，预防病害发生，促进细胞分裂与花芽分化，保障秧苗健壮。

5. 病虫害防治

同"番茄有机栽培育苗技术"。

五、芹菜育苗技术

1. 设施与营养基质选择

参阅"十字花科蔬菜育苗技术"，穴盘选用 128 孔穴盘。

2. 种子处理

（1）晒种搓种　芹菜种子外皮革质化且含挥发油，透水性差，生产中发芽缓慢，整齐度较难控制。其种子休眠期较长，经过休眠的种子，在 15～20℃的适温下，7～10 天方可发芽，超过 25℃则发芽困难。

芹菜育苗，最好选用已经度过休眠期的隔年种子，播种之前，将种子平摊在簸箕内，在阳光下晒种 2 天左右，并用布质鞋底反复搓磨，去除种皮外毛，以利于吸水发芽。

（2）浸种　把种子装入尼龙纱网袋内，泡入井水中充分搓洗，洗净后用 500 倍高锰酸钾溶液浸泡种子 10 分钟左右，杀菌消毒，洗净药液，再将种子袋放入井水中，维持水温 15～20℃，每 12 小时换 1 次井水，浸种

24～36小时。

（3）催芽 把处理好的种子袋置于冰箱内,用0℃的温度处理10～12小时,再用井水浸泡30分钟,甩净水分后,吊入水井中催芽。注意:种袋需离开水面30厘米左右,每12小时用井水浸泡种子10～20分钟,甩净水分后,继续吊入井中催芽。5～7天,大部分种子露白后播种。

3. 播种

在穴盘内装入营养基质并压实,用1000倍生物菌液喷洒至湿润,然后播种。播种需用竹签蘸水粘种、点播于穴盘孔中心,每个孔穴播种2～4粒,覆盖0.1～0.2毫米厚营养基质或细沙土,后排放于苗床底部农膜面上,穴盘排放好后,在穴盘表面覆盖地膜保墒。注意:芹菜种子发芽不但需要水分、适宜温度、氧气,而且需要弱光,覆土厚度不得超过0.2毫米。

播种后,搭建小拱棚,用防虫网封闭。露地育苗,拱棚顶部还需覆盖旧无滴农膜,预防高温、强光、雨淋、水渍与病虫危害。

4. 苗期管理

（1）温度调节 芹菜最适宜生长发育温度为10～20℃,高于25℃则影响生长发育,故育苗必须避开高温季节。从播种到移栽,都必须严格调控温度,不得高于25℃、低于5℃。

（2）肥水管理 育苗期间要特别注意水分管理,保持营养基质湿润、透气,降低苗床温度,以利于出苗。出苗前,每天早晨或傍晚浇灌1次井水,每次浇水需控制灌水量,农膜上水深0.5厘米左右,浇后畦面多余水分随即排掉,浇灌井水的目的在于降低苗床温度,维持营养基质湿润,以利出苗。

少量出苗时,于清晨日出前或傍晚日落后撤除地膜,加盖遮阳网遮阳,每天仍按上述方法,浇水或喷水1～2次,降低苗床温度,以利幼苗生长。结合浇水进行补肥,5～7天浇灌1次1000倍硫酸钾镁+3%有机肥浸出液或3%沼液。2片真叶以后,逐步减少遮阳,每2～4天浇井水1～

2次。4～5片真叶后，清晨日出前撤掉遮阳网，减少浇水次数，保持基质表面见干见湿。

（3）间苗、除草　芹菜幼苗长至3～4片真叶时开始间苗，间苗需分两次完成，不得拔苗，要用剪刀剪除瘦弱苗、小苗、病虫苗、过大苗。第1次间苗，每孔穴选留2株同等状态的壮苗；第2次间苗，每孔穴只留一株壮苗。每次间苗之后，随即在根际处薄薄地覆盖1层基质，并浇1次井水。

芹菜苗期生长缓慢，天气炎热，土壤潮湿，杂草滋生，需及时清除杂草，1～2片真叶的小草可以直接拔除，3片真叶以上的大草要用剪刀从根基处剪掉，严防因拔草带出芹菜幼苗。

（4）根外追肥　每次间苗后，随即喷洒100倍红糖+600倍植物细胞膜稳态剂+50倍发酵牛奶+300倍溃腐灵（或其他小檗碱类植物农药）+8000倍0.01%芸苔素内酯+300倍硫酸钾镁（或3%沼液或3%腐熟动物粪便浸出液）+6000倍有机硅混合液，促进秧苗生长，预防病害发生。

5. 病虫害防治
参阅"番茄有机栽培育苗技术"。

六、洋葱育苗技术

1. 设施与营养基质选择
不同地区、不同季节、不同气候条件，需选用相应的育苗设施和相应的育苗方式。其营养基质选择参阅"十字花科蔬菜育苗技术"。

寒冷地区在冬季育苗，需在温室内或拱棚内，采用配有加温和保温设施的暖床，选用128孔穴盘育苗。

暖温带、亚热带地区越冬栽培洋葱，需在秋季露地育苗，并配有防虫网以及避雨、防涝等设施。播种前，每亩需施有机肥2000千克或腐熟动物粪便3000千克，并撒施0.7%苦参碱300毫升+1.5%除虫菊素300毫升，消灭地下害虫。苦参碱与除虫菊素需掺混入10千克细土中，充分搅拌、掺混均匀，并均匀撒于地面；或加入 60 千克清水中，细致喷洒地面。后旋耕、耙细耙匀土壤，做高垄平畦。

按每 140～160 厘米宽起一高垄平畦，垄沟深 10 厘米、宽 30～40 厘米，垄面高 10 厘米、宽 100～120 厘米，耙平畦面，垄沟内铺设微喷灌管，喷灌至土壤湿润。后地表覆盖白色农膜保墒，提高土温，促进杂草萌发。待大部分杂草萌发后，去除农膜，再次旋耕灭草或锄除杂草，后整理畦面，播种。

2. 种子处理

洋葱育苗，必须用当年新种子或冷冻储存不超过 2 年的种子。一般多用干种直播，为利于发芽和提早出苗，也可浸种、催芽后播种。

（1）浸种　种子优选，去除碎粒、病虫粒、霉变种后，先放入细尼龙纱网袋内，封闭袋口，用凉水轻轻搓洗清洁。然后在保温容器中加入 50℃ 热水，水量为种子重量的 5 倍左右，把种子袋放入，加适量热水，调整水温达到 50℃，恒温浸泡 30 分钟，取出种子再用 100 倍溃腐灵药液（或 0.2%高锰酸钾溶液或 1%硫酸铜溶液）浸泡 10 分钟，灭菌消毒。后用常温清水继续浸泡 3～4 小时。取出种子、甩净水分，催芽或直接播种。

（2）催芽　浸种后将种子捞出洗净，甩净水分，置于 18～20℃ 的恒温条件下催芽。注意：每天需用井水冲洗 1～2 次，50%种子露白时及时播种。若胚根过长，播种时易折断，降低出苗率。

3. 播种

（1）设施内穴盘育苗　穴盘装满营养基质，用直径 1 厘米的圆木棍按压播种穴（方法同“十字花科蔬菜育苗技术”），穴深 0.6 厘米，后每穴播 2 粒种子，孔穴覆满基质并刮平，再用穴盘稍加按压，再次撒基质、刮平，后喷洒 1000 倍生物菌土壤接种剂+1000 倍植物细胞膜稳态剂混合液至基质湿润，后排放在苗床畦面的农膜上面，灌水 1 厘米深，少量穴孔的基质表面略显湿润时立即停水，排出畦面的多余水分，再在穴盘表面覆盖地膜保墒。

（2）露地育苗　用精播机条播，行距5厘米，株距2厘米，播深1厘米。每平方米需用种子5～7克，每亩需播种3500克左右，播种后稍加镇压即可。

（3）小面积畦面撒播　需把苗畦分成多份，种子亦分成同等份数，每份种子掺加30～50倍（体积）细土，充分搅拌均匀，分3次均匀撒播在相应的苗畦中，覆土0.6厘米厚，后用木板稍加镇压即可。

播种后，畦面随即覆盖地膜，以利提温、保湿。部分幼苗出土时，于清晨日出前或傍晚日落后撤除地膜。

4. 苗床管理

（1）温度调控　出苗前，晴日白天温度维持15～20℃，夜晚维持10～16℃，以利出苗，阴天维持5～16℃，预防病害；出苗后，白天维持18～20℃，夜晚维持10～15℃，最低不低于5℃，阴天维持5～15℃；定植前5天左右降低苗床温度，白天维持15℃左右，夜晚维持5～10℃，低温炼苗。

（2）肥水管理　播种后7天左右开始出苗，待60%左右的种子出苗后，于傍晚日落后或清晨日出前撤除地膜。后微喷浇水至基质充分湿润。幼苗出齐后，适时、适度微喷畦面。以后控制浇水，适度蹲苗，畦面见干见湿，促进根系发达，预防幼苗徒长。

结合微喷浇水，每10天左右喷施3%腐熟动物粪便浸出液或3%沼液，或喷施1000倍硫酸钾镁+1000倍海藻有机肥混合液。海藻有机肥与硫酸钾镁需事先溶化成水溶液，通过施肥器进入微喷管道内，喷洒苗床。

定植前7～10天适当控水，促进根系生长，培育壮苗。定植前5天停止浇水，降温炼苗，白天控温15℃左右，夜晚控温5℃左右，以备起苗定植。

（3）间苗、除草　出苗后，发现杂草应及时拔除。机播苗床，幼苗2～3片真叶时，需用宽3～3.5厘米的组合小锄，中耕锄草，行内的杂草用手拔除或剪除。葱苗3～4片真叶时进行间苗，拔出小苗、弱苗、病苗、徒长苗、过粗苗，每间隔4厘米左右留一株壮苗。穴盘育苗时，每穴只保留一株生长均匀的壮苗。

5. 病虫害防治

参阅"十字花科蔬菜育苗技术"。

七、韭菜育苗技术

1. 设施与营养基质选择

韭菜育苗，不同地区需根据不同的气候条件、不同的季节、不同的品种，选用不同的育苗设施与育苗方式。其营养基质选择，可参阅"十字花科蔬菜育苗技术"。

寒冷地区在冬季育苗，需在温室或塑料大棚内，配有加温、保温设施。

在春、夏、秋季育苗，应配有防虫网以及遮阳与防雨涝设备，选用32孔穴盘或直径8~10厘米的营养钵育苗，或地面做冷畦育苗。

温带、亚热带地区栽培韭菜，多在秋季或春季，采用露地冷畦育苗，应配有防虫网以及遮阳与防雨涝设施。

2. 整地、施肥

露地做冷畦育苗，播种前每亩均匀撒施有机肥2000~3000千克，施入300毫升0.7%苦参碱+300毫升1.5%除虫菊素，消灭地下害虫。苦参碱与除虫菊素需掺混入10千克细土中，充分搅拌后均匀撒施地面；或加入60千克清水中，细致均匀喷洒地面，后旋耕、耙细、耙匀土壤，做高垄平畦，后喷灌透水，造墒育苗。

3. 整畦

每140~160厘米宽起一高垄平畦，垄面高10厘米、宽100~120厘米，垄沟宽30~40厘米、深10厘米。整平、耙匀畦面，沟内铺设微喷灌管，喷灌土壤使其充分湿润。后畦面覆盖白色地膜，保墒，提高土温，促进杂草萌发。

　　大部分杂草萌发后，除去地膜，再次旋耕或锄地灭草，整理畦面，后每间隔 20 厘米开一深 1 厘米、宽 10 厘米的平底沟播种；或播种于营养钵、苗盘中。

4. 种子处理

　　韭菜育苗，必须用当年生产的新种子，或冷冻储存不超过 2 年的种子。多干种直播，为利于发芽和提早出苗，也可浸种、催芽后播种。

　　（1）浸种　种子装入细尼龙纱网袋内，扎口封闭，用清水轻轻搓洗，洗净种皮表面污物，再放入 40℃ 清水中，恒温处理 30 分钟，后放入 20℃ 左右的清水中，水量要淹没种子，浸种 18～20 小时。取出种子甩净水分再放入 100 倍溃腐灵（或其他小檗碱类植物农药）+100 倍植物细胞膜稳态剂+8000 倍 0.01% 芸苔素内酯混合液中，浸泡 10 分钟，灭菌消毒。捞出后甩净水分，催芽或直接播种。

　　（2）催芽　浸种处理并吸足水分的种子，放在 15～20℃ 的恒温箱中催芽，方法同"十字花科蔬菜育苗技术"，50% 的种子露白时播种。

　　（3）土壤生物菌接种剂拌种　播种前，把种子薄薄地摊放在农膜上，每 1000 克种子掺混 20 克土壤生物菌接种剂+10 毫升植物细胞膜稳态剂，提拉晃动农膜，让种子翻动，搅拌均匀，后播种。

5. 播种

　　（1）穴盘育苗　穴盘装满基质后刮平，其上重叠平放一穴盘，盘上放木板，均匀用力按压，压出深 1.5～2 厘米的播种穴，每穴内均匀撒播 4～6 粒种子，再次重叠平放穴盘，上覆盖木板，轻轻按压，后孔穴覆盖满基质，刮平，摆放于苗床底部畦面农膜上面。

　　（2）营养钵育苗　钵内装满基质后，用直径 6～8 厘米、截面平整的木棍按压营养钵基质，成深 2～2.5 厘米的平底播种穴，穴内均匀撒播 15～20 粒种子，再次按压，覆盖营养基质 2～2.5 厘米厚，后摆放于苗床畦面的农膜上。

在农膜上浇水，少量穴盘的营养基质表面略显湿润时，随即停止浇水，排出苗床底部多余水分。后在穴盘表面覆盖地膜保墒。苗床搭建拱棚，用防虫网封闭，预防害虫进入；拱棚顶部覆盖旧农膜，预防雨淋苗床，外盖草帘或遮阳网遮阳，降低苗床温度。

（3）大田做高垄平畦育苗　播种前，结合整地每亩撒施有机肥2000～3000千克、或充分腐熟的动物粪便3000千克，施入300毫升溃腐灵（或其他小檗碱类植物农药）+300毫升0.7%苦参碱+300毫升1.5%除虫菊素混合液，杀菌并消灭地下害虫。苦参碱与除虫菊素等需掺混入20千克细土中，充分搅拌均匀后撒施地面，或加入60千克清水中，细致喷洒地面，灭菌杀虫。后旋耕、耙细、耙匀土壤，整畦。

南北向整修高10厘米的高平畦苗床，苗床畦面宽100～120厘米，畦沟（操作行）宽30～40厘米，畦沟内铺设喷灌管，足水喷灌造墒，后覆盖白色农膜，提高地温，保持土壤湿润，促进杂草萌发。

大部分杂草萌发后，除去农膜，再次旋耕畦面灭草，修整畦面，开挖播种沟。播种沟中心间距15～20厘米，沟宽10厘米，沟深1.5厘米，平底。后在沟内均匀撒种，种距0.5～1厘米。每亩需用种子4000～5000克。撒后搂耙平整畦面，覆盖种子，随即畦面覆盖农膜或稻草帘，保持土壤湿润。

6. 苗床管理

（1）肥水管理　保持畦面土壤（营养基质）湿润是确保韭菜种子出苗的最关键条件，播种后，每天早、中、晚多次监测营养基质的湿度和温度、种子的萌动状况、日照状况等，根据情况及时用井水喷灌或渗灌苗床畦面，降低苗床温度，维持营养基质湿润，促进发芽。井水需勤浇、浇透，浇后多余水分需排净，预防水渍涝害。

出苗后，于清晨日出前或傍晚日落后撒除畦面覆盖物，苗床底部农膜上继续浇灌井水，水深0.5厘米左右，结合浇水，追施3%沼液、3%腐熟饼肥浸出液或3%腐熟动物粪便浸出液。此后结合浇水每10天左右浇施1

次 3%沼液、1%腐熟饼肥浸出液或 3%腐熟动物粪便浸出液。定植之前 7 天左右停止灌溉。

苗高 5～7 厘米时，叶面喷洒 1%生物菌有机肥浸出液 1～2 次。苗高 10～12 厘米时，叶面喷洒 300～500 倍氨基酸叶面肥+300 倍硫酸钾镁混合液 1～2 次。此后，每 10 天左右喷洒 1 次 300 倍溃腐灵（或其他小檗碱类植物农药）+800 倍植物细胞膜稳态剂+8000 倍 0.01%芸苔素内酯+300 倍硫酸钾镁+1%腐熟饼肥浸出液（或 300 倍葡萄糖酸钙）+6000 倍有机硅混合液，促进幼苗健壮生长。

（2）温度调控　韭菜种子发芽期，温度需维持 10～20℃；出苗后，调控温度在 12～15℃。要避免床温过高，严格控制在 20℃以下。晴天中午需覆盖遮阳网遮阳，避免强光照射，预防高温烧苗现象发生。

（3）清除杂草　出苗后，发现杂草及时拔除，预防草害。

（4）炼苗　定植前 10～15 天，撤除遮阳网，控温 20～25℃，高温炼苗，增强秧苗对高温的适应能力，在不萎蔫的前提下适当减少浇水次数与浇水量，使幼苗适应外部环境，提高移栽成活率。

7. 病虫害防治

参阅"十字花科蔬菜育苗技术"。

八、大葱育苗技术

大葱育苗，不同地区需根据不同的气候条件、不同的季节选用不同的设施与相应的育苗方式。

1. 整地、施肥、做畦

寒冷地区冬季需在温室内或塑料大棚设施内建暖床苗畦，并配有加温或保温等设施。

温带、亚热带地区栽培大葱，多在秋季或春季露地做冷床苗畦播种育苗，苗畦应配备有排涝、防水渍、防高温强光、防虫等设施。

播种前，结合整地每亩撒施有机肥 2000～3000 千克或充分腐熟的动物粪便 3000 千克，施用 300 毫升 0.7%苦参碱+300 毫升 1.5%除虫菊素，消灭地下害虫。苦参碱与除虫菊素需掺混入 20 千克细土中，充分搅拌均匀后撒施地面，或加入 60 千克清水中，细致喷洒地面灭虫。随后旋耕、耙细、耙匀土壤，整畦播种。

南北向整修高 10 厘米的平畦苗床，苗床畦面宽 100～120 厘米，畦沟（操作行）宽 30～40 厘米，畦沟内铺设喷灌管，足水喷灌造墒，后覆盖白色农膜，提高地温，保持土壤湿润，促进杂草萌发。

大部分杂草萌发后，除去农膜，旋耕畦面或锄地灭草，后修整畦面播种。

2. 种子处理

大葱育苗，必须用当年收获的新种子，或冷冻储存不超过 2 年的种子，多采用干种掺细土撒播。为利于发芽和提早出苗，也可浸种催芽后播种。

（1）浸种　将种子装入细尼龙纱网袋内，扎口封闭，在水龙头下用清水冲洗干净，后放入 40℃清水中恒温处理 30 分钟，再放入 20℃左右的清水中，水量要淹没种子，浸种 20 小时。捞出后甩净水分，放入 100 倍溃腐灵（或其他小檗碱类植物农药）+8000 倍 0.01%芸苔素内酯混合液中，浸种 5～10 分钟，灭菌消毒。

（2）土壤生物菌接种剂拌种　播种前，把药液处理过的种子薄薄地摊放在农膜上，每 1000 克种子均匀撒上 20 克土壤生物菌接种剂+20 毫升植物细胞膜稳态剂，提拉农膜，让种子翻动，搅拌均匀，后播种。

3. 播种

（1）开挖播种沟　畦面旋耕均匀后，在南北方向的高垄畦面上，东西向开挖平底播种沟，播种沟中心相互间隔 15 厘米，沟深 1.5 厘米左右、宽 8～10 厘米。

（2）播种　在播种沟内均匀撒播种子，种距 1～1.5 厘米，每亩撒播种子 3000～4000 克。播种前，需把每个畦面所需种子事先掺混入用种量

20～50 倍的细土内，充分搅拌，掺混均匀，后分成三等份，分三次撒播，每次都需均匀撒播全畦面。全部种子撒完后，搂耙、整平畦面，细土覆盖种子。后随即覆盖草帘或地膜保墒。

注意：必须足墒播种，如果墒情不足，需先进行喷灌造墒，后播种。

4. 苗期管理

播种 3～4 天后，每天清晨检查苗床墒情，如果墒情不足，可于清晨或傍晚时喷灌苗畦，维持营养基质湿润。发现有少量幼苗出土时，于傍晚日落后或清晨日出前撤掉畦面覆盖物。

（1）肥水管理　播种后遇到高温时，及时降低苗床温度。保持土壤湿润，是确保大葱种子出苗的最关键条件。

播种 3～4 天后，每天早、中、晚多次监测营养基质湿度、温度与幼苗出土状况、日照状况等，根据情况适时用井水喷灌，湿润畦面，降低苗床温度，维持土壤湿度，促进发芽。井水需清晨或傍晚勤喷灌，浇透土壤。

遇雨需及时排净畦沟内积水，预防水渍涝害伤苗。出苗后，于清晨日出前或傍晚日落后撤除草帘等覆盖物，继续喷灌井水，结合浇水，喷施 1% 沼液、1% 腐熟动物粪便浸出液或 1% 腐熟饼肥浸出液。此后结合喷灌，每 10 天左右喷施 1 次 1% 的腐熟饼肥或腐熟动物粪便浸出液，或 300 倍硫酸钾镁+300 倍氨基酸叶面肥混合溶液。定植之前 10 天左右停止灌溉。

幼苗长至 2～4 片真叶时，叶面喷洒 300 倍硫酸钾镁+300 倍葡萄糖酸钙+1% 生物菌肥浸出液（或 1% 腐熟动物粪便浸出液）+600 倍植物细胞膜稳态剂+8000 倍 0.01% 芸苔素内酯+6000 倍有机硅混合液 1～2 次。4～6 片真叶时，再喷洒 1～2 次，此后每 10 天左右喷洒 1 次，促进幼苗健壮生长。

（2）温度管理　大葱种子发芽期、幼苗生长期，苗床温度需维持 15～20℃，要避免床温过高，严格控制在 20℃以下。晴天中午需覆盖遮阳网遮阳，或浇灌井水降温，避免强光照射，预防高温强光灼伤幼苗。

（3）清除杂草、间苗　出苗后，发现杂草及时拔除，预防草害。幼苗

3片真叶时进行间苗，拔出过密苗、杂苗、细弱苗、病苗、徒长苗，调控苗距1.5厘米左右。

（4）炼苗 定植前10天左右撤除遮阳网，控温20~30℃，高温炼苗，以增强秧苗对高温的适应能力，在不发生萎蔫的前提下适当减少浇水次数与灌水量，使幼苗逐步适应外部环境，提高移栽成活率。

5. 病虫害防治

参阅"十字花科蔬菜育苗技术"。

九、空心菜育苗技术

1. 播种前准备

（1）设施选择 冬季育苗需在温室或塑料大棚设施内，用暖床或电热线加温苗床。夏秋季节育苗，需在拱棚内或露地建"三防"苗床育苗。

（2）穴盘选用 72~128穴孔苗盘。

（3）营养基质选择 同"十字花科蔬菜育苗技术"。

（4）种子处理

① 温汤浸种 把种子装入细尼龙纱网袋内，先在清水中轻轻搓洗洁净，后甩净水分，放入55℃热水中浸泡，控温50~55℃，维持30分钟，再放入500倍高锰酸钾（或100倍溃腐灵、100倍硫酸铜）溶液中，浸泡5~10分钟，杀菌消毒。后放入常温清水中，浸种20小时。

② 催芽 取出吸足水分的种子袋，甩净水分，放于恒温箱中催芽，控温20~25℃，方法同"十字花科蔬菜育苗技术"。种子50%~60%露白时播种。

2. 播种

参照"十字花科蔬菜育苗技术"，穴盘装满营养基质后，压穴深1厘米，每穴点播2~3粒种子，后覆盖营养基质，营养基质需高于穴盘，用木板压实、刮平。再用 1000 倍土壤生物菌接种剂喷透穴盘并使基质充分湿润，后排放于苗床底部畦面的农膜上，再在穴盘表面覆盖地膜保墒。

3. 苗期管理

（1）温度调控 出苗前，控温 25～28℃；出苗时，于清晨日出前或傍晚日落后去除地膜，拱棚外封闭防虫网，顶部覆盖农膜防雨淋、防强光，控温 20～25℃。幼苗 3 片真叶时，调温 18～20℃，低温炼苗 5 天，定植。

（2）肥水管理 幼苗出齐后，在苗床底部畦面农膜上浇水，少量穴盘基质略显湿润时停止，排出多余水分。后适度控水，只在晴天中午前后有少量叶片发软时，随即浇灌井水，每 5～7 天 1 次。方法同"十字花科蔬菜育苗技术"。

结合浇水，每 10 天左右每 10 平方米苗床冲施 1%沼液 5 千克，或浇灌 1%有机肥浸出液，促进秧苗健壮。

（3）间苗、除草 幼苗 2 片真叶时进行间苗，用剪刀剪除小苗、弱苗、病虫苗、过大苗，每穴选留 2 株生长均匀的健壮苗。结合间苗，清除杂草。4 片真叶时再次间苗，每穴只选留 1 株壮苗。

4. 病虫害防治

参阅"十字花科蔬菜育苗技术"。

第四章

温室有机蔬菜节本高效栽培技术

第一节
温室有机蔬菜栽培土肥气管理与病虫害防治

一、温室内的生态环境特点与调控技术

任何作物有机生产，必须在严格执行有机生产有关规程、条例的前提下，结合所栽培作物的特性、所处地区的气候条件和环境特点等，设计组配相关技术措施。对于温室等设施栽培，由于为墙体与塑料薄膜全封闭结构，改变了设施内的生态环境，已经不同于大田露地环境下的生态条件，所以在制定技术规程时，还必须结合设施内的生态环境特点，设计组配相应的技术措施。

① 温室等设施封闭性强，作物蒸腾的水分和土壤蒸发的水分不易排出，设施内空气湿度高，极易诱发各种病害，病害种类多，发病重，感病频繁。

② 经反复测试，设施内的土壤温度明显低于空气温度，二者一般相差 5~8℃。特别是进入严寒节季，即便空气温度达到 30~35℃，土表以下 20 厘米的土壤温度也仅有 12~13℃。

如此地温，如果采取平畦栽培或沟内栽植，大部分作物难发新根，根

系难以下扎。这和露地栽培中土壤温度比空气温度高 2～3℃、热土层厚度达 30 厘米以上反差很大。

土壤温度低，热土层浅，制约了作物根系的发育，作物发根量少、扎根浅，根系不发达。

根系不但承载着固着土壤、吸收肥水的作用，更重要的是根系还承担着营养合成功能，各种氨基酸、蛋白质以及各种酶类、核糖核酸、激素等高能活性营养物质，绝大多数是在根系中合成的。根系不发达，则无法保证高产、优质。

因此，设施栽培时，为促使根系发达，必须提高土壤温度，增加热土层厚度，实行 M 形双高垄，土面全面积覆盖地膜。

M 形双高垄可增加土壤表面积 40%以上，土壤表面积大，接受热量多，土壤温度高；高垄又显著增加了热土层厚度，从而作物扎根深、发根量多、根系发达。覆盖地膜既可显著减少土壤水分蒸发，降低棚内空气湿度，减少病害发生，又可提高土壤温度，比不覆膜者土壤增温 2～4℃，提高根系活性，促使根系发达。

③ 设施内与设施外空气交换率低、通风时间短，光合作用的主要原料二氧化碳难以借助空气流通交换获得，必须通过多施用有机肥料和人工补施二氧化碳，为光合作用提供充足的碳素原料。

④ 设施内昼夜温度变幅大，晴天中午前后，如不能及时通风降温，室内空气温度可达到 40℃以上，进入夏季可达到 70℃左右，因此必须根据设施内温度变化，及时、适时灵活通风，调控设施内空气温度，使之处于作物适宜的温度范围。

晚上，因塑料农膜阻挡热量辐射外传的能力有限，若采光面没有保护层覆盖，设施内空气温度接近于室外冷空气温度。所以必须在采光面配置保温覆盖层，预防热量外传。

⑤ 设施内光照强度（简称光强）明显低于设施外的自然光照，若采光面农膜老化或不及时清擦浮尘等，其透光率可降低至自然光照的 40%

左右，难以满足室内作物光合作用的需求。同时，设施内不同部位光照强度差异明显。经检测发现：温室内前部光照最强，一般为室外自然光照强度的 60%～85%，中部可比前部降低 20% 左右，后部降低 40% 左右，光照强度差异大，栽培上必须在后坡与后墙之间设置反光膜，提高中后部的光照强度，提高光合效能。

温室内上、下位置光照强度亦差异显著，接近顶部棚膜处光照最强，大约为室外自然光强的 70%～90%，随着高度的下降，光强递减。棚体越高，地面光强越弱。地面光强仅有顶部光强的 40%～50%。因此建造设施时，一定要注意控制设施高度，其最高点不宜超过 400 厘米，避免叶幕层处的阳光强度偏弱，降低光合效能。

二、温室有机蔬菜栽培整地与地膜覆盖技术

为了减少土壤水分蒸发，降低设施内空气湿度，减少病害发生，提高土壤温度，必须起双高垄畦，全面积覆盖地膜。

1. 起 M 形双高垄畦

每次换茬时，结合暑季高温进行闷棚，后土表撒施有机肥料，不要深耕，只需旋耕表层 20 厘米以内的土层，再按南北向整畦，起 M 形双高垄畦。

北方阳光充足地区，黄瓜、番茄等耐阴作物栽培时，双高垄畦总宽 120～130 厘米，茄子、辣甜椒、丝瓜、苦瓜等喜光作物栽培时，双高垄畦总宽 130～140 厘米。

南方多阴雨地区，黄瓜、番茄等耐阴作物栽培时，双高垄畦总宽 130 厘米，茄子、辣甜椒、丝瓜、苦瓜等喜光作物栽培时双高垄畦总宽 140 厘米。

M 形双高垄畦顶部畦面总宽 80～90 厘米，中心线处有一深 10～15 厘米、宽 25～30 厘米的浇水沟，沟内铺设滴灌管，以备灌溉。双高垄畦之间是沟型操作行，沟呈平底梯形，上宽 40～50 厘米，下宽 25～30 厘米，沟深 25 厘米。

作物定植之前，先在操作行梯形沟内灌水，结合灌水，整平双高垄畦面，整修滴灌沟槽。后封闭棚膜提温至 30～35℃，促进杂草萌发。大部杂草出土后，锄地灭草，再次整理畦面，后定植。

2. 覆盖地膜

覆盖地膜可显著减少土壤水分蒸发，既能保护墒情，维持土壤湿度，又能增高土壤温度 2～4℃。在寒冷季节，秧苗定植之后，需立即覆盖地膜。在温暖季节，秧苗定植后，设施外空气温度必须降至 20℃ 并稳定在 20℃ 左右时，方可覆盖地膜。

覆膜方法：在窄行滴灌沟的上方，东西向摆放撑杆，撑杆可选用玉米秆、细树枝、细竹竿等，长 50～60 厘米，南北向每间隔 40 厘米左右东西向平行摆放一条，后在滴灌沟上方中心线处，从南到北拉细绳，绳子两头拴系于短木棍上，拉紧后将木棍插入南北两端的土壤中，固定绳子。后在架面上覆盖地膜，地膜宽 40～50 厘米，拉开伸展，封闭滴灌沟和双高垄的半边垄背。

宽行用更换下来的旧棚膜，剪成宽 120～130 厘米的条幅，将操作行地面和半边垄背全面封闭。

3. 掀动农膜，促进土壤空气更新

每间隔 20～30 天，选晴天中午，一人在南端，一人在北端，两人共同拉紧操作行的农膜，进行掀动，促进土壤内的气体更新，增加土壤含氧量，提高作物根系活性。

4. 适时撤膜

5 月份前后，室外气温稳定在 25℃ 左右时，设施通风量增大，设施内外温度差异变小，土壤温度增高。此时可适时撤除地膜，以利于土壤气体交换更新，提高作物根系活性。

对于番茄、瓜类等作物，其茎易产生不定根，可结合撤膜，在操作行内均匀撒施腐熟动物粪便，每亩 1000～2000 千克，后翻掘操作行底部土壤，肥土掺混均匀，随即覆土埋压落秧，促使其发生不定根，增加根量，

利于后期增产。

三、温室有机蔬菜栽培土壤施肥技术

1. 施肥的作用及目的

温室蔬菜栽培，土壤施肥的作用、目的发生了明显的变化。露地环境条件下的土壤施肥是以满足作物对各种肥料元素的需求为主要目标。而温室栽培的土壤施肥，除为了满足作物对各种肥料元素的需求以外，还担负着供给作物光合作用的主要原料——二氧化碳的重要任务。因为温室栽培环境条件密闭，室内外空气的交流被严格限制，室内空气中二氧化碳难以通过空气交流得到补充，因而二氧化碳是否充足，成为影响室内作物产量高低的首要因素。所以在温室栽培中土壤施肥不但要满足作物对各种肥料元素的需求，更重要的是满足作物对二氧化碳的需求。

2. 施肥种类

在温室栽培中，将有机肥料施入土壤，经土壤微生物发酵分解，可以源源不断地释放二氧化碳。因此有机肥料成为温室栽培土壤施肥的首选和必需。不论是基肥还是追肥，都应施用有机肥料，以满足作物对二氧化碳的需求。

3. 施肥方法

作物追肥需选择晴天清晨至上午10点前进行，并要做到撒肥、掘翻、浇水、覆膜同步操作，完成一行后方可进行下一行的操作。

追肥操作的同时还需开启通风口，预防肥料挥发的氨气危害作物。严禁阴天、下午进行追肥操作，否则肥料挥发的氨气、水蒸气不能及时排出，不但会严重危害作物，而且室内湿度过高还会诱发各种病害。

4. 科学施肥技术

（1）有机生产不允许施用任何人工合成的化学肥料，必须施用有机

肥料　有机肥料虽然矿质元素含量较低，但是其所含有的矿质元素是最全面的，而且还含有大量的有机质。增施有机肥料，不但能够供给作物所需的各种矿质元素，而且可以显著提高土壤的有机质含量。土壤中的有机质含量虽少，但对土壤性状和植物生长状况的影响是多方面的：

① 有机质能不断地分解释放氮、磷、钾、钙、镁、硫、硼、铁、锌等大、中、微量元素，满足作物生长发育对各种矿质元素的需求。更重要的是它还能源源不断地释放二氧化碳，提高室内空气中的二氧化碳含量，为作物光合作用提供丰富的碳素原料，不但解决了温室栽培过程中因室内外空气交换率低而造成的二氧化碳缺少、供应不足的问题，而且因温室封闭性强，有机质分解释放的二氧化碳几乎全部留在室内，大大提高了室内空气的二氧化碳浓度，从而能显著增强作物的光合效能，提高产量 20%以上。

② 有机质在土壤中经微生物作用会转变成为腐殖质（即胡敏酸、富里酸和胡敏素），具有黏结性能，能把分散的细土粒黏结成团粒，增加土壤团粒结构，改善土壤的理化性状，增加土壤孔隙度，改善土壤通气性，调节其水气比例，增强其储水性能，促进土壤微生物的活动。腐殖质是黑色物质，吸热能力强，能使土壤快速升温。

③ 腐殖质在土壤中呈有机胶体状，带有大量的负电荷，能吸附大量的阳离子，如 K^+、Ca^{2+} 等，显著减少肥料流失，提高土壤的保肥性能与肥料的利用率。

④ 腐殖质具有缓冲性能，能够调节土壤的酸碱度（pH 值）。当土壤呈酸性时，土壤溶液中的氢离子（H^+）可与土壤腐殖质胶体上所吸附的盐基离子进行交换，从而降低土壤溶液中氢离子（H^+）的浓度，使土壤趋于中性；当土壤呈碱性时，溶液中的氢氧根离子（OH^-）能与腐殖质胶体上吸附的氢离子（H^+）结合，生成水（H_2O），降低土壤溶液的 pH 值，使土壤趋于中性。特别是在盐碱性土壤中，增施有机肥料是改良盐碱地的最有效途径之一。

⑤ 有机质在生物菌发酵过程中，会繁育大量的有益菌类，它们不但能把有机肥料中的各种有害物质转化为无害成分，而且还能抑制并消灭土壤中的有害菌类，减少土传病害的发生，部分有益生物菌具有固氮作用，能对空气中的氮进行转化利用，为作物提供充足的氮肥，还能释放已经被土壤固定的磷、钙、镁、铁等矿质元素，重新被作物根系吸收利用，减少肥料施用量，并能把速效肥料元素转变成氨基酸态、络合态小分子有机肥，使肥料利用率大大提高，且后劲足，使产品达到有机产品标准。

但是有机肥料中矿质元素含量低，单纯施用有机肥料很难保障和满足作物生长发育、开花结果对各种矿质元素的需求，必须根据不同作物的需肥规律、有机肥料中各种矿质元素的含量，适度补充有关矿质元素。所补充的矿质元素不得直接下地，因为不管哪种化学肥料，只要直接下地，不但会违背有机栽培技术规程，且肥料利用率仅有 20%～30%，矿质元素大量流失，污染地下水和周边生态环境。补充的矿质元素必须掺混入有机肥料中，并掺加生物菌，用农膜封闭，充分发酵腐熟，通过生物菌的作用制成生物菌有机肥料，方可施用，供根系吸收利用。其发酵方法参阅"八、动物粪便发酵腐熟技术"。

（2）科学掌控施用量　基肥不宜过多，追肥应在开花结果后，每10～15天一次，不间断地分期补充供应植物生长所需养分。

① 温室是封闭性设施，室内有害气体不易排出，如基肥使用量偏多，挥发的氨气多，室内蔬菜会遭受氨气危害，使叶片干边或发生枯斑，严重时叶片枯萎，直至死棵现象发生。

② 蔬菜在进入开花结果期以前，其吸肥量仅为全生育期吸肥总量的 1/10～1/6，此时期土壤肥料不宜过多，多了不但会引起烧根，还易引起幼苗旺长，影响花芽分化，延迟开花结果。

③ 温室蔬菜因长期施肥量较多，土壤中各种营养元素并不太缺少。温室栽培的主要问题是缺少二氧化碳。作物在幼苗期对二氧化碳的需求量很少，随着叶片数量的增加和产量的提高，二氧化碳需求量逐渐增多，

进入结果盛期，对二氧化碳的需求量达到高峰。

因此，基肥施用量不宜过多，一般每亩施用基肥3000～5000千克即可。应把大量的有机肥料在开花结果之后，结合浇水，分期分批次陆续追施，以便源源不断地为作物光合作用提供足量二氧化碳。

（3）改变追肥方法

① 追肥要结合浇水进行，一般在幼果迅速膨大期开始，每15天左右1次，每次每条滴灌沟中撒施腐熟动物粪便3～5千克，或腐熟饼肥1.5～2千克，或沼渣5千克，或沼液6～10千克。

② 追肥必须选晴天清晨，并在开启通风口后进行，严格执行开沟、撒粪、撅翻、覆土、浇水、覆膜同步进行，严禁阴天或上午10点之后与下午追肥。

③ 追肥要结合生育周期进行，生育前期一般无须追肥，番茄二穗果坐齐、第一穗果长至山楂、核桃大小时，黄瓜根瓜坐住时，茄子门茄坐稳时，辣甜椒门椒坐稳时方可追施第一次肥料。后采收第一批果实后追施第二次肥料，进入采果盛期后，需增加追肥次数和数量，每15天左右追施1次。结果后期可减少追肥或不再追肥。

④ 要根据作物生长状况进行追肥，例如黄瓜，瓜秧生长速度快，生长点部位新发叶片较大，叶缘呈刺状，缺刻明显，叶色明亮，黄绿色，说明肥水较足；反之，生长点新发叶片小、圆、缺刻不明显，生长速度慢说明缺肥。瓜条生长速度快，化瓜少，瓜色明亮，瓜条顺直，说明肥料较足；反之，瓜色发暗，瓜条弯曲，多出现细腰、尖嘴瓜等现象，瓜条生长速度慢，畸形瓜多，化瓜多，说明明显缺肥，应及时追肥，并适当增加追肥量。

⑤ 温室栽培蔬菜，进入寒冷季节之后，室内外通风量极少，二氧化碳得不到足量补充，必须分期在操作行内增施有机肥料，通过有机肥料的生物分解，释放二氧化碳，增加室内空气二氧化碳浓度，提高作物光合效能。

操作行施肥，需在大雪节气之后、雨水节气之前进行，每10天左右1次，每次追施1/5面积，每5行追施1行，第1次追施第1、6、11、16、

21、26……行，第 2 次追施第 2、7、12、17、22、28……行。经过 5 次追施，完成全棚施肥。每个冬季操作行施肥，轮番追施 2 次左右，保障棚内二氧化碳不间断供给，满足作物光合作用的需求。

四、温室有机蔬菜栽培室内空气温度调控技术

1. 室内气温调控的误区

目前在温室蔬菜栽培的温度管理上，多数人仍然按照蔬菜栽培教科书中注明的各种蔬菜生长发育的最适宜温度范围调控室内气温，栽培番茄、菜豆等维持室内空气温度 25～27℃，栽培黄瓜等瓜类作物维持 27～30℃。

然而温室是全封闭的栽培设施，其温度、湿度、光照、空气质量等诸多因子都发生了很大变化，已经不同于露地生态环境条件。生态环境条件的变化，必然引起作物生理特性及需求的变化。因而在温室栽培中，照搬露地环境条件下的适宜温度数据来调控温度，就难以满足温室作物生长发育对温度的需求。

2. 科学调控室内空气温度

多年的实践发现，在温室生产中，白天作物生长发育最适宜温度范围上限要比露地环境条件下作物生长发育最适宜温度范围的上限高 2～3℃。如黄瓜、西瓜、甜瓜等喜温性作物，白天最高室温应控制在 32～35℃，辣椒、番茄等应控制在 30～33℃，茄子应控制在 33～36℃。夜温应按露地环境条件下最适宜夜温的下限调控，瓜类、番茄可控制在 10～18℃，辣（甜）椒、茄子可控制在 12～20℃。阴天栽培各类蔬菜的室内温度都不得高于 20℃，减少呼吸作用消耗。这样调控室内空气温度，作物生长健壮，开花结果早，成熟早，且高产、优质，极少发生病害，一般可比按常规数据调控室内温度栽培的作物增产 30%以上，其主要依据是：

① 教科书中注明的各种作物生长发育的最适宜温度范围，在露地条

件下，它是科学的。但是各种蔬菜对温度的适应范围比其最适宜温度范围宽得多。特别是瓜类、茄果类等蔬菜，在露地条件下栽培，多为春种，夏秋收获，其开花结果阶段正处于高温季节。此时期蔬菜主产区山东省的大多数地区，白天气温多高达 30～35℃，有时甚至更高，每日高温时间长达 10 多个小时，夜间气温多在 25℃以上。地温和气温基本一致，夜间前后近 16 个小时的地温高于气温，长时间处在 25～37℃。较高的土温使瓜类、茄果类等蔬菜作物的根系发育良好，扎根深，发根多，根系发达，根的生理活性高。根深则叶茂，叶茂而果丰。

② 温室的温度变化规律不同于露地条件下的温度变化。首先在寒冷季节，温室内气温的高温时间短，低温时间长，仅中午 2 个小时左右的时间处于较高温度。

其次，温室内空气温度在上下空间位置之间差异大，且距离地面越近，温度越低，特别在叶面积系数较高时，由于叶幕层的遮阳作用，由生长点向地面测量，其温度下降梯度十分明显，一般生长点处的温度可比开花结果部位和主叶幕层处的温度高 2～4℃，地面处温度又比生长点处温度低 5～7℃。进入严寒季节，地面处温度可比生长点处温度低 5～8℃。只有采取高温管理，才能使室内空气的总体温度趋向合理。如作物生长点处的气温在 34℃左右，那么其主体叶幕层的空气温度恰在 28～32℃，处于光合作用的最适宜范围，开花结果部位温度也恰好处在最适宜温度范围内。

③ 经测定，温室蔬菜栽培进入寒冬后，白天 5 厘米深处土壤温度可比室内气温低 5～8℃，平畦栽培土壤温度可比生长点处的空气温度低 8～10℃，深层土壤温度更低，土壤温度变化范围多在 13～25℃。一昼夜当中有 20 小时左右的时间土温低于 18℃，比瓜果类蔬菜作物根系生长发育最适宜土壤温度 28～34℃低 10～16℃。土壤温度低，不但不利于作物根系的生长发育，导致发根少，根系生理活性低，吸收能力差，而且还会引起多种生理性病害，甚至烂根、沤根，导致作物死亡。

蔬菜作物的根系发育要求有较高土温，特别在开花结果阶段，高土温能促进根系发育，增加发根量，提高根系活性，促进根系对水分及营养元素的吸收与氨基酸、蛋白质等高能营养物质的合成，从而达到促进地上部分生长发育，提高作物产量、品质的目的。

因此在温室栽培中，维持较高的土壤温度，创造适宜根系生长发育的环境条件尤为重要。

要提高土壤温度，最有效的方法就是提高室内空气温度，加热土壤、提高土温。只有采取相对的高气温管理，才能较好地提高土壤温度，使土壤温度在较长时间内稳定在根系发育所必需的适宜温度范围之内，改善根系生态环境，促进根系发育，提高根系活性，才能减少和避免低土温对作物的危害，以及生理性病害的频繁发生。

④ 温室蔬菜栽培，因全面积覆盖地膜，土壤水分蒸发量大幅度减少，加之土壤水分供应充足，从而加速了叶片的蒸腾作用，降低了叶片温度，使叶片温度一般比空气温度要低 3 ~ 5℃。试验表明，一般温室开启通风口时，二者温度相差 5 ~ 6℃左右，不开通风口时，相差 3℃左右。因而即使空气温度明显高于光合作用适宜温度，其叶片温度仍处在光合作用适宜温度范围之内。

⑤ 植物生理研究结果表明：各种蔬菜作物，在一定的温度范围内，光合速率随温度的升高而升高。Nagoak（1987）的研究结果表明：黄瓜和番茄的光合作用最适温为 28 ~ 33℃，光合速率随 CO_2 浓度的增加而增加，同时随 CO_2 浓度的增加，光合作用适温也会升高。

温室栽培中因大量施用有机肥料，其室内 CO_2 浓度一般可维持在 0.08%左右，若补施 CO_2 气肥，其室内 CO_2 浓度可高于 0.1%，比自然条件下空气中 CO_2 浓度高 2 ~ 3 倍。

高浓度的 CO_2 不但可明显提高光合速率和光合适温，而且还会对光呼吸产生抑制作用，降低呼吸强度，减少呼吸消耗，从而提高呼吸作用与光合作用平衡点的温度，使温室作物在较高温度条件下仍有较多的同化物质积累。

⑥ 温室栽培，室内白天最高温度在温室的最高点处，随着高度的下降，温度逐渐降低，地面处温度一般比作物生长点处温度低5℃左右，主叶幕层处温度可比生长点处温度低3℃左右。为达到主叶幕层处的最佳温度，则生长点处的温度必须高于该作物最适宜温度的上限2～3℃。

⑦ 高温可显著降低空气的相对湿度，抑制病害发生。空气相对湿度随温度变化而变化，在空气含水量相对稳定的情况下，空气相对湿度随气温的增高而降低。而病害的发生又与温湿度关系极为密切，绝大多数真菌性及细菌性病害，其发病条件都要求较高的空气相对湿度（85%以上）和适宜的温度范围（15～25℃），若能把空气相对湿度降至75%以下，对茄果类蔬菜和除黄瓜、苦瓜以外的瓜类作物生长发育都极为有利，而在这样的空气湿度条件下，绝大多数真菌性病害和细菌性病害都难以发生。实践验证：温室栽培中，绝大多数病害，特别是危害最重的灰霉病、霜霉病等病害，其最适宜的发病条件要求空气相对湿度高于88%、温度在15～25℃，而当温度达到30℃以上时，都不再发生或难以发生。

五、温室有机蔬菜栽培增施二氧化碳气肥技术

作物进行光合作用的主要原料是二氧化碳（CO_2）和水（H_2O）。二氧化碳（CO_2）来自空气，靠空气对流不断补充；同时，土壤中有机质被微生物分解过程中也会不断地释放二氧化碳（CO_2）。

温室因环境封闭，室内空气成分较少受室外流通空气的影响，这就为我们在设施内增施二氧化碳（CO_2）气体肥料创造了条件。

增施二氧化碳气体肥料，其增产效果十分显著，一般可增产30%～40%。二氧化碳气体肥料的使用方法有多种，其中生产成本低、易于推广的有以下几种：

（1）室内燃烧沼气 在室内地下建设沼气池，按要求比例填入畜禽等

动物粪便与水,经沼气菌发酵产生沼气,通过塑料管道输送至沼气炉,燃烧沼气产生二氧化碳气体。

(2)硫酸-碳酸氢铵反应法 在设施内每 40~50 平方米挂一个塑料桶,悬挂高度与作物的生长点平齐,在桶内装入 3~3.5 千克清水,再徐徐加入 1.5~2 千克浓硫酸,配成 30%左右的稀硫酸液,以后每天早晨拉揭草苫后半小时左右,在每个装有稀硫酸的桶内轻轻放入 200~400 克碳酸氢铵,晴天与盛果期多加,多云天与其他生长阶段可少加,阴天不加。

碳酸氢铵要事先装入小塑料袋中,向酸液中投放之前要在小袋底部用铁丝扎 3~4 个小孔,以便让硫酸液进入袋内,与碳酸氢铵发生反应,释放二氧化碳,其反应方程式如下:

$$2NH_4HCO_3+H_2SO_4 \!\!=\!\!\!=\!\! (NH_4)_2SO_4+2CO_2\uparrow+2H_2O$$

使用此法必须注意:

第一,必须将硫酸徐徐倒入清水中,严禁把清水倒入硫酸中,以免酸液飞溅,烧伤作物与操作人员。

第二,向桶内投放碳酸氢铵时,要轻轻放入,切记不可溅飞酸液。

第三,反应完毕的余液,是硫酸铵水溶液,可加入 10 倍以上的清水,用于其他作物追肥或掺混于动物粪便中发酵腐熟后施用,切不可乱倒,以免浪费资源和烧伤作物。

(3)安装二氧化碳发生器 每天向发生器内添加硫酸与碳酸氢铵,在发生器内进行化学反应,释放二氧化碳,其原理同上。

(4)点火法 每天上午 8~10 点用无底的薄铁皮桶,桶底穿设粗铁丝网作炉条,桶内点燃干木柴,燃烧释放二氧化碳。点燃时,一要做到足氧、明火充分燃烧,防止产生一氧化碳(CO)等有害气体危害作物;二要让火炉在室内作业道上移动燃烧,以免造成高温烤苗;三要严格控制燃烧时间,350~600 平方米的温室,燃烧时间每次不得超过 30 分钟,以免燃烧产生的有害气体超量,危害作物。

点火法不但可生产二氧化碳,而且可提高室内空气温度,降低空气湿度，只要操作正确，增产增收效果显著。

操作时，一般每天可点燃两次，一次在傍晚盖苫后点燃，一次在拉开草苫后 1 小时左右点燃。傍晚点燃，燃烧释放的二氧化碳会产生温室效应，可显著减少室内的热量向室外辐射，能明显提高夜间室内空气温度，降低室内空气湿度，对保温和防病效果显著。

（5）使用液态二氧化碳　用高压钢桶装盛液态二氧化碳，外接管道，管道长度略短于设施长，在管道上每间隔 3 ~ 5 米加工一个排气孔，把其吊挂在设施中央高 2.5 米左右处。

晴天上午 9 ~ 10 点间排放一次，用磅秤计量，每亩每次排放 1 ~ 2 千克。晴天 1.5 千克左右，多云天 1 千克左右，阴天不排放，盛果期晴天 2 千克左右，初果期 1 千克左右，苗期不排放。

（6）增施有机肥料　结果后，阶段性、不间断地增施有机肥料，通过土壤微生物分解肥料中的有机质，源源不断地释放二氧化碳。

六、温室有机蔬菜栽培病虫害防治技术

1. 封闭设施

严密封闭栽培设施，防止害虫、病菌进入设施内危害作物。

①　温室、拱棚必须设置双门，双门之间间隔 80 ~ 100 厘米，两门之间的空间为缓冲间。门必须封闭严密，工作人员进出设施需随手关门，进入后应在缓冲间中仔细观察，如果发现有害虫进入，要立即扑杀，之后方可开启内门进入设施，严防冷空气、害虫、病菌通过设施门进入设施中。严禁外人随意进入设施，以防带入病菌、害虫等危害作物。

②　通风口要以顶风口为主，并设置防虫网，严防设施通风时害虫进入。

③　四周边缘站立深埋厚 5 厘米、宽 50 厘米的泡沫苯板，苯板外用塑料农膜封闭，严防地老虎、金针虫、蝼蛄、金龟子等地下害虫，以及在土壤内越冬、化蛹的跳甲、瓜守、毒蛾类、螟蛾类、绿盲蝽等害虫通过设施

边缘土壤缝隙进入设施内为害作物。

2. 铲除病虫源

① 调整设施内的作物栽培期，争取在 7～8 月份换茬，每次换茬时进行高温闷棚，消灭残留病虫源。详细技术参阅本节"七、温室有机蔬菜栽培暑季高温闷棚技术"。

② 蔬菜栽植后及时处理病残体。带病的叶、果、花应及时摘除，摘除的老叶及疏除的花果等，将其带出设施外，销毁或随即填入沼气池或积肥坑内，掺加生物菌，用农膜严密封闭，发酵腐熟，杀死病菌，沤制成有机肥。严禁将病残体随意乱扔，传播病菌，侵染、危害作物。

③ 对设施四周的杂草必须及时、适时喷洒 300 倍白僵菌，清除躲藏其内的各种害虫，以防害虫滋生，并扩散进设施内危害作物。

3. 调控温湿度

调整设施内空气温湿度，创造不适宜发病的小气候条件。

① 覆盖无滴消雾膜，尽量减少滴水现象发生；地面全面积覆盖地膜，减少土壤水分蒸发，降低设施内空气湿度，预防起雾、结露诱发病害，同时利于提高土壤温度，促进根系发达，提高植株自身的抗逆性能。

② 设施内四周边缘处开挖宽 20～25 厘米、深 30 厘米的条沟，沟内填入碎草并压实。采光面底部需先开沟，沟底内沿覆盖地膜，后在地膜外覆盖草层并踏实，在草层之外覆盖温室无滴膜，在室外覆土压严棚膜底缘。让设施棚膜上的流水沿沟内草层渗入地下，降低室内空气湿度，预防因设施农膜的流水诱发病害。四周沟内的碎草在预防棚内土壤热量外传的同时，会吸潮、发酵、增热并释放二氧化碳，提高作物的光合效能，利于作物生长健壮。

③ 科学调温：晴日白天，清晨通风 15～30 分钟，后封闭风口，升温至 30～35℃（按不同作物对温度的要求适度调整），下午 2 点后适当通小风，降温排湿，夜晚在草帘底下或后坡安装烟筒，适度通风，防止棚内起

雾、结露诱发病害。

晚上 10 点前维持棚温 16~20℃，促进植株营养物质的转化，下半夜控温 10~14℃。用高日温、低夜温避开病菌滋生、传染的适宜温度（15~25℃），抑制病害发生。

注意：若遇连续阴天，白天控温 15~18℃，夜晚控温 8~12℃。连续阴天之后遇晴天，拉起保温被之后，可在 10~11 时适度拉开风口，调控棚温在 25~28℃，防止阴雨天后猛然高温伤苗。

4. 悬挂杀虫板

设施内悬挂黄色、蓝色杀虫板，每 20 平方米各 1 张，均匀分布，南北向吊挂，高度与作物生长点等同，诱杀白粉虱、蚜虫、斑潜蝇、蓟马等害虫。注意：每 20 天左右需更换 1 次杀虫板，以维持良好的杀虫效果。

5. 安装硫黄熏蒸器

每 60~80 平方米安装一个，每次连阴天来临时，每个熏蒸器内放入 15 克左右的硫黄粉，晚上封闭设施膜后，通电加热硫黄粉，蒸发硫黄蒸气，预防各种病虫害发生。

6. 科学用药与施肥

① 土壤增施生物菌和充分腐熟的动物粪便或生物菌有机肥料，每亩每茬作物必须使用土壤生物菌接种剂 500~1000 克、充分腐熟动物粪便 3000~5000 千克，改良优化土壤。增施钾、钙、镁等矿物肥料，及时根外追肥，喷施钾、钙、镁、硼、发酵牛奶、红糖与植物细胞膜稳态剂等，补充平衡植株营养，促进植株健壮，提高植株自身抗逆性能，减少病害发生。

② 幼苗定植之前，细致喷洒 100 倍红糖+300 倍葡萄糖酸钙+300 倍硫酸钾镁+50 倍发酵牛奶+300 倍溃腐灵+800 倍大蒜油+500 倍 1.5%除虫菊素+600 倍植物细胞膜稳态剂混合液，忌避、杀灭害虫与病菌，严防病菌、害虫通过秧苗移栽被带入设施内，诱发设施内病虫害。

③ 定植后，每次变天或连阴雨雪天气之前，细致喷洒 100 倍红糖+300

倍葡萄糖酸钙+300 倍硫酸钾镁+1000 倍速溶硼+50 倍发酵牛奶+300 倍溃腐灵（或其他小檗碱类植物农药）+600 倍植物细胞膜稳态剂+8000 倍0.01%芸苔素内酯+6000 倍有机硅混合液，提高植株抗逆性能与光合效能，预防各种病虫害，促进结果和幼果膨大。采果前半月停止喷洒混合液，确保产品实现高产、优质，达到有机标准。

七、温室有机蔬菜栽培暑季高温闷棚技术

温室有机蔬菜栽培，每次换茬时必须进行高温闷棚。闷棚要选择在暑季（6～8月份）换茬时进行，此时期室外温度高，遇到晴天时密闭的设施内气温可高达70℃以上，土壤温度可达到60℃以上，可有效地消灭设施内的残留病菌与根结线虫等。其操作方法：

① 拔出老秧，就地铺设在操作行的沟内，随即每亩均匀撒生石灰面50千克左右。选块状生石灰，在闷棚之前打碎成粉状，均匀撒施全部地面，随即覆土盖严，尽量减少与空气接触，以免碳化失效。

② 全地面细致喷洒800倍大蒜油+200倍青枯立克+300倍0.7%苦参碱+300倍1.5%除虫菊素混合液，每亩喷洒药液100千克左右，做到杀虫彻底。

③ 后以操作行的沟为中心，起高30～35厘米、垄顶宽70厘米左右的土垄，把老菜秧埋压在土垄底部正中处，变沟为垄，沟底宽30厘米，顶宽60厘米左右，深30～35厘米。通过覆垄将药土与生石灰面掺混。

④ 在高垄土面上打洞，洞与洞之间相距30～35厘米，洞深35厘米。注意：不打洞只是表层土壤温度高，打洞后热气入土，内层土壤温度方能升高。

⑤ 用地膜封闭土垄，提高闷棚期间的土壤温度。不要覆土埋压地膜，以利于硫黄蒸气进入土垄内部，杀死土壤内的病菌与根结线虫等。

⑥ 细致清擦采光面农膜，提高透光率；用透明胶带修补破洞，严密

封闭大棚的采光面及墙体所有空隙，以利于提高棚内气温与土壤温度。

⑦ 以上各项工作完成后，随即在设施内的走道上，从里向门口均分3～4处点燃硫黄粉，每亩1.5～2千克，后随即封闭设施门，并用透明胶带封闭所有缝隙，密闭设施，断绝设施内外空气交流。高温闷棚15天左右，消灭设施内残存的病菌和根结线虫等。闷棚期间，必须有连续2～3天的晴朗无风天气，若没有，需延长闷棚时间，直至遇到为止，方有更佳效果。

注意：进入设施的操作者，需戴防毒面具，或用多层纱布口罩，放入浓碱面（小苏打）水中浸泡后，封闭嘴鼻，预防中毒。

八、动物粪便发酵腐熟技术

有机生产，必须施用有机肥料。最好的、最经济的有机肥料是各种动物粪便、植物秸秆等。但是动物粪便中含有诸多有害因子，必须通过生物菌发酵，充分腐熟净化后方能施用。

不同的动物粪便，其所含养分各不相同，都难以满足作物需求；再者，不同作物对各种矿质元素的需求量亦不相同，都有各自特有的需肥规律。因此动物粪便发酵时，必须根据粪便自身所含有的各种营养元素多少，掺加适量作物所必需而原料中又不足的钾、钙、镁等矿质肥料，补足养分，让发酵腐熟后的有机肥料中的各种营养元素不但种类齐全，而且含量、比例更为合理，更能满足对应作物的需肥规律。具体方法、步骤如下：

① 根据对应作物的需肥规律、计划产量，计算各种大、中量元素的需求量。例如：栽培黄瓜，计划产量20000千克。根据黄瓜需肥规律，每生产1000千克黄瓜，大约需吸收氮（N）2.6千克，五氧化二磷（P_2O_5）0.9千克，氧化钾（K_2O）3.8～5千克，氧化钙（CaO）3～3.2千克，氧化镁（MgO）0.8千克。

每亩产20000千克黄瓜，共需氮（N）约52千克，五氧化二磷（P_2O_5）

约 18 千克，氧化钾（K_2O）约 80 千克，氧化钙（CaO）约 60 千克，氧化镁（MgO）约 16 千克。

② 根据肥料利用率，计算所需肥料量。有机肥料，配合生物菌发酵科学施肥，其肥料利用率可提高至 70%以上。如按 70%利用率计算，生产 20000 千克黄瓜，共需氮（N）约 74.2 千克，五氧化二磷（P_2O_5）约 25.7 千克，氧化钾（K_2O）约 110 千克，氧化钙（CaO）约 85.7 千克，氧化镁（MgO）约 23 千克。

③ 根据粪便的养分含量、施用量，计算有机肥料中各种肥料元素含量。动物粪便的养分含量可以通过化验取得，也可从资料上查找。假如所选用的粪便是鸡粪，其含氮（N）1.63%，五氧化二磷（P_2O_5）1.54%，氧化钾（K_2O）0.85%。1000 千克鸡粪共含氮（N）16.3 千克，五氧化二磷（P_2O_5）15.4 千克，氧化钾（K_2O）8.5 千克。若计划每亩施用 5000 千克腐熟鸡粪，则可施入氮（N）81.5 千克，五氧化二磷（P_2O_5）77 千克，氧化钾（K_2O）42.5 千克。

根据生产 20000 千克黄瓜的需肥量，氮已经超了 7.3 千克，五氧化二磷超了 51.3 千克，氧化钾缺少 68.5 千克。

④ 用矿物肥料补足所缺肥料元素量，可增施硫酸钾 100 千克，硅钙钾镁土壤调理剂 50 千克，以满足作物对钾、钙、镁和各种微量元素的需求。

硫酸钾与硅钙钾镁土壤调理剂必须掺混于动物粪便中，再掺加土壤生物菌接种剂 1000 克，掺加适量水分搅拌均匀，用农膜封闭发酵，充分腐熟后施用。

生物菌中含有固氮菌，可直接从空气中吸取氮素；含有解磷菌，可释放土壤中已经被固化的磷元素，在释放磷元素的同时，也释放了被磷素固化的钙、镁、铁、锌、锰、铜等矿质元素。因此，这些肥料元素亦可减少施用或不必施用。

发酵一般需 25 天左右，15 天后搅拌 1 次，再次封闭，继续发酵 7～10 天即可。掺水量以不向外流水为度。

其他动物粪便可参照以上方法，掺加适量钾、钙、镁等相关肥料元素和土壤生物菌接种剂，发酵腐熟后方能施用。

通过生物菌发酵、充分腐熟，可把动物粪便与各种矿物肥料中的有机质与矿质元素转化为氨基酸态、络合态等小分子有机化合物，成为有机生产允许使用的生物菌有机肥料。既净化了粪便中的有害物质，又增加了肥料中各种营养元素的含量并优化其比例，提高了肥料利用率，优化了肥料品质。施入土壤中，能促进土壤团粒结构形成，优化土壤理化性状，缓冲土壤的酸碱度（pH值），缓解土壤板结、酸化、盐渍化等，实现作物的有机生产。

第二节
温室主要蔬菜品种节本高效有机栽培技术

一、黄瓜

1. 高温闷棚，清除设施内残留病菌、害虫

每年7～8月份换茬时，拔出瓜秧，就地铺放于操作行沟内，随即每亩撒施石灰面40～75千克（pH值在6.5～5时，每亩撒施石灰面40～50千克；pH值低于5时，每亩撒施石灰面60～75千克）。

石灰面制作方法：在整地之前，每56千克生石灰块泼洒18千克清水，用农膜封闭2～3小时，粉化成粉面状时，立即均匀撒在地面与沟内老瓜秧上。

注意石灰面必须每撒一行随即覆土埋严瓜秧，后整一高垄畦，垄高30～35厘米，垄顶部宽70厘米左右，底宽90厘米左右，垄沟宽40厘米左右、深30～35厘米。后在土垄表面上打洞，洞与洞之间相距30厘米左右，洞深30～35厘米。

细致清擦采光面农膜，并用透明胶带修补农膜破碎处，严密封闭温室。

结合闷棚，室内土面喷洒 800 倍大蒜油+200 倍青枯立克+300 倍 0.7%苦参碱+300 倍 1.5%除虫菊素混合液，每亩喷洒药液 60 千克左右，消灭设施内残存病菌和根结线虫等害虫。喷后随即起高垄、打洞、覆盖地膜。注意地膜需盖严土垄，不得用土埋压。然后点燃硫黄粉，每亩点燃硫黄粉 1.5~2 千克，立即封闭棚门，闷棚 15 天左右。

2. 施基肥，整 M 形高垄畦

闷棚结束后，撤去地膜，土壤均匀撒施腐熟优质动物粪便 4000~5000 千克（动物粪便发酵时，每 1000 千克粪便需掺加硫酸钾 10 千克、硅钙钾镁土壤调理剂 10 千克、土壤生物菌接种剂 100 克，发酵腐熟后方可施用）。撒后细致旋耕，肥、土掺混均匀，后每间隔 120 厘米整一高垄平畦，垄顶部畦面宽 80 厘米，垄畦底宽 90~95 厘米，畦沟底宽 25 厘米左右。后在垄畦沟内灌足水造墒，结合浇水，整修垄畦，平整畦沟，封闭采光面农膜，升温至 30~35℃。

待杂草大部分萌发后，锄地灭草，整修垄畦成 M 形高垄畦。垄畦顶部畦面总宽 80 厘米，畦面沿正中线开挖宽 25 厘米、深 10 厘米的浇水沟，沟底正中铺设滴灌管。M 形土垄总体高 25 厘米。

3. 培育壮苗

参阅第三章"一、瓜类蔬菜嫁接育苗技术"。注意：在秧苗具 2~4 片真叶期间，每 7~10 天喷洒 1 次 300 倍溃腐灵（或其他小檗碱类植物农药）+100 倍红糖+300 倍硫酸钾镁+300 倍葡萄糖酸钙+600 倍植物细胞膜稳态剂+8000 倍 0.01%芸苔素内酯+6000 倍有机硅混合液，提高秧苗抗逆性能，促进花芽分化，优化雌花质量。

4. 科学定植

定植前 5 天左右，先在操作行畦沟内灌足水造墒，结合灌溉，再次整修畦垄，平整畦沟，后封闭采光面农膜，维持土壤温度 25~30℃，促进杂草萌发。大部杂草发芽后，再次灭草，后定植。定植方法：

在 80 厘米宽的 M 形高垄畦的两条小高垄上，按窄行距 40 厘米、株距 26～27 厘米、宽行距 80 厘米，开挖 10 厘米深的栽植穴，穴内浇水，随即放入秧苗，每亩栽苗 4100～4200 株。

栽植穴内的水渗透后，每穴再浇灌 1000 倍生物菌+1000 倍植物细胞膜稳态剂混合液 100 毫升，促进发根，保护根系不受有害菌类危害。水渗后，先不要覆土封穴，下午 1～3 点穴内土温升高后再覆土封穴，根际处土壤温度高可促使黄瓜新根快速发生。注意：封埋土坨时，严禁用力按压根际土壤，防止根际土壤板结、土坨散块伤及根系。

5. 整修畦面，覆盖农膜

秧苗定植后，当室外空气温度降至 20℃ 以下时及时、适时覆盖地膜。先在窄行灌水沟的上方东西向摆放撑杆，撑杆可选用玉米秆、细树枝、细竹竿等，长 50～60 厘米，南北向每间隔 40 厘米左右摆放一条，后在灌水沟上方中心线处南北向摆放长竹条或玉米秆，或拉细绳，绳子两头拴系于木橛上，拉紧后将木橛插入南北两端的土壤中，固定绳子，组成水平型架面。后在该架面上覆盖地膜，地膜宽 50 厘米，拉开伸展，封闭滴灌沟和内半边双高垄土面。

宽行用换下来的旧农膜剪成宽 120 厘米的条幅，将操作行沟底、土垄外半边垄面全面封闭，减少水分蒸发，提高土壤温度，降低设施内空气湿度，预防病害发生。

注意：秧苗根际需埋土封闭农膜开口，预防此处挥发氨气或热水蒸气伤害茎与叶片。

6. 定植后管理

（1）及时吊秧，结合吊秧摘除嫁接夹　吊秧绳长需达到 10 米，其一端拴系缠绕于吊瓜专用滑轮或钢丝制作的缠线器上，滑轮或缠线器均匀分布吊挂在瓜行上方的吊秧钢丝上，钢丝距离地面 170～180 厘米，以便于人工操作；另一端拴系 1 只嫁接夹，嫁接夹夹住瓜秧基部的一根叶柄，后缠绕瓜秧茎，操作滑轮或缠线器让吊秧绳接近地面，恰好使瓜秧站立，基本处于垂直状态，呈"S"形弯曲向上延伸。

（2）光照管理　经常清擦设施采光面农膜，维持棚膜较高透明度，室内后坡与后墙高150厘米处斜向张挂200厘米宽的反光膜，改善室内后部光照条件；清晨日出时及时拉起保温覆盖物，晚上日落前适时、及时覆盖保温覆盖物，尽量延长见光时间。

（3）科学调控室内空气的温湿度　每天清晨拉起保温覆盖物后，随即开启顶风口3厘米宽左右，维持20~30分钟，排出室内潮湿空气，降低室内空气湿度，预防病害发生。后关闭通风口，快速增温。

定植后5天之内，晴日白天设施内空气温度维持28~30℃，夜间温度维持15~20℃，清晨最低温度不低于12℃；阴天温度控制在18℃左右，清晨不低于10℃。

定植5天后，晴日白天设施内空气温度维持28~35℃，室内空气温度达35℃时适度开启顶风口，维持温度35℃左右，不高于37℃，夜间温度维持16~18℃，清晨最低温度不低于12℃；阴天适度通风排湿，白天温度维持18℃左右，清晨温度不低于10℃。

开花后，晴日白天温度维持32~35℃，夜间温度维持16~18℃，清晨最低温度不低于10℃；阴天白天温度不高于18℃，清晨不低于8℃。用高温、大温差促进植株有机营养积累，抑制病害发生。

（4）肥水管理　浇过缓苗水后，适度控制浇水，让土壤见干见湿，促进根系发达。

注意观察瓜头叶片色泽，若发现少量植株生长点处叶片色泽深于下部叶片，则是植株开始缺水的表现，可于清晨滴灌50分钟左右，维持瓜秧正常水分供应。

瓜秧开始结瓜，根瓜坐稳之后，需增加浇水频率，不得出现瓜头叶片颜色深于下部叶片的现象。

浇水需在土垄中部膜下浇水沟内滴灌或沟灌，要小水勤灌，严禁大水漫灌。

浇水必须在晴天清晨进行，并要做到"三看"，即看秧、看地、看天气，以决定是否浇水。要特别注意瓜头处叶片色泽维持嫩绿状态，如果叶色深于中下部叶片，则植株开始缺水，必须及时浇灌。

结合浇水追肥。坐瓜之后，每10～15天追施1次肥料。追肥分两种方式：

一种是结合浇水在灌水沟内撒施腐熟动物粪便或沼液、沼渣，每次每亩撒施腐熟动物粪便300～500千克（或沼渣300～500千克，或腐熟饼肥50千克，或沼液500千克），或糖蜜水溶性有机肥50千克，提高室内空气中二氧化碳浓度，增强作物光合效能。

另一种是入冬之后，在操作行（大垄沟）内分期分批追施有机肥、沼渣或腐熟动物粪便。每次追施1/5的面积（每5行追施1行），每10天左右进行1次，每次每亩温室追施腐熟动物粪便或沼渣400～500千克，50天左右轮施1遍，每个冬季轮施2遍左右，确保室内空气二氧化碳维持较高浓度，提高植株光合效能。

注意：操作行内施肥，要在晴天清晨开启风口后进行，必须做到撒粪、翻掘、覆土、浇水、覆膜同步进行，预防室内空气湿度猛然大幅度提高诱发病害，防止挥发氨气过多造成氨害。

加强根外追肥，每10天左右喷施1次300倍硫酸钾镁+300倍葡萄糖酸钙+50倍发酵牛奶（或100倍红糖或50倍优质米醋）+1000倍植物细胞膜稳态剂（或8000倍0.01%芸苔素内酯）+6000倍有机硅混合液。及时补充营养，促进植株健壮，提高结瓜率，改善瓜条品相。

（5）严格调控生殖生长与营养生长的矛盾

①维持生长点嫩绿，叶片大小适中，叶节间距10厘米左右，开放的雌花节位在顶端5～6节（距离生长点50厘米左右），雌花下垂开放；成瓜节位在10～12节（距离生长点100厘米）左右。若开花节位少于5节、成瓜节位少于10节（距离生长点小于80厘米），应适当摘除生长点部位

的雌花，并要提前采瓜，疏除过多幼瓜，减少负载量。同时提高室内夜温至20℃左右，加速植株营养生长。

根外喷洒300倍硫酸钾镁+300倍葡萄糖酸钙+50倍发酵牛奶+100倍红糖+100倍有机高氮氨基酸+300倍溃腐灵（或其他小檗碱类植物农药）混合液，提高植株营养水平，促进植株生长发育与成花结果，预防病害发生。

若开花节位离瓜头距离达60厘米以上、多于7节，成瓜节位多于12节、离生长点的距离大于110厘米，应适度减少浇水、降低夜温，并适当推迟采瓜，增加坐瓜数量，以瓜坠秧。

②摘除多余雌花。壮秧每3节选留2～3瓜，瓜秧开始衰弱时，可隔节或隔2～3节留1瓜，其余雌花、幼瓜及早疏除；特别那些尖嘴瓜、细腰瓜、大头瓜、弯瓜，要在坐瓜初期及时摘除，减少负载量，促进植株营养生长，加速幼瓜膨大。

（6）调整瓜秧　吊秧后，让瓜秧呈"S"状弯曲向上延长生长；要维持瓜头下有14～16节壮叶，定期摘除基部老叶，维持叶片健壮，减少营养消耗。摘除老叶后，随即喷洒300倍溃腐灵（或其他小檗碱类植物农药）+50倍发酵牛奶等混合液，预防病害发生。

瓜秧生长点高度需控制在160厘米左右，超过180厘米需及时、适时落秧。落秧需在晴天11～16点进行，要通过放落吊瓜滑轮或缠线器上的吊瓜线，将瓜秧适度下落，落下的瓜秧呈直径25厘米左右的圆弧形摆放在瓜垄上，瓜秧生长点高度整齐一致，降至140厘米左右。

不必摘除卷须，注意防止瓜须缠绕到邻近的吊瓜绳上，若发生相互缠绕，需及时调整。瓜秧主蔓叶腋间萌发的杈子，留1瓜2叶摘心，让其结瓜，不再摘除。

（7）增施二氧化碳气肥　参阅本章第一节中"五、温室有机蔬菜栽培增施二氧化碳气肥技术"。

（8）掀动农膜，促进土壤空气更新　每间隔15～20天，选晴天中午，一人在南端，一人在北端，两人共同拉紧操作行的农膜，进行掀动，促进土壤气体更新，补充土壤新鲜空气，提高根系活性。

7. 适时、及时采收

每根黄瓜重量达 200～240 克时采收，不得让单瓜重超过 250 克。采收应每天清晨进行，细致查找，不要落下该采收的成品瓜，预防瓜条老化失去商品价值，并诱发植株衰弱。

8. 科学防治病虫害

① 定植前 1 天苗床细致喷洒 300 倍溃腐灵（或其他小檗碱类植物农药）+600 倍植物细胞膜稳态剂+8000 倍 0.01%芸苔素内酯+800 倍大蒜油+500 倍 0.7%苦参碱+500 倍 1.5%除虫菊素+6000 倍有机硅混合液，消灭苗床病虫害，忌避各种害虫，做到净苗入棚。

② 棚内南北方向吊挂黄色、蓝色杀虫板，每 20～30 平方米各 1 个，每 20 天左右更换 1 次，诱杀蚜虫、粉虱、斑潜蝇、蓟马等害虫。吊挂高度与作物生长点平齐，并随生长点上移逐渐提高。杀虫板需南北向吊挂，预防其遮挡阳光，减弱叶幕层光强。

③ 每次降水之前，及时抢喷 300 倍溃腐灵（或其他小檗碱类植物农药）+300 倍硫酸钾镁+300 倍葡萄糖酸钙+600 倍植物细胞膜稳态剂+6000 倍有机硅混合液，预防病害发生。

④ 调控棚内温湿度，使棚内空气温湿度不适宜病害发生，而适宜黄瓜植株的生长发育。详见"6. 定植后管理"中"（3）科学调控室内空气的温湿度"。

⑤ 经常细致检查棚内植株，发现感病者立即摘除其感病部位，消除病原菌，预防传播。

⑥ 严格执行本章第一节中"六、温室有机蔬菜栽培病虫害防治技术"。

二、西瓜

1. 栽培季节

在温室内栽培西瓜，只要保温条件良好，就可实现常年生产。但是，根据全国西瓜生产、销售形势，以西瓜春促成栽培和秋延迟栽培效益较高。

春促成栽培，一般在 12 月份育苗，翌年 1 月份定植，3～4 月份收获，二茬瓜 5 月份收获。

秋延迟栽培，8～9 月份育苗，9～10 月份定植，12 月至翌年 1 月份收获。

2. 温室西瓜春促成有机栽培技术

（1）高温闷棚　参阅本节"一、黄瓜"中相关内容。

（2）施肥与整地　结合整地，每亩施腐熟动物粪便 1000～1500 千克，硫酸钾镁 40 千克，硅钙钾镁土壤调理剂 30 千克（若为酸性土壤，需增施石灰块 30～50 千克，若为碱性土壤，需增施石膏粉 30～50 千克），硼砂 1～2 千克，土壤生物菌接种剂 500～1000 克。各种肥料和生物菌接种剂需全部掺混入动物粪便中，发酵腐熟后均匀撒施地面，后深耕 30 厘米，旋耕细耙后，整 M 形双高垄畦。双高垄畦面顶宽 120 厘米，中间开挖宽 40 厘米、深 10 厘米的灌水沟，沟内中心线处铺设滴灌管。双高垄畦之间是深 25 厘米、顶宽 80 厘米的操作行。

（3）选用早熟优良品种　可选择东研金童、少籽红牡丹、少籽黑美人、蜜童、84-24 等。

（4）培育壮苗　参阅"瓜类蔬菜嫁接育苗技术"。

（5）造墒灭草　1 月份至 2 月初，秧苗 3～4 片真叶时定植。定植之前 15 天左右，操作行畦沟内灌足水，室内升温至 32～35℃，促进杂草萌发。大部分杂草萌发后，锄地灭草，整修垄畦，定植。

（6）定植　在双高垄的两条畦面上，按窄行距 80 厘米、株距 40 厘米、宽行距 120 厘米开挖 10 厘米深的定植穴，穴内灌足水，水渗至半穴时，放入带有土坨的秧苗，轻轻按压土坨，让土坨顶部平面和垄面同高，水渗后再在土坨上浇灌 100 毫升 1000 倍土壤生物菌接种剂+1000 倍植物细胞膜稳态剂混合液，不要急于封埋定植穴。下午 1～3 点，待穴温增高后封土埋严土坨。注意不得用手按压根际土壤，预防土壤板结、散坨伤及根系。

覆盖地膜：栽植后随即全面积覆盖地膜，窄行用 85 厘米宽地膜覆盖，操作行用旧农膜覆盖。覆盖方法同本节"一、黄瓜"中相关内容。

（7）定植后管理

① 温度调控　定植后缓苗期 5 天左右，室内空气温度，晴日白天维持 25～30℃，不得高于 32℃，夜晚温度维持 18～20℃，阴天维持 10～18℃。缓苗之后，晴日白天空气温度维持 25～32℃，夜晚温度维持 12～18℃，阴天维持 10～18℃。坐瓜之后，晴日白天空气温度维持 28～35℃，不得高于 38℃，夜晚温度维持 12～18℃，阴天维持 10～18℃。采用日高温、夜低温的大温差管理，降低呼吸消耗，增加植株营养积累，抑制病害发生。

② 瓜秧整枝　瓜秧主蔓长至 5 叶时摘心，促发 1 次蔓，所发 1 次蔓，选留 4～5 条壮蔓留下，其余弱小者抹除，1 次蔓再发 2 次分杈，除结瓜节位处的 2 次分杈留下，其余各节所发分杈及早梳除，幼瓜坐稳后，无须再抹芽打杈。

③ 吊秧　在畦面上部吊秧钢丝上拴系吊瓜绳，每株均匀拴系 3～4 根，待 1 次蔓长至 6～8 片真叶时，每株瓜秧选 3～4 条生长势同等、叶片数量基本相等的 1 次蔓，缠绕于吊瓜绳上，让其在空中延伸，呈"S"状弯曲向上发展。注意：所吊瓜秧需保持其生长点高度一致。另外的 1～2 条瓜秧，在畦面上继续生长延伸，待瓜秧基本封闭地面时，摘除生长点。

④ 人工授粉　第 2 雌花开放时进行，上午 7 点后、11 点前，从旁边一株瓜秧上摘取雄花，用其雄蕊涂抹正开放的雌花花蕊。每株瓜秧，一次性授粉同一天开放的雌花 2～3 朵，保障每株坐双瓜。授粉时，每朵雄花只授 1 朵雌花，要反复涂抹 2 次，确保授粉完全，不出现畸形瓜。幼瓜坐稳长至鸡蛋大小时，每株选留 2 个瓜形较长、正且大小均匀、色泽明亮的幼瓜，其余幼瓜摘除。

如果瓜秧过旺，为保障坐瓜，授粉的同时需在距离生长点 20 厘米处捏扁瓜秧，破坏其输导组织，减少营养物质向生长点运输，促进坐瓜和幼瓜膨大。注意不可捏断瓜秧。

⑤ 肥水管理 秧苗定植后，瓜秧长至 6～8 片真叶时启动滴灌管，浇灌 1 次小水，促进瓜秧生长。

授粉之前，在操作行沟内追肥，每亩撒施充分腐熟动物粪便 1500～2000 千克+硫酸钾镁 30 千克（二者需掺混均匀，发酵腐熟后方可施用），或每亩撒施糖蜜水溶性有机肥 100 千克，并翻刨埋施肥沟，把肥料埋压于土壤中。

需注意撒肥后不要浇水，以免诱发瓜秧旺长，影响坐瓜。待西瓜幼瓜坐稳，长至鸡蛋大小时，再在操作行沟内浇水。后每间隔 10 天滴灌 1 次，间隔 18～20 天操作行沟内漫灌 1 次，采收前 1 周停止灌溉。

⑥ 根外追肥 坐瓜前 2～3 天，结合防病用药，细致喷洒 300 倍溃腐灵（或其他小檗碱类植物农药）+1000 倍植物细胞膜稳态剂+8000 倍 0.01%芸苔素内酯+50 倍发酵牛奶+300 倍硫酸钾镁+300 倍葡萄糖酸钙+6000 倍有机硅混合液。

幼瓜坐齐，及时喷洒 300 倍靓果安+100 倍红糖+1000 倍植物细胞膜稳态剂+8000 倍 0.01%芸苔素内酯+300 倍硫酸钾镁+300 倍葡萄糖酸钙+50 倍发酵牛奶+6000 倍有机硅混合液，预防病害发生，增强光合作用，促进幼瓜快速膨大。5 天之后在喷洒一次。

此后每间隔 7～10 天喷洒 1 次 300 倍靓果安（或其他小檗碱类植物农药）+800 倍植物细胞膜稳态剂+300 倍硫酸钾镁+300 倍葡萄糖酸钙+50 倍发酵牛奶混合液，促进幼瓜快速膨大，优化西瓜品质。

（8）二茬瓜生产技术 一茬瓜采收前 10～15 天，对瓜秧上部瓜杈上开放的雌花进行人工授粉，促坐二茬瓜。后每株选留 2 个色泽明亮、瓜形正、生长健壮的幼瓜，培育二茬瓜，其他幼瓜及早摘除。

二茬瓜幼瓜坐稳后，继续根外追肥，结合灌溉，沟内冲施掺加硫酸钾镁与硅钙钾镁土壤调理剂、充分腐熟的动物粪便 500～800 千克，或沼液 500～1000 千克，或沼渣 500～800 千克。

继续按春促成栽培，采取调控温湿度、防治病虫害等有关技术措施。

（9）病虫害综合防治　参阅本节"一、黄瓜"中的"8. 科学防治病虫害"。

3. 温室西瓜秋延迟有机栽培技术

① 选用抗病、丰产、适应性强的优良品种，如蜜龙、少籽黑美人、东研 9、84-24、粤 89-1 等。

② 培育壮苗：参阅"瓜类蔬菜嫁接育苗技术"。

③ 田间管理：参阅"温室西瓜春促成有机栽培技术"。

④ 病虫害防治与根外追肥：

a. 瓜秧 2 片真叶时，喷洒 8000 倍 0.01%芸苔素内酯+1000 倍植物细胞膜稳态剂+100 倍红糖+300 倍硫酸钾镁+300 倍靓果安（或其他小檗碱类植物农药）+800 倍大蒜油+500 倍 1.5%除虫菊素+500 倍 0.7%苦参碱+6000 倍有机硅混合液，促进花芽分化，预防病害发生和蚜虫等害虫危害。

b. 授粉之前喷洒 100 倍红糖+1000 倍植物细胞膜稳态剂+8000 倍 0.01%芸苔素内酯+600 倍硼砂+300 倍靓果安（或其他小檗碱类植物农药）+300 倍硫酸钾镁+300 倍葡萄糖酸钙+6000 倍有机硅混合液，促进子房膨大与坐瓜。

c. 授粉后 3 天左右，西瓜长至红枣大小，喷洒 8000 倍 0.01%芸苔素内酯+100 倍红糖+300 倍葡萄糖酸钙+300 倍硫酸钾镁+6000 倍有机硅混合液，促进幼瓜细胞分裂，增加瓜胎细胞数量，促长大瓜。5 天之后再喷洒一次。

d. 幼瓜普遍长至鸭蛋大小后，喷洒 800 倍植物细胞膜稳态剂+300 倍硫酸钾镁+300 倍葡萄糖酸钙+300 倍溃腐灵（或其他小檗碱类植物农药）+50 倍发酵牛奶+6000 倍有机硅混合液。

e. 以后每次下雨之前，喷洒 200 倍等量式波尔多液+300 倍硫酸钾镁+6000 倍有机硅混合液，或雨后及时喷洒 300 倍溃腐灵（或其他小檗碱类植物农药）+800 倍植物细胞膜稳态剂+300 倍硫酸钾镁+300 倍葡萄糖酸钙+50 倍发酵牛奶+6000 倍有机硅混合液，预防病害发生，提高西瓜品质。

f. 调控棚内温湿度，使棚内空气温湿度不适宜病害发生，而适宜西瓜植株的生长发育。

g. 严格执行"温室有机蔬菜栽培病虫害防治技术"。

三、厚皮甜瓜

1. 栽培季节

温室栽培厚皮甜瓜，只要保温条件良好，可实现常年生产。但是，根据全国厚皮甜瓜生产、销售形势，以春促成栽培和秋延迟栽培效益较高。春促成栽培，12 月份育苗，1 月份定植，3 ~ 4 月份收获，二茬瓜 5 月份收获。秋延迟栽培，8 ~ 9 月份育苗，9 ~ 10 月份定植，12 月份至翌年 1 月份收获。

2. 厚皮甜瓜春促成有机栽培技术

（1）高温闷棚　参阅本节"一、黄瓜"中相关内容。

（2）施肥与整地　结合整地，每亩施腐熟动物粪便2000 ~ 3000 千克，硫酸钾镁 40 千克，硅钙钾镁土壤调理剂 30 ~ 50 千克（若为酸性土壤需增施石灰块 30 ~ 50 千克，若为碱性土壤需增施石膏 30 ~ 50 千克），硼砂 1 ~ 2 千克，土壤生物菌接种剂 500 ~ 1000 克。各种肥料和土壤生物菌接种剂需全部掺混入动物粪便中用农膜封闭，厌氧发酵腐熟后，均匀撒施地面，后深耕 30 厘米，旋耕细耙，整 M 形双高垄畦。双高垄畦面顶宽 120 厘米，垄畦中间有宽 30 ~ 40 厘米、深 10 厘米的滴灌沟，沟内铺设滴灌管。M 形双高垄畦之间是深 25 厘米、顶宽 60 厘米的操作行。

（3）品种选择　选用早熟、丰产、优质、抗逆性强的优良品种，如蜜世界、玉雪、玉姑、玉兰香、西州蜜 25、状元等。

（4）培育壮苗　参阅第三章"一、瓜类蔬菜嫁接育苗技术"。

（5）造墒灭草　1 月底至 2 月中旬，秧苗 3 片真叶左右时定植。定植之前 15 天前后，操作行畦沟内灌足水，室内升温至 30～35℃，促进杂草萌发，大部分杂草萌发后，锄地灭草，整修垄畦，后定植。

（6）定植　定植之前 2～3 天进行滴灌，浇足水造墒，棚内升温至 25～35℃，提高土壤温度。

定植时在双高垄畦的两条小高垄畦面上，按窄行距 80 厘米、株距 40 厘米、宽行距 100 厘米开挖 10 厘米深的定植穴，每亩栽苗 1800～2000 株。穴内灌足水，水渗至半穴时，放入带有土坨的秧苗，轻轻按压土坨，让土坨顶部平面和土垄畦面同高，水渗后在土坨上浇灌 100 毫升 1000 倍植物细胞膜稳态剂+1000 倍土壤生物菌接种剂混合液。

放苗后不要急于封埋土穴，中午 11 点至下午 3 点时穴内土壤温度升高之后封土埋严土坨。注意：不得用手按压根际土壤，预防土壤板结和散坨伤根。

全部秧苗栽植后，随即全面积覆盖地膜，窄行用 85 厘米宽地膜覆盖，操作行用旧农膜覆盖。覆盖方法与注意事项参阅本节"一、黄瓜"中相关内容。

（7）定植后管理

① 温湿度调控　定植后，注意调控室内空气温湿度，通过调整通风量，降低室内空气湿度，维持室内温度。缓苗期 5 天左右，室内空气温度，晴日白天维持 25～30℃，不得高于 33℃，夜晚温度维持 15～20℃，阴天维持 10～18℃。缓苗之后，晴日白天温度维持 28～32℃，夜晚温度维持 12～18℃，阴天维持 10～18℃。坐瓜之后，晴日白天室内空气温度维持 28～35℃，夜晚温度维持 12～18℃，阴天维持 10～18℃。

② 整枝　子蔓结瓜者，瓜秧主蔓长至 4～5 叶时摘心，促发子蔓（1 次副蔓），所发子蔓选留 4～5 条壮子蔓，其余弱小者抹除。子蔓下部 1～10 节的孙蔓（2 次副蔓）与雌花及早抹除，保留 11～14 节所发生的雌花。待授粉坐瓜后每蔓保留 1 个瓜形正、色泽明亮、生长速度快的幼瓜，其余摘除。

孙蔓结瓜者，瓜秧主蔓 3～4 叶时摘心，选留 4 条子蔓，3 条吊秧，1

条地爬。子蔓基部 11 节以下所发孙蔓及早摘除，11～14 节处所发孙蔓坐瓜后，每条子蔓选留 1 个瓜形正、色泽明亮、生长速度快的幼瓜，其余摘除。坐瓜的孙蔓，坐瓜后留 2 叶摘心，其余孙蔓及早疏除。

幼瓜坐稳、长至鸡蛋大小后，不再抹芽，让瓜秧生长点部位翻过吊秧钢丝，倒挂向下，缓和营养生长，加速幼瓜膨大；或者用手指捏扁生长点下部 20 厘米处的瓜秧，抑制营养生长，促进营养运转中心转移至幼瓜。

③吊秧　在畦面上方的吊秧钢丝上拴系吊瓜绳，每株均匀拴系 3 根，待子蔓长至 6～7 片真叶时，每株瓜秧选 3 条生长势同等、叶片数量基本相等的子蔓，缠绕于吊瓜绳上，让其在空中呈"S"状弯曲向上发展。

注意：所吊瓜秧需尽量保持其生长点高度一致。另外 1～2 条瓜秧在畦面上继续生长延伸，待畦面基本封闭时，摘除生长点。

④人工授粉　子蔓第 11～14 节处的雌花，或该节位所发生的孙蔓，其上生长的雌花开放时，于上午 8～11 点进行人工授粉。方法：从旁边一株瓜秧上摘取雄花，用其雄蕊涂抹刚刚开放的雌花花蕊。每株瓜秧一次性授粉同一天开放的雌花 3～4 朵，每株坐 3～4 瓜。幼瓜长至鸭蛋大小时，疏除自然授粉的小瓜、畸形瓜，选留瓜形正、色泽明亮、生长健壮的幼瓜，其余摘除，每株留 2～3 瓜。

授粉时，每朵雄花只授 1 朵雌花，要反复涂抹 2～3 次，确保授粉完全，不出现畸形瓜。

如果瓜秧过旺，为保障坐瓜，授粉的同时需在距离生长点 20 厘米处捏扁瓜秧，不可捏断，捏至茎蔓出水即可，破坏其输导组织，减少营养向生长点运输，促进营养中心及时转移至幼瓜，确保坐瓜与幼瓜快速膨大。

⑤肥水管理　瓜秧定植后，长至 6～8 片真叶时，需启动滴灌管浇 1 次水，促进瓜秧生长。

授粉之前，在操作行中追肥，每亩撒施腐熟动物粪便2000 千克+硫酸钾镁 20 千克，或撒施糖蜜水溶性有机肥 50～100 千克。撒肥后，仔细浅刨操作行沟底，让肥土掺混均匀，覆盖肥料。

注意：追肥后暂时不要浇水，以免瓜秧旺长，影响坐瓜。待幼瓜坐稳、长至核桃大小时，再在操作行垄沟内浇足水。此后每间隔 7～10 天滴灌 1 次，连续 2～3 次。结合灌水，滴灌沟内每亩冲施硫酸钾镁 20 千克+沼液 500 千克，或加糖蜜水溶性有机肥 50 千克，或撒施腐熟动物粪便 500 千克。采收前 1 周停止灌溉。

3. 病虫害防治与根外追肥

严格执行"温室有机蔬菜栽培病虫害防治技术"。

① 瓜秧 2 片真叶时，喷洒 8000 倍 0.01%芸苔素内酯+1000 倍植物细胞膜稳态剂+100 倍红糖+300 倍硫酸钾镁+300 倍靓果安（或其他小檗碱类植物农药）+500 倍 1.5%除虫菊素+500 倍 0.7%苦参碱+6000 倍有机硅混合液，促进花芽分化，预防病害和蚜虫等害虫危害。

② 授粉之前喷洒 100 倍红糖+1000 倍植物细胞膜稳态剂+8000 倍 0.01%芸苔素内酯+600 倍硼砂+300 倍靓果安（或其他小檗碱类植物农药）+300 倍硫酸钾镁+300 倍葡萄糖酸钙+6000 倍有机硅混合液。促进雌花子房膨大与坐瓜。

③ 授粉后 3 天左右，幼瓜长至红枣大小时，再次喷洒 8000 倍 0.01%芸苔素内酯+100 倍红糖+300 倍葡萄糖酸钙+300 倍硫酸钾镁+6000 倍有机硅混合液，刺激幼瓜细胞分裂，促长大瓜。

④ 幼瓜长至鸡蛋大小后，喷洒 800 倍植物细胞膜稳态剂+300 倍硫酸钾镁+300 倍葡萄糖酸钙+300 倍溃腐灵（或其他小檗碱类植物农药）+6000 倍有机硅混合液。

⑤ 以后每次下雨之前，喷洒 1 次 200 倍等量式波尔多液+300 倍硫酸钾镁+6000 倍有机硅混合液，或喷洒 300 倍溃腐灵（或其他小檗碱类植物农药）+800 倍植物细胞膜稳态剂+300 倍硫酸钾镁+300 倍葡萄糖酸钙+50 倍发酵牛奶+6000 倍有机硅混合液，预防病害发生，优化甜瓜品质。

⑥ 棚内南北方向吊挂黄色、蓝色杀虫板，每 30 平方米各 1 张，每 20

天左右更换 1 次，诱杀蚜虫、粉虱、斑潜蝇、蓟马等害虫。吊挂高度与生长点平齐，并随生长点上移逐渐提高。

⑦ 调控棚内温湿度，使棚内空气温湿度不适宜病害发生，而适宜甜瓜植株的生长发育。

4. 二茬瓜生产技术

一茬瓜采收前 10～15 天，对瓜秧上部副蔓开放的雌花进行人工授粉，促其坐瓜，后每株选留 2～3 个瓜形正、色泽明亮、生长健壮的幼瓜，培育二茬瓜。二茬瓜坐稳后，仍需追肥，结合灌溉，沟内每亩撒施充分腐熟的动物粪便 500 千克+硫酸钾镁 20 千克，或沼液 500 千克或沼渣 500 千克+硫酸钾镁 20 千克。

5. 厚皮甜瓜秋延迟有机栽培技术

① 选用抗病、丰产、适应性强的优良品种。

② 培育壮苗：8～9 月份采用"三防"苗床育苗，具体方法参阅"瓜类蔬菜嫁接育苗技术"。

③ 整地施肥：参阅"厚皮甜瓜春促成有机栽培技术"。

④ 定植：参阅"厚皮甜瓜春促成有机栽培技术"。

⑤ 田间管理：要特别注意在温室采光面顶部通风、排湿、降温，下雨时及时关闭风口，防止雨水淋秧，诱发病害。其他有关技术参阅"厚皮甜瓜春促成有机栽培技术"。

6. 科学预防病虫害

参阅"厚皮甜瓜春促成有机栽培技术"。

四、苦瓜

1. 高温闷棚，清除残留病虫害

每年 6～8 月份换茬，拔出老瓜秧，就地铺设在操作行沟内，随即每亩撒石灰面 50～75 千克（土壤 pH 值在 6.5～5 时，每亩撒施石灰面 50 千克；pH 值低于 5 时，撒石灰面 75 千克）。石灰面制作参阅本节"一、黄瓜"。注意：每撒宽 160 厘米的一行，随即覆土埋严老秧，并在其上培土整一高垄畦，垄高 30～35 厘米，垄面宽 70 厘米，垄沟宽 50 厘米、深 35 厘米。后在垄面上打洞，洞与洞之间相距 25 厘米，洞深 30～35 厘米。后随即覆盖地膜。注意地膜边缘无须埋土，覆严土垄即可。

清擦棚膜，修补破洞，严密封闭温室，高温闷棚 10～15 天。结合闷棚，每亩设施内细致喷洒 200 倍青枯立克+300 倍 0.7%苦参碱+300 倍 1.5%除虫菊素混合液 60 千克，点燃硫黄粉 1.5～2 千克，消灭设施内残存的病菌和根结线虫等（详见"温室有机蔬菜栽培暑季高温闷棚技术"）。

2. 栽培季节

苦瓜喜热、耐湿，在短日照、大温差的环境条件下，易多分化雌花。春季育苗，其生育期很快进入长日照的气候条件，分化雌花数量较少，往往营养生长偏旺，雌花数量少、产量低。

苦瓜在秋分前后育苗，从花芽分化期始，直至翌年春分前，生育期几乎都处于短日照条件下，分化雌花多，结瓜早，持续结瓜时间可长达 200 天以上，且容易管理，产量高，瓜条保持嫩绿时间长，品质好。故温室栽培苦瓜，其苗期和伸蔓期应安排在短日照、大温差的气候条件下。一般在 9 月份育苗，10 月份定植，翌年 7～8 份月拉秧，每亩可产商品苦瓜 2.5 万千克左右。

3. 育苗

参阅"瓜类蔬菜嫁接育苗技术"。

4. 整地与施基肥

闷棚结束后，在高垄土面上撒肥，每亩撒施硫酸钾镁 50 千克，硅钙钾镁土壤接种剂 50 千克，优质腐熟动物粪便 4000～5000 千克，土壤生物菌接种剂 500～1000 克，有机饼肥 50～100 千克。粪、矿物肥、饼肥与土壤生物菌接种剂需掺混均匀，农膜封闭发酵腐熟后方可施用。

撒肥后随即旋耕，整 M 形双高垄畦，垄高 25 厘米，畦面宽 100 厘米，畦面中心线处有深 10 厘米、宽 30 厘米的滴灌沟，沟内铺设滴灌管。操作行呈倒梯形沟状，上宽 60 厘米，底宽 20 厘米，深 25 厘米。

定植前 15 天左右在操作行畦沟内灌水，结合灌水整修双垄畦。封闭棚膜，提温至 30~35℃。杂草大部分萌发后，锄地灭草，整修畦面、平整畦沟，后定植。

5. 定植

（1）定植方法　定植前 2 天左右，在滴灌沟内滴灌足水造墒，随即封闭设施采光面农膜，提高设施内空气温度达 30℃以上，后定植。方法：在 100 厘米宽的 M 形高垄畦的 2 条小高垄畦面上，按窄行距 60 厘米、株距 40 厘米、宽行距 100 厘米开挖 10 厘米深的栽植穴，穴内灌水，后将秧苗土坨放入，轻轻按压土坨，使其表面与土垄畦面平齐，每亩栽苗 2000 株左右。

土坨放入栽植穴内，水渗后，再浇灌 1000 倍土壤生物菌接种剂+1000 倍植物细胞膜稳态剂混合液 100 毫升，保护根系，使其不受有害菌类危害。

不要急于封埋土穴，待中午后或翌日 11~15 点时，穴内土壤温度升高后覆土封穴。封穴时严禁用力按压根际土壤，防止秧苗土坨散块伤及根系。

（2）整理高垄畦面，覆盖农膜　秧苗定植后，当室外空气温度稳定在 20℃以下后，在窄行中心灌水沟的上方，东西向摆放撑杆，撑杆可选用玉米秆、细树枝、细竹竿等，长 50~60 厘米，南北向每间隔 40~50 厘米摆放一条，后在灌水沟上方中心线处，从南到北，摆放长枝条或拉细绳，绳子两头拴系于木橛上，拉紧后将木橛插入南北两端的土壤中，固定拉直绳子。再在其架面上覆盖地膜，膜宽 60 厘米，拉开伸展，封闭灌水沟和双高垄的内半边畦面。

宽行要用更换下来的旧农膜，剪成宽 150 厘米的条幅，将操作行沟底、外半边土垄、地面全面封闭，预防水分蒸发，提高土壤温度，降低设施内空气湿度，预防病害发生。

6. 定植后管理

（1）瓜秧调整　苦瓜主蔓与侧蔓都能结瓜，主蔓多在8～14节发生雌花，侧蔓雌花节位较低。故一般瓜秧主蔓4～5叶摘心，促发子蔓结瓜。子蔓长出后，选留强壮子蔓3～4条，其余子蔓及早疏除。留下的子蔓各自吊秧，每株吊3～4秧，吊秧方法同黄瓜。再发孙蔓及时摘除。

苦瓜架面高度不得高于200厘米，应及时、适时落秧。每次落秧时，要结合落秧，摘除基部老叶、黄叶，减少养分消耗，改善叶幕光照条件，提高叶片光合效能。

（2）光照管理　经常清擦设施采光面农膜；在后坡及后墙上部各拉一道钢丝，固定张挂200厘米宽的反光膜，改善设施后部光照条件。及时拉放采光面保温覆盖物，延长见光时间。

（3）科学调控设施内空气的温湿度　定植后5天之内，晴日白天，设施内空气温度维持28～32℃，夜间温度维持15～20℃，清晨最低温度不得低于14℃。

定植5天后，晴日白天设施内空气温度维持28～33℃，夜间温度维持16～20℃，清晨最低温度不得低于12℃。阴天适度通风排湿，白天温度不高于20℃，清晨温度不低于10℃。

开花后，晴日白天温度维持30～35℃，夜间温度维持16～20℃，清晨最低温度不得低于12℃；阴天白天温度不高于20℃，清晨温度不低于10℃。

（4）肥水管理　苦瓜坐瓜以前，一般不浇水、不追肥，控制瓜秧旺长，促进根系发达。一旦幼瓜坐稳，长至10厘米左右时开始浇水，结合浇水进行追肥。第二瓜坐稳之后，增加浇水频率，维持土壤湿润。

浇水需在膜下滴灌沟内滴灌或沟灌，严禁大水漫灌，要在晴天清晨灌水，小水勤灌。

结合浇水，每10～15天追施1次肥，每次、每亩在滴灌沟内撒施腐熟动物粪便或沼液、沼渣300～500千克（或生物菌有机肥100千克+硫酸钾镁10千克+高氮有机肥20千克），或撒施糖蜜水溶性有机肥50～100

千克，保障肥水供应，维持瓜秧健壮；提高室内空气的二氧化碳浓度，增强作物光合效能。

如果苦瓜营养生长过旺，可适度减少浇水次数与浇水量，或在根颈处间隔交叉插入用酒精消毒的竹制牙签2~3根，防止瓜秧旺长。

（5）人工授粉，促进坐瓜　雌花开放以后，应于每天早晨6~10点进行人工授粉，确保坐瓜。方法：从旁边植株上摘一雄花，将其雄蕊在雌花花蕊上轻轻点擦，让花粉抹在雌花花蕊上，确保授粉坐瓜。

（6）根外喷肥　苦瓜定植后，为促进瓜秧加速生长，提高产量，应加强根外追肥。

根外追肥可结合防病进行。定植时喷一次300倍靓果安（或溃腐灵等其他小檗碱类植物农药）+50倍发酵牛奶+5%沼液+50倍食醋+300倍硫酸钾镁+300倍葡萄糖酸钙+800倍大蒜油+500倍0.7%苦参碱+500倍1.5%除虫菊素+1000倍植物细胞膜稳态剂+8000倍0.01%芸苔素内酯+6000倍有机硅混合液。后每间隔10天左右喷洒1次300倍靓果安（或溃腐灵等其他小檗碱类植物农药）+50倍发酵牛奶+5%沼液+50倍食醋+600倍植物细胞膜稳态剂+300倍硫酸钾镁+300倍葡萄糖酸钙+6000倍有机硅混合液，提高苦瓜植株抗逆性能与营养水平，增强作物光合效能，促进坐瓜，预防病害发生。

（7）增施二氧化碳气肥　参阅"温室有机蔬菜栽培增施二氧化碳气肥技术"。

（8）掀动农膜，促进土壤空气更新　每间隔20~30天，选晴天中午，一人在南端，一人在北端，两人共同拉紧操作行的农膜，进行掀动，促进土壤气体更新，提高根系活性，促发新根，预防根系老化和枯死现象发生，延长根系寿命。

7. 采瓜

苦瓜要采嫩瓜，采瓜时，既不可过嫩而影响产量，又不可太大、太老，造成纤维硬化，降低品质与经济效益。

采瓜时，要注意仔细查找，防止遗留下嫩瓜，一旦长成老瓜，既失去商品价值，又降低了产量、品质和经济效益。

8. 科学防治病虫害

① 棚内南北方向吊挂黄色、蓝色杀虫板，每30平方米各1张，每20天左右更换1次，诱杀蚜虫、粉虱、斑潜蝇、蓟马等害虫。吊挂高度与生长点平齐，并随生长点上移逐渐升高。

② 每次下雨之前，及时抢喷300倍溃腐灵（或其他小檗碱类植物农药）+300倍硫酸钾镁+300倍葡萄糖酸钙+600倍植物细胞膜稳态剂+6000倍有机硅混合液，预防病害发生。

③ 调控棚内温湿度，使棚内空气温湿度不适宜病害发生，而适宜苦瓜植株的生长发育。

④ 严格执行"温室有机蔬菜栽培病虫害防治技术"。

五、丝瓜

1. 高温闷棚，清除残留病虫害

每年7～8月份换茬，拔出瓜秧，就地铺设在操作行沟内，随即每亩撒石灰50千克左右，地面细致喷洒200倍青枯立克+200倍1.5%除虫菊素+200倍0.7%苦参碱混合液，后起高垄、打洞、覆盖地膜、高温闷棚。方法参阅本节"一、黄瓜"中相关内容。

2. 栽培季节

丝瓜喜热、耐湿，在短日照、大温差温度条件下，花芽易分化雌花。春季育苗，其生育期很快进入长日照的气候条件，分化雌花数量少，往往营养生殖过旺，推迟结瓜，产量低。

丝瓜在秋分前后育苗，从花芽分化期始，直至翌年春分前，生育期几乎都处于短日照条件下，分化雌花多，结瓜早，持续结瓜时间可长达200天以上，且容易管理，产量高，瓜条保持嫩绿时间长，品质好。故温室栽培丝瓜，其苗期和伸蔓期应安排在短日照、大温差的气候条件下。一般在9月份育苗，10月份定植，翌年7~8份月拉秧，每亩可产丝瓜3万千克左右。

3. 培育壮苗

参阅"瓜类蔬菜嫁接育苗技术"。

4. 整地与施基肥

闷棚结束后，在高垄土面上撒肥，每亩撒施硫酸钾镁50千克，硅钙钾镁土壤调理剂50千克，优质腐熟动物粪便4000~5000千克，土壤生物菌接种剂500~1000克（注意粪、肥、菌需掺混均匀，发酵腐熟后施用），撒肥后随即旋耕，整M形高垄畦，畦面宽100厘米，垄高20厘米，畦沟宽60厘米、深20厘米。后在畦沟内灌水，结合灌水整修畦面、平整垄沟。

封闭采光面农膜，控温30~35℃，杂草大部分萌发后灭草，修整M形高垄畦，垄顶畦面宽100厘米、高25厘米，畦面正中线处开挖一深10厘米、宽30厘米的滴灌沟，沟底铺设滴灌管。操作行呈倒梯形沟槽状，上宽60厘米，底宽30厘米，深25厘米。

5. 定植

先在滴灌沟内灌足水造墒，结合灌溉，整平畦面，整修畦沟。后封闭设施，维持室内空气温度25~35℃，灭草后定植。

定植方法：在100厘米宽的M形高垄畦的2条小高垄上，按窄行距60厘米、株距50厘米、宽行距100厘米开挖10厘米深的栽植穴，每亩栽苗1660株左右。穴内浇水，后放入秧苗，让土坨与底土接墒。水渗后在每个土穴浇灌1000倍土壤生物菌接种剂+1000倍植物细胞膜稳态剂混合液100毫升。利用生物菌保护根系，使其不受有害菌类危害，植物细胞膜稳态剂促进发根，快速缓苗。

不可急于封穴，待当日下午1~3点或翌日中午前后，穴内土壤温度升高后覆土封穴。封穴时严禁用力按压根际土壤，防止秧苗土坨散块伤及根系。

　　室外空气温度稳定在20℃以下时覆盖农膜。先在窄行灌水沟的上方东西向摆放撑杆，撑杆可选用玉米秆、细树枝、细竹竿等，长50～60厘米，南北向每间隔40～50厘米摆放一条，后在灌水沟上方中心线处，从南到北拉细绳，绳子两头拴系于木橛上，拉紧后将木橛插入南北两端的土壤中，拉直固定绳子。后在滴灌沟上部架面上覆盖地膜，地膜宽80厘米，拉开伸展，封闭滴灌沟和双高垄的内半边畦面。

　　宽行用设施替换下来的旧农膜，剪成宽150厘米的条幅，将操作行沟底、高垄外半边畦面全面封闭，预防水分蒸发，提高土壤温度，降低设施内空气湿度，预防病害发生。

6. 定植后管理

　　（1）瓜秧调整　丝瓜主蔓与子蔓都能结瓜，主蔓多在10～12节发生雌花，子蔓雌花节位较低。瓜秧主蔓在4～5叶时摘心，促发强壮子蔓。子蔓发生后，选留3条，各自吊秧，吊秧方法同黄瓜。再发孙蔓及时摘除。同时，要注意摘除过多的雄花序，每3～4节保留一个雄花序即可，防止雄花过多消耗养分，影响结瓜。

　　若雌花过密，同样不利于产量的提高，也应及时、适时疏除，防止消耗过多养分，影响商品幼瓜生长。

　　丝瓜架面高度应维持在180厘米左右，不得高于200厘米，应及时、适时落秧。每次落秧时，要结合落秧，摘除基部老叶、黄叶，减少养分消耗，改善叶幕层光照条件，提高光合效能。

　　（2）光照管理　经常清擦设施采光面农膜；后坡及后墙上部各设置1道钢丝，拉设固定200厘米宽反光膜，改善室内后部光照条件；及时拉放采光面保温覆盖物，延长见光时间。

　　（3）科学调控室内空气温湿度　定植后5天之内，晴日白天，设施内温度维持28～30℃，夜间温度维持15～20℃，清晨最低温度不低于14℃。

　　5天后，晴日白天，设施内空气温度维持28～33℃，夜间温度维持

16~20℃，清晨最低温度不低于 12℃；阴天适度通风排湿，白天温度不高于 20℃，清晨最低温度不低于 10℃。

开花后，晴日白天温度维持 30~35℃，夜间温度维持 16~20℃，清晨最低温度不低于 10℃；阴天白天温度不高于 20℃，清晨最低温度不低于 10℃。

（4）肥水管理　丝瓜坐瓜以前，一般不浇水、不追肥，控制瓜秧旺长，促进根系发育。一旦幼瓜长至 10~15 厘米长，开始浇水；根瓜坐稳之后，增加浇水频率，维持土壤湿润。浇水需在膜下滴灌沟内滴灌或沟灌，严禁大水漫灌。灌水要在晴天清晨进行，小水勤灌。

结合灌水，每 10~15 天追施 1 次肥。每次每亩在滴灌沟内撒施腐熟动物粪便或沼液、沼渣 300~500 千克（或生物菌有机肥 100 千克＋硫酸钾镁 10 千克＋高氮有机肥 20 千克），或撒施糖蜜水溶性有机肥 50~100 千克，保障肥水供应，维持瓜秧健壮，提高室内空气的二氧化碳浓度，增强植株光合效能。

若丝瓜营养生长过旺，可适度减少浇水次数与浇水量，适度降低夜温，或在根颈处间隔交叉插入用酒精消毒的竹制牙签 2~3 根，防止瓜秧旺长，促进结瓜。

（5）人工授粉　雌花开放以后，应于每天早晨 6~10 点进行人工授粉，确保坐瓜。授粉方法：从旁边植株上摘 1 朵刚开放的雄花，将其雄蕊在雌花花蕊上左右轻轻点擦，让花粉抹在雌花花蕊上，确保坐瓜。

（6）根外喷肥　丝瓜定植后，为促进瓜秧加速生长，提高产量，应加强根外追肥。

根外追肥可结合防病进行。定植时需喷洒一次 300 倍靓果安（或溃腐灵等其他小檗碱类植物农药）＋50 倍发酵牛奶＋5% 沼液＋50 倍食醋＋300 倍硫酸钾镁＋300 倍葡萄糖酸钙＋1000 倍植物细胞膜稳态剂（或 8000 倍 0.01% 芸苔素内酯）＋800 倍大蒜油＋500 倍 0.7% 苦参碱＋500 倍 1.5% 除虫菊素＋6000 倍有机硅混合液。后每间隔 10 天左右喷洒 1 次，以提高植株营养水平和光合效能，促进坐瓜，预防病害发生。

（7）采瓜　丝瓜以嫩瓜食用，需采摘嫩瓜，采瓜时，既不可过嫩，影响产量，又不可太大，造成纤维硬化，降低品质。

采瓜时，要注意仔细查找，防止遗留下嫩瓜，一旦长成老瓜，既失去了商品价值，又降低了产量、品质和经济效益。

（8）增施二氧化碳气肥　参阅"温室有机蔬菜栽培增施二氧化碳气肥技术"。

（9）掀动农膜，促进土壤空气更新　每间隔 10～20 天，选晴天中午，一人在南端，一人在北端，两人共同拉紧操作行的农膜，进行掀动，促进土壤气体更新，提高根系活性。

7. 科学防治病虫害

参阅"温室有机蔬菜栽培病虫害防治技术"。

六、西葫芦

1. 栽培季节

西葫芦喜温、怕严寒、不耐高温，在短日照、大温差温度条件下，多分化雌花。

温室有机西葫芦栽培，在北方暖温带、温带地区，可实现从晚秋、冬季至翌年初夏的一大茬栽培。立秋后于 8 月中旬露地建"三防"苗床育苗，9 月中旬气温下降后，定植于温室内。10 月份至翌年 7 月份收获。

2. 高温闷棚

7～8 月份，换茬前，高温闷棚 15 天左右，消灭棚内各种病虫害。闷棚方法参阅"温室有机蔬菜暑季高温闷棚技术"。后直播早熟夏玉米、夏大豆、夏白菜，或提前育苗，定植夏西瓜等耐热作物，收获后随即施肥、整地，栽培西葫芦。

3. 培育壮苗

参阅"瓜类蔬菜嫁接育苗技术"。

4. 整地与施肥

结合耕翻土壤，每亩撒施硫酸钾镁40千克，硅钙钾镁土壤调理剂40千克，优质腐熟动物粪便3000～5000千克，腐熟有机饼肥50～100千克，土壤生物菌接种剂500～1000克。粪、肥、菌掺混均匀，发酵腐熟后均匀撒施地面，撒肥后随即旋耕，整南北向M形高垄畦，畦面东西宽100厘米，高25厘米，畦面中心线处有一条深10厘米、宽30厘米的滴灌沟，沟内铺设滴灌管。两M形土垄之间是倒梯形沟状操作行，上宽40厘米，底宽20厘米，深25厘米。

在沟状操作行中灌透水，结合灌水整修畦面、平整畦沟，让畦面、畦沟基本呈水平状。待大部分杂草萌发后，锄地灭草，修整垄畦，滴灌沟内铺设滴灌管。

5. 定植

在M形双高垄畦的两条35厘米宽的小高垄上，按窄行距50厘米、株距40厘米、宽行距90厘米开挖10厘米深的栽植穴，穴内浇水，放苗定植，每亩栽苗2300株左右。

栽植穴内水分下渗后，再浇灌1000倍土壤生物菌接种剂+1000倍植物细胞膜稳态剂混合液100毫升左右，利用有益生物菌保护根系，使其不受有害菌类危害，植物细胞膜稳态剂促进快速发根。药液渗后覆土封穴，封穴时严禁用力按压根际土壤，防止秧苗土坨散块伤及根系。秧苗定植后，随即整修垄畦，消除土块，并启动滴灌，浇透水，促进快速缓苗。

待室外气温下降至20℃后，用一幅60厘米宽的地膜覆盖滴灌沟及两条小土垄的内半边畦面，方法同本节"一、黄瓜"中相关内容。再用一幅宽140厘米、温室换茬更换下来的旧农膜，把操作行及两旁半边小土垄畦面全面封闭。

6. 田间管理

（1）吊挂瓜秧 温室内栽培西葫芦，需实行吊蔓管理，搭建支架。在每个 M 形双垄畦面的两个小土垄正上方，拉 2 根钢丝，钢丝间距分别为 50 厘米与 90 厘米，钢丝拉紧固定于温室采光面钢架上，方法同本节"一、黄瓜"中相关内容。

钢架高度 170～180 厘米，在钢丝上拴系长 180 厘米左右的吊瓜绳，每株 1 条，下端拴系于西葫芦基部叶柄上。后将瓜秧逐步缠绕于吊瓜绳上。

瓜秧不可垂直向上伸展，要弯曲呈"S"形向上延伸。随生长延长、随缠绕，防止瓜秧倒伏。

（2）温度调控 开花前，晴日白天室内空气温度调控在 25～28℃，夜温 10～16℃，阴天控温 8～20℃。开花之后，晴日白天控温 25～30℃，夜温 8～18℃，阴天控温 8～20℃，夜间室内空气最低温度不低于 8℃。

（3）人工授粉、促进坐瓜 雌花开放时于清晨 7～10 点进行人工授粉，从旁边植株上采集初开放的雄花，用其雄蕊轻轻涂抹雌花花蕊，进行人工辅助授粉，促进坐瓜。

西葫芦靠主蔓结瓜，主蔓从基部始，几乎每叶节都能发生雌花，间隔发生雄花。雌花过密，则营养竞争激烈，不利于坐瓜与高产。必须及时、适时疏除过多雌花和幼瓜，确保幼瓜膨大。

一般壮瓜秧坐稳 3～4 个幼瓜、弱秧坐稳 2 个幼瓜之后，需停止对该株授粉。后每棵植株每采收 1 个成品瓜，随即授粉 1 雌花，预防该植株坐瓜 5 个以上，造成营养竞争，使多个幼瓜因营养供应不足先后凋萎，长不成商品瓜，既消耗有机营养，又影响产量提高。人工授粉的同时，发现多于 3～4 个幼瓜的植株，应依据长势，及时、适度疏除过多雌花与幼瓜。

（4）肥水管理 西葫芦坐瓜以前，一般不浇水、不追肥，控制瓜秧旺长，促进根系发育。幼瓜坐齐、坐稳后方可浇水，浇水需及时、适时、适量，第二瓜坐稳后，适度增加浇水频率，维持土壤湿润。

浇水需在 M 形双垄畦中部膜下滴灌沟内滴灌或沟灌。浇水要在晴天清晨进行，小水勤灌，严禁大水漫灌。

结合浇水，每 10~15 天追施 1 次肥。每次每亩冲施沼液或腐熟动物粪便浸出液 300~500 千克+硫酸钾镁 10 千克+高氮海藻有机肥 10 千克，或在滴灌沟内每亩撒施腐熟动物粪便 500 千克，或撒施糖蜜水溶性有机肥 50~100 千克，保障肥水供应，维持瓜秧健壮，增强植株光合效能。

如果西葫芦营养生长过旺，可适度降低夜间上半夜温度 2℃左右，减少浇水次数与浇水量，防止瓜秧旺长。或用消毒的竹签间隔交叉插入瓜秧主蔓基部，抑制营养生长，方法同本节"二、西瓜"中相关内容。

（5）根外喷肥　西葫芦定植后，为促进瓜秧加速生长，提高产量，需加强根外追肥。根外追肥可结合预防病害进行。定植时立即喷洒一次 300 倍靓果安（或其他小檗碱类植物农药）+800 倍大蒜油+500 倍 0.7%苦参碱+500 倍 1.5%除虫菊素 + 50 倍发酵牛奶 + 5%沼液+300 倍硫酸钾镁（或 50 倍草木灰浸出液）+300 倍葡萄糖酸钙+600 倍植物细胞膜稳态剂（或 8000 倍 0.01%芸苔素内酯）+6000 倍有机硅混合液。后每间隔 10 天左右喷洒 1 次 300 倍靓果安（或其他小檗碱类植物农药）+50 倍发酵牛奶 + 20 倍沼液+300 倍硫酸钾镁（或 50 倍草木灰浸出液）+300 倍葡萄糖酸钙+600 倍植物细胞膜稳态剂+6000 倍有机硅混合液，提高西葫芦植株营养水平和光合效能，促进坐瓜，预防病害发生。

7. 科学防治病虫害

① 严格执行"温室有机蔬菜栽培病虫害防治技术"。

② 室内南北方向吊挂黄色、蓝色杀虫板，高度与生长点平齐，每 20~30 平方米各 1 张，每 20 天左右更换 1 次，诱杀蚜虫、粉虱、斑潜蝇、蓟马等害虫。吊挂高度需随生长点上移，逐渐提高。

③ 结合人工授粉，仔细查找已变白、软化、衰败的花冠，随即摘除，预防灰霉病发生。

④ 每次变天、降雨、降雪之前，及时喷洒 200 倍溃腐灵（或其他小檗碱类植物农药）+300 倍硫酸钾镁+400 倍有机葡萄糖酸钙+100 倍红糖+6000

倍有机硅混合液，提高植株抗逆性能，预防病害发生。

若发生白粉病，可在发病初期及时细致喷洒 0.3 波美度石硫合剂。

⑤ 若发生瓜守、斑潜蝇等虫害，可细致喷洒 800 倍大蒜油+500 倍 0.7%苦参碱+500 倍 1.5%除虫菊素混合液防治。注意：防治瓜守应在清晨露水未干时喷洒，效果更好。

8. 及时采收

西葫芦以嫩瓜食用，幼瓜长至 200～250 克时，必须及时采收，嫩瓜不得超过 300 克。大瓜既影响植株生长势，诱发植株衰弱，降低产量，而且其品质下降，价格低廉，并难以销售。

七、番茄

1. 高温闷棚，清除残留病虫害

每年 7～8 月份换茬，拔出老柿秧，就地铺设在操作行沟内，随即撒石灰面 50 千克左右。石灰面制作参阅本节"一、黄瓜"。后起垄高 30～35 厘米、垄顶面宽 80 厘米左右、垄沟宽 60 厘米左右、高 35 厘米的土垄。后在高垄土面上打洞，洞间距 25 厘米，洞深 30～35 厘米。随即在土垄表面覆盖地膜。地膜需封闭严土垄，不得用泥土埋压。

清擦采光面农膜，修补破洞，严密封闭温室，高温闷棚 15 天左右，结合闷棚，每亩设施喷洒 200 倍青枯立克+200 倍 0.7%苦参碱+200 倍 1.5%除虫菊素混合液 60 千克，点燃硫黄粉 1.5～2 千克，消灭设施内残存病菌和根结线虫等害虫。

畦面打洞，让热空气进入土壤深层，增高深层土壤温度；土垄覆盖地膜，进一步提高土壤温度，提高闷棚效果，彻底清除残留病虫害。闷棚方法参阅"温室有机蔬菜栽培暑季高温闷棚技术"。

2. 整地与施基肥

闷棚结束后，在高垄的畦面上撒肥，每亩撒施硫酸钾镁 50 千克，硅钙钾镁土壤调理剂 50 千克，优质腐熟动物粪便 4000～5000 千克，土壤生物菌接种剂 500～1000 克。硫酸钾镁、硅钙钾镁、生物菌等必须事先掺混于动物粪便中搅拌均匀，用农膜封闭，发酵腐熟后施用。撒肥后随即旋耕，整高垄平畦，畦面宽 80 厘米、垄高 20 厘米，畦沟宽 50 厘米、深 20 厘米。后在操作行畦沟内灌水，结合灌水，整修畦沟、畦面至基本水平。

增施有机肥料和生物菌，可改良土壤；起高垄，可增加土壤表面积，土壤接受热量多，土壤温度高，秧苗定植后缓苗快，根系发达。

3. 培育壮苗

温室栽培番茄，需于 7 月份搭建"三防"苗床育苗，2 片真叶时分苗，苗龄 60 天左右，第一穗花序显露时定植。分苗后连续喷洒 100 倍红糖+8000 倍 0.01%芸苔素内酯+600 倍植物细胞膜稳态剂+300 倍硫酸钾镁+300 倍葡萄糖酸钙+300 倍靓果安（或其他小檗碱类植物农药）+6000 倍有机硅混合液 4～5 次，促进花芽分化，提高花芽质量，确保秧苗健壮。要特别注意育苗全程夜间最低气温不得低于 10℃，预防因低温诱发多心皮果。

详细育苗方法参阅第三章中"番茄有机栽培育苗技术"。

4. 科学定植

定植前先灌足底墒，封闭温室棚膜，提高土壤温度，诱发杂草萌发。大部分杂草萌发后，锄地灭草，后随即定植。

（1）定植方法　在 80 厘米宽的高平垄上，距离中线两边各 20 厘米（窄行距 40 厘米）开挖 5 厘米深、10 厘米宽的槽沟，按株距 32～35 厘米在沟内排放秧苗，每亩栽植 3000～3200 株。土坨放入栽植沟内，秧苗的茎叶同方向卧放在畦面上。

注意：秧苗的花序必须朝向宽行（操作沟），东边 1 行的秧苗需土坨朝南、生长点朝北顺行排放，西边 1 行的秧苗需土坨朝北、生长点朝南顺行排放。

后在土坨上浇灌 1000 倍土壤生物菌接种剂+1000 倍植物细胞膜稳态

剂混合液 100 毫升,用有益生物菌保护根系,使其不受有害菌类危害,并让土坨与底土接墒。后从中线处取土封埋土坨与植株茎蔓,定向(同一行的植株生长点朝向同一方向、花序朝向沟状操作行),定位(柿秧由埋深5 厘米逐渐减至埋深 1 厘米,埋至距离花序 20 厘米处,几天后柿秧会自行抬头直立,直立后所有植株的花序都处在距离垄面高 20 厘米左右处,方向朝向宽行),卧栽。

每个高垄畦秧苗全部栽植完成后,整修土垄,使中心线处呈深 10 厘米、宽 25 厘米的灌溉沟,垄畦呈 M 形双高垄,垄面宽 80 厘米左右,操作行呈倒梯形垄沟,宽 50 厘米左右,沟深 25 厘米。灌溉沟沟底中心线处铺设滴灌管,随即滴灌,浇透缓苗水。

注意:封埋土坨、茎蔓时,要细致操作,封埋后形成的土垄需高度一致,严禁用力按压垄面土壤,防止刺伤秧茎,压迫秧苗土坨散块伤及根系。

(2)整修畦面,覆盖农膜 秧苗定植后,室外气温稳定降至 20℃以下时覆盖地膜,将地面全面封闭,防止水分蒸发,提高土壤温度,降低设施内空气湿度,预防病害发生。覆盖方法同本节"一、黄瓜"中相关内容。

5. 定植后的管理

(1)及时吊秧 番茄栽植后,随即吊秧,柿秧上部用于拴系吊秧绳的钢丝高 170～180 厘米,每畦拉两道钢丝,间距 30 厘米,吊秧绳长 400 厘米,事先缠绕在钢丝缠线拐上或用于缠绕吊秧绳的滑轮上,缠线拐或滑轮均匀分布吊挂在钢丝上,每株 1 个。吊秧绳下端用塑料夹固定在柿秧下部的叶柄上,调整吊秧绳长度,缠绕固定柿秧,使柿秧维持直立状态,保持适宜高度。

(2)科学调控室内空气温湿度 定植后 5 天之内,晴日白天设施内空气温度维持 25～28℃,夜间温度维持 16～20℃,清晨最低温度不低于12℃;阴天温度控制在 20℃以下,清晨不低于 10℃。

定植 5 天后,晴日白天设施内温度维持 28～32℃,夜间温度维持 12～20℃,清晨最低温度不低于 12℃;阴天适度通风降温,白天温度不高于

20℃，清晨不低于10℃。

开花后，晴日白天温度维持28~32℃，夜间温度维持16~20℃，清晨最低温度不低于12℃；阴天白天温度不高于20℃，清晨不低于10℃。

进入严寒季节，晴日白天设施内温度维持28~33℃，室内气温达到33℃时，及时适度开启通风口，夜间温度维持16~20℃，清晨最低温度不低于10℃；阴天白天温度不高于20℃，清晨不低于10℃。

（3）光照管理 经常清擦采光面，维持农膜光亮，提高透光率；在后坡及后墙上部各设置1道钢丝，其上固定张挂宽200厘米的反光膜，改善室内后部光照条件；及时拉放保温被，尽量延长见光时间。

（4）及时抹除植株叶腋间分杈 定植缓苗后，植株会逐渐自行抬头直立，每个叶腋间都会发生分杈。这些分杈，除基部一杈保留，长至3叶时摘除生长点，用于养根，其他各叶节中的分杈，应在发生初期、长度不超过5厘米时及早抹除，防止分杈争夺肥水，消耗有机营养；严禁分杈长得过大，抹除时遗留大伤口，引起髓部坏死、青枯病等病害发生。

（5）摘心换干，调控生殖生长与营养生长的矛盾 第三穗花序显露时，及时在花序之上留1叶摘心，保留花序下叶节的分杈，培育新干。新干出现第3穗花序时再次摘心换干，如此轮换，摘心5~6次，持续开花结果9~10个月，结15~18穗果。

如果发现新干徒长，应及时降低夜温，并用手指捏扁新干基部，破坏其输导系统，或在秧茎基部扎竹签2~3根，抑制植株营养生长，促进花穗形成与幼果膨大。

（6）及时落秧 每采收一穗果，需选晴天中午前后摘除下部2~3片老叶，下午4~6点间喷洒300倍溃腐灵（或其他小檗碱类植物农药）+300倍硫酸钾镁+300倍葡萄糖酸钙+50倍发酵牛奶+600倍植物细胞膜稳态剂+8000倍0.01%芸苔素内酯+6000倍有机硅混合液，预防病害发生，第二天中午前后落秧。

（7）肥水管理 浇灌缓苗水后，严格控制灌溉，强制蹲苗，促使根系发达，直至第一穗果全部坐稳、长至核桃大小时，二穗果大部分坐住，方可浇水。

　　浇水之前，需先用手指捏扁顶部花穗上面的主茎，以捏出水为度；或选晴日中午前后，在其底穗果的下面用水果刀从主茎中央纵向扎进，扭动刀刃，加长刀口，预防浇水后植株徒长；或在底穗果下部茎上，间隔交叉插入用酒精消毒的竹签2～3根，抑制植株旺长，促进幼果迅速膨大。

　　浇水需在膜下灌溉沟内暗灌或滴灌，严禁大水漫灌。注意：浇水要小水勤灌，要在晴天清晨5～9时进行。适度提高灌水频率，防止土壤忽干忽湿；减少每次的浇水量，控制肥水流失；预防土壤板结。

　　结合灌水追施有机肥或腐熟动物粪肥。

　　追肥分两种方式：一是结合浇水在沟内冲施腐熟动物粪便、沼液或沼渣等，每10～15天1次，每次每亩冲施300千克腐熟动物粪便或300千克生物菌有机肥+硫酸钾镁5～10千克，或撒施糖蜜水溶性有机肥50～100千克，保障肥水供应，维持植株健壮；提高室内二氧化碳浓度，增强植株光合效能。

　　二是入冬之后，在操作行（大沟）内分期追施有机肥、沼渣或腐熟动物粪便。每次追施1/5的面积（每5行追施1行），每间隔10天左右进行1次，每次每亩施腐熟动物粪便500千克左右，40～50天轮施全棚，每个严寒季节轮施2次，确保室内空气中二氧化碳维持较高浓度，提高植株光合效能。

　　注意：操作行内施肥，要在晴天清晨开启风口进行，必须做到撒粪、翻掘、覆土、浇水、覆膜同步进行，严防室内氨气危害植株、高湿度诱发病害。

　　结合防病用药进行根外追肥，每10天左右细致喷洒1次600倍植物细胞膜稳态剂+300倍溃腐灵（或其他小檗碱类植物农药）+300倍硫酸钾镁+300倍葡萄糖酸钙+50倍发酵牛奶（或50倍优质米醋）+6000倍有机硅混合液，提高植株抗逆性能与光合效能，预防病害发生。

（8）疏花授粉 花序展开后，摘除多余花朵：壮秧每个花序选留 4～5 花，其余花朵及早摘除。每天上午 8～10 点间用木棍敲击吊秧钢丝，震动花朵，促进授粉。

（9）掀动农膜，促进土壤空气更新 每间隔 15～20 天，选晴天中午，一人在南端，一人在北端，两人共同拉紧操作行的农膜，进行掀动，促进气体更新，提高根系活性。掀动后重新覆盖严密。

（10）增施二氧化碳气肥 参阅"温室有机蔬菜栽培增施二氧化碳气肥技术"。

6. 科学防治病虫害

严格执行"温室有机蔬菜栽培病虫害防治技术"，其他参阅本节"一、黄瓜"中相关内容。

附：温室番茄有机栽培换头、接秆、落秧技术

在设施内栽培番茄，一年一茬，秧苗定植后，生育期长达 10～12 个月，可结 15～18 穗果，植株茎可长至 4 米以上，必须适时换头、落秧。

换头方法：番茄植株出现第三穗花序时，立即在花穗上留 1 叶摘心，然后在顶部花序下的叶节间留杈，该杈出现第三穗花序时，再次摘心、换头，如此反复进行，直至翌年 7 月份。如果新头徒长，可从新头基部捏扁新茎，破坏输导组织抑制其营养生长；或在茎的基部扎入 2～3 根消过毒的竹制牙签，抑制旺长，促进幼果膨大。

植株长至高 150 厘米时，一般基部第一穗果实成熟可以采收。采收后，于晴天 10～16 点间掰除茎下部的 3～4 片老叶，后随即喷洒 300 倍溃腐灵（或其他小檗碱类植物农药）+300 倍硫酸钾镁+300 倍葡萄糖酸钙+50 倍米醋（或 50 倍发酵牛奶）+600 倍植物细胞膜稳态剂+8000 倍 0.01%芸苔素内酯+6000 倍有机硅混合液，促进愈伤组织快速形成，预防伤口感染病害，后落秧。

落秧方法：每个 M 形土垄上的东边一行，把最北端植株上部钢丝上

的吊秧滑轮（或钢丝拐）摘除，轻轻调整吊秧线，挪移吊秧滑轮，重新吊挂到西边行的钢丝北端处，随即将植株倒向西行端部，让植株直立于西行北端。

后把第二株植株按此方法向北倒落，生长点向北挪移35厘米左右，重新吊挂在最北端的位置处，依照此方法，将东行所有植株逐棵向北倒落，每株生长点向北挪移35厘米左右，重新直立，吊挂在上部钢丝上。

东行所有植株全部倒落、重新吊挂完成后，再把西行南端的植株用同样方法向东倒落在东行的南端，吊挂在东部钢丝的南端处。后依次逐棵向南倒落，挪移35厘米，重新吊挂。

注意：落秧之前，必须喷药保护植株，特别是掰叶的伤口，应细致喷洒，预防病害发生。要通过放线轻轻放落植株，操作要细致，防止损伤茎叶、碰掉果实。要利用果实自身重量自然下压，缓慢落地，后重新吊挂，让植株上部直立。

后每采收完一穗果实，落一次秧，维持植株高度不高于170厘米。进入4月份后，室外气温达到20℃以上时，撤除地膜，随即地面喷洒100倍青枯立克+300倍硫酸钾镁+300倍葡萄糖酸钙+50倍发酵牛奶（或50倍米醋）+8000倍0.01%芸苔素内酯+6000倍有机硅混合液，预防茎蔓发生病害。后在宽行内撒施腐熟动物粪便，每亩1500千克，浅翻操作行土壤，肥土掺混均匀，再将掺混过肥料的土壤覆盖埋压落放在高垄畦面上的茎蔓。埋压厚度1~2厘米，促使茎蔓发生不定根，增强根系吸收、合成功能，提高后期产量。

八、茄子

1. 高温闷棚，清除残留病虫害

参阅"温室有机蔬菜栽培暑季高温闷棚技术"。

2. 育苗

（1）苗床建设　苗床分播种苗床和分苗床两类，需在地势高燥、地面平整、大雨过后不积水处建苗床。

每亩设施需建设播种苗床2.5～3平方米，建设方法同"番茄有机栽培育苗技术"；每亩设施需建设分苗床25～30平方米，建设方法同"番茄有机栽培育苗技术"。

（2）种子处理　每亩设施需栽植茄子苗2000～2400株，需种子2500粒左右。

①晒种　播种前晒种2～3天，将种子含水量降至8%以下。

②浸种与消毒　将种子装在尼龙纱网袋中，放在常温水中搓洗干净，后放入热水中，维持50～55℃温度25～30分钟。再放入500倍高锰酸钾溶液中浸泡5～10分钟，后用28～30℃的清水继续浸泡20小时，中间换水1次。

③催芽　寒冷季节育苗需催芽，出芽后播种。温暖季节无须催芽，种子浸水消毒后播种。

催芽：种子浸种、消毒后，将开水烫过的干净白布拧干，用白布粘净种皮表面水分，后置于28～32℃的温度条件下催芽。注意：每12小时需用28～32℃的清水浸泡种子15～20分钟，补充水分，后甩净水分继续催芽。

部分种子露白时，将种袋置于-2～0℃条件下处理6～8小时，后用井水浸泡10～20分钟，取出甩净水分继续催芽，大部分种子发芽、胚根1～2毫米长时播种。

（3）播种　播种前渗灌苗床至畦面下沉，再次撒营养基质，后刮平，畦面喷洒1000倍土壤生物菌接种剂，后播种。催芽的种子需水播，不催芽的种子需掺土撒播。方法参阅"番茄有机栽培育苗技术"。播种后覆土1.2～1.5厘米厚，随即覆盖地膜，扎拱棚，封闭防虫网和农膜。

（4）苗床管理　出苗后，于清晨日出前或傍晚日落后撤除地膜。

①　温度调控　种子出苗前，床温维持在25～30℃，高于32℃要遮阳降温，夜温低于16℃时，加盖保温材料保温。出苗后，白天温度保持在25～27℃，晚上温度保持在14～18℃。

2 片真叶时分苗，白天温度保持在 20～25℃，晚上温度保持在 14～18℃，通风降温，炼苗 3～5 天，后进行分苗。

分苗时，植株细致喷洒 300 倍溃腐灵+100 倍红糖+8000 倍 0.01%芸苔素内酯+600 倍植物细胞膜稳态剂+800 倍大蒜油+500 倍 1.5%除虫菊素（根据虫害情况添加）+6000 倍有机硅混合液，促进扎根，预防病虫害发生。

分苗后，白天温度保持在 25～28℃，晚上温度保持在 12～18℃，阴天温度维持在 10～18℃。

定植前 5～7 天，白天温度维持在 20～23℃，晚上温度维持在 10～16℃，降温炼苗，利于提高移栽成活率，快速缓苗。

② 肥水管理　苗期适度控制浇水，如土壤干旱，可在清晨渗灌 5%沼液或 5%有机肥浸出液+500 倍硫酸钾镁混合液。分苗后定植移栽之前，每 5 天左右床底渗灌 1 次 5%沼液或 5%有机肥浸出液+500 倍硫酸钾镁混合液，保障秧苗肥水供给。

秧苗长至 6～8 片真叶时，苗床浇透水，后停水 5～7 天，待营养基质变硬时定植。定植之前，苗床细致喷洒 300 倍溃腐灵（或其他小檗碱类植物农药）+100 倍红糖+50 倍发酵牛奶+300 倍硫酸钾镁+8000 倍 0.01%芸苔素内酯+600 倍植物细胞膜稳态剂+800 倍大蒜油+500 倍除虫菊素+0.7%苦参碱+6000 倍有机硅混合液，后移栽。

从秧苗具 2 片真叶开始，每 10 天左右喷洒 1 次 100 倍红糖+300 倍硫酸钾镁+300 倍葡萄糖酸钙+50 倍米醋（或 50 倍发酵牛奶）+300 倍溃腐灵（或其他小檗碱类植物农药）+8000 倍 0.01%芸苔素内酯（与 600 倍植物细胞膜稳态剂交替使用）+6000 倍有机硅混合液，连续喷洒 2～3 次，增强植株抗逆性能，促使幼苗生长健壮，提高花芽分化质量，增加长柱花比例。

3. 整地与施基肥

闷棚结束后，在高垄的土面上撒肥，每亩撒施硫酸钾镁 50 千克，硅钙钾镁土壤调理剂 50 千克，优质腐熟动物粪便 5000 千克，土壤生物菌接种剂 500~1000 克，以上所有粪肥、生物菌等全部掺混入粪便中，发酵腐熟后施用。结合撒肥每亩撒施 0.7% 苦参碱 500 毫升、1.5% 除虫菊素 500 毫升。撒后随即旋耕，肥土掺混均匀，整高垄平畦，畦面宽 90 厘米、高 20 厘米，畦沟宽 50 厘米、深 20 厘米。后在畦沟内灌水，结合灌水整修畦面。

封闭采光面农膜，升温至 32℃ 左右。杂草大部分萌发后灭草，整修畦面呈 M 形双高垄畦，垄高 25 厘米，双畦面顶宽 90 厘米，畦面中心线处整修成灌水沟，沟宽 25~30 厘米、深 10 厘米，沟内铺设滴灌管。操作行呈倒梯形沟状，上宽 50 厘米，底宽 20 厘米，深 25 厘米。

4. 定植

茄子幼苗 6~8 片真叶时定植。在 M 形双高垄畦面上，宽窄行双行栽苗，畦面中心灌水沟的两侧小高垄上，按窄行距 50 厘米、宽行距 90 厘米、株距 40 厘米开挖深 10 厘米的栽植穴，穴内浇水，后放置秧苗，每亩栽苗 2300 株左右。

水渗后再在秧苗土坨上浇灌 1000 倍土壤生物菌接种剂+1000 倍植物细胞膜稳态剂混合液 100 毫升，覆土，埋严土坨，整修畦面，后开启滴灌管滴灌，浇透水。3~4 天后细致锄地，整修土垄，全面积覆盖地膜，预防水分蒸发，提高土壤温度，促进根系发达，降低设施内空气湿度，预防病害发生。

注意：室外空气温度降至 20℃ 以下时方可覆盖地膜，方法参阅本节"七、番茄"中相关内容。

5. 田间管理

（1）温度调控　定植后 5 天之内，晴日白天设施内空气温度维持在 28~30℃，夜间温度维持 16~20℃，清晨最低温度不低于 14℃；阴天温度控制在 18~20℃，清晨不低于 12℃。

5 天后，晴日白天设施内空气温度维持 28~32℃，夜间温度维持 14~20℃，清晨最低温度不低于 12℃；阴天适度通风降温，白天温度不高于 20℃，清晨不低 10℃。

开花后，晴日白天温度维持 30 ~ 35℃，夜间温度维持 16 ~ 20℃，清晨最低温度不低于 12℃；阴天白天温度不高于 20℃，清晨不低于 10℃。

进入严寒季节，晴日白天设施内空气温度尽量维持在 32 ~ 35℃，夜间温度维持 16 ~ 20℃，清晨最低温度不低于 12℃；阴天白天温度不高于 20℃，清晨不低于 10℃。

（2）肥水管理 浇灌缓苗水后，严格控制灌溉，进行蹲苗，直至所有植株的门茄全部坐稳、"瞪眼"，长至红枣大小后方可浇水。结合浇水追肥，在滴灌沟内每亩撒施 500 千克发酵腐熟动物粪便，或沼液 500 千克，或商品有机肥料 200 千克，撒肥后滴灌，浇透水。

浇水需在膜下小沟内滴灌或沟灌，严禁大水漫灌。结合浇水进行追肥。追肥分两种方式：

一是结合浇水，在沟内冲施腐熟动物粪便或沼液、沼渣等，每 10 ~ 15 天 1 次，每次每亩冲施 300 ~ 500 千克腐熟动物粪便，或沼液 500 千克，或商品生物有机肥 200 千克+硫酸钾镁 5 ~ 10 千克，或撒施糖蜜水溶性有机肥 50 ~ 100 千克，保障肥水供应，维持植株健壮，提高室内空气中的二氧化碳浓度，增强植株光合效能。

二是入冬之后，在操作行（大沟）内分期分批追施有机肥、沼渣或腐熟动物粪便，每次追施 1/5 的面积（每 5 行追施 1 行），每间隔 10 天左右进行 1 次，每次每亩施腐熟动物粪便 300 ~ 500 千克，50 天左右轮施 1 遍。整个冬季轮施 2 次左右，确保室内空气二氧化碳含量维持较高浓度，提高植株光合效能。

注意：操作行内施肥要在晴天清晨开启通风口后进行，必须做到撒粪、翻掘、覆土、浇水、盖膜同步进行，严防氨气危害作物、高湿诱发病害。

坐果后，注意经常观察滴灌沟，做到沟内保持湿润，不干地皮。浇水要在晴天清晨 5 ~ 9 时进行，应适度增加浇水次数，减少每次浇水量，控制肥水流失，防止土壤忽干忽湿和土壤板结。

（3）光照管理 经常清擦采光面农膜；后坡及后墙上部各拉设固定 1

道钢丝，张挂 200 厘米宽的反光膜，改善室内后部光照条件；及时拉放保温被，延长见光时间。

（4）适时、及时调整植株　植株长至 2 个分杈，后每个分杈再发生分杈（此时共 4 个分杈）开花至"四母顶"时，对一个分枝顶部的 2 个分杈，在花上留 2 片叶摘心，另一分枝向上继续发展，待其长至 4 个分杈时，同样对其中一组的 2 个分杈在花上留 2 叶摘心。按照此规律，每层只留 4 杈，开 4 朵花，结 3~4 个果，做到株密、枝不密，维持叶幕层的充足光照。

待株高达到 160~180 厘米时，上部的分枝全部在花上留 2 叶摘心，该组分枝上的果实全部采收后，从下部发生分杈处回剪，让早先摘心的分枝继续发展。该分枝仍然按照上述方法处理，两组分枝交替发展，坚持结果 2 年，直至第二年的 8 月上旬拔秧，高温闷棚，杀菌灭虫，轮作栽培下茬。

（5）及时吊秧　参阅本节"七、番茄"中相关内容。

（6）掀动农膜，促进土壤空气更新　每间隔 20~30 天，选晴天中午，一人在南端，一人在北端，两人共同拉紧操作行的农膜，进行掀动，促进气体更新，提高根系活性。

6. 增施二氧化碳气肥

参阅"温室有机蔬菜栽培增施二氧化碳气肥技术"。

7. 科学防治病虫害

严格执行"温室有机蔬菜栽培病虫害防治技术"。

九、辣甜椒

1. 高温闷棚，清除残留病虫害

参阅"温室有机蔬菜栽培病虫害防治技术"与"温室有机蔬菜栽培暑季高温闷棚技术"。

2. 育苗

温室栽培辣甜椒，需在 7 月初育苗，苗龄 45 天左右，长至 5~7 片真叶时定植。

（1）种子处理

① 晒种　播种前晒种 2~3 天，将其含水量降至 8%左右。

② 浸种与消毒　将种子装在尼龙纱网袋中（只装半袋，以便搅动种子），扎紧袋口，放在常温水中搓洗 5~10 分钟，去除种皮表面污物，后转入 50~55℃的热水中浸泡 25~30 分钟；再放入 500 倍高锰酸钾溶液中浸泡 5~10 分钟，消毒杀菌；然后放在 28~30℃的清水中，继续浸泡 10 小时左右；后甩净水分播种。

（2）苗床建设　苗床分为播种苗床与分苗床，都需做到"三防"：防高温、强光，防病虫危害，防雨淋涝渍。苗床建造方法同"番茄有机栽培育苗技术"。

（3）播种　每亩需秧苗 4000~4200 株，播种苗床 4 平方米。浸种消毒后的种子，掺细土 20 倍，分 3 次撒播，方法同"番茄有机栽培育苗技术"，覆土厚度 1.2~1.5 厘米，后畦面覆盖地膜，扎拱架，封闭防虫网，顶部覆盖防雨农膜，维持 25~28℃的土壤温度，促进发芽。方法参阅"主要蔬菜作物有机栽培壮苗培育技术"中的"茄果类蔬菜育苗技术"。

（4）分苗　幼苗 2 片真叶时分苗，分苗前先喷洒 300 倍溃腐灵+500 倍硫酸钾镁+100 倍红糖+8000 倍 0.01%芸苔素内酯+50 倍发酵牛奶+600 倍植物细胞膜稳态剂+800 倍大蒜油+6000 倍有机硅混合液，后起苗，栽植于 32 孔的营养盘中，或直径 8~10 厘米的营养钵内，按正方形排放于分苗床的农膜上。

如果不行分苗，可用 32 孔的营养盘放入营养基质，每穴播 2 粒种子，播种深度 1.2 厘米，覆土厚度 1.2~1.5 厘米。后将营养盘平放在分苗床上，在床底塑料农膜上浇灌深度 2 厘米左右的 1%沼液或 1%有机肥浸出液，加适量生物菌，生物菌每 10 平方米 5 克，优化基质，保障秧苗肥水供应。

（5）苗床管理

① 温度调控　出苗前，苗床温度维持在 28~30℃，高于 30℃时要遮

阳降温。

部分种子发芽、出苗后，于清晨日出前或傍晚日落后撤除地膜，白天苗床温度维持在 25～27℃，高于 30℃时，遮阳或浇灌井水降温。

分苗后，白天苗床温度维持在 25～30℃，高于 32℃时，遮阳降温。

定植前 5～7 天，苗床降温炼苗，晴日白天苗床温度维持在 20～23℃，夜晚 12～16℃。锻炼秧苗有利于提高移栽成活率，促进快速缓苗。

② 肥水管理　播种苗床苗期一般不用浇水，种子发芽后及时浇透水，此后适度控制浇水，促进发根，只要秧苗叶片在晴天中午前后不发软、不打蔫，无须浇水。叶片发软时，可在傍晚渗灌 1%沼液或 1%有机肥浸出液+500 倍硫酸钾镁。

分苗床，每 5～7 天需在床底农膜上浇灌一次 1%沼液或 1%有机肥浸出液+500 倍硫酸钾镁，保障秧苗生长发育的肥水供应。

定植前 5～7 天，苗床浇透水，营养钵内基质土块变干时移栽定植，利于土坨脱钵，不散块，根系完整。

第 2～5 片真叶展叶期间，需连续喷洒 2～3 次 100 倍红糖+8000 倍 0.01%芸苔素内酯（或 600 倍植物细胞膜稳态剂）+300 倍硫酸钾镁+50 倍发酵牛奶（或 50 倍米醋）+6000 倍有机硅混合液，促进花芽分化，提高花芽质量，增加长柱花比例。

③ 病虫害防治　分苗和栽植前，喷洒 300 倍溃腐灵（或其他小檗碱类植物农药）+600 倍植物细胞膜稳态剂+300 倍硫酸钾镁+100 倍红糖+50 倍发酵牛奶+500 倍 1.5%除虫菊素（根据虫害情况添加）+800 倍大蒜油+6000 倍有机硅混合液，预防病虫害发生。

3. 施肥与整地

闷棚之后，每亩地面均匀撒施腐熟动物粪便 5000 千克，硫酸钾镁 50 千克，硅钙钾镁土壤调理剂 50 千克。以上所有粪、肥等全部掺混均匀，用农膜封闭发酵腐熟后施用。撒肥的同时，每亩均匀喷洒 0.7%苦参碱 300～500 毫升、1.5%除虫菊素 300～500 毫升，消灭地下害虫。撒后随即旋耕，整高垄平畦，高垄畦顶宽 80 厘米，畦沟宽 40 厘米、深 20 厘米。

定植前 10 天左右，畦沟内灌透水，借助浇水修整畦面、平整畦沟至水平状，促进杂草萌发。

大部分杂草出土后锄地或旋耕灭草，整修垄畦成 M 形双高垄畦，双垄畦高 25 厘米，双垄畦面宽 80 厘米，双垄畦面的正中有深 10 厘米、宽 25 厘米的灌水沟，沟内铺设滴灌管。操作行垄沟宽 40 厘米、深 25 厘米。垄沟内再次浇水，封闭设施采光面农膜，提高土壤温度，以备定植。

4. 定植

辣甜椒苗 5～7 片真叶时定植，定植前秧苗细致喷洒 100 倍红糖+300 倍溃腐灵（或其他小檗碱类植物农药）+300 倍白僵菌+8000 倍 0.01%芸苔素内酯+600 倍植物细胞膜稳态剂+300 倍硫酸钾镁+500 倍 1.5%除虫菊素+50 倍发酵牛奶+6000 倍有机硅混合液，杀虫灭菌，提高植株营养水平，促进发根，后定植。

在垄面中心灌水沟的两侧小高垄上按窄行距 40 厘米、株距 28 厘米、宽行距 80 厘米开挖 10 厘米深的栽植穴，穴内浇水、排放秧苗，每亩栽植 4000 株左右。

穴内水分下渗后，在秧苗土坨上浇灌 1000 倍土壤生物菌接种剂+1000 倍植物细胞膜稳态剂混合液 100 毫升，用生物菌保护根系，让其不受有害菌类危害，植物细胞膜稳态剂促进发根、促苗健壮。后随即封土，埋严土坨。

注意：封埋土坨时，要细致操作，严禁用力按压根际土壤，防止秧苗的土坨散块伤及根系。栽植后，足水滴灌至部分畦面湿润。

当设施外空气温度降至 20℃以下时，全面积覆盖地膜。方法参阅本节"一、黄瓜"中相关内容。

5. 田间管理

（1）温度调控 定植后 3～5 天，晴日白天设施内空气温度维持 28～30℃，温度高于 32℃时，开启顶风口通风降温。夜间温度维持 16～20℃，清晨最低温度不低于 14℃。阴天温度控制在 18~20℃，清晨最低温度不低于 12℃。

定植 5 天之后，晴日白天棚内空气温度维持 28~33℃，夜间温度维持 14~20℃，日温高于 33℃时通风降温，清晨最低温度不低于 12℃。阴天适度通风降温，白天温度不高于 20℃，清晨最低温度不低于 10℃。

开花后，晴日白天棚内气温维持 28~33℃，夜间温度维持 16~20℃，清晨最低温度不低于 12℃。阴天白天温度不高于 20℃，清晨最低温度不低于 10℃。

进入严寒季节，晴日白天棚内空气温度维持 28~35℃，夜间温度维持 14~20℃，清晨最低温度不低于 10℃。阴天白天温度不高于 20℃，清晨最低温度不低于 10℃。

（2）肥水管理　浇灌缓苗水后，严格控制灌溉，进行蹲苗，直至门椒（第 1 个辣甜椒果实）全部坐稳后方可浇水。结合浇水追肥，在滴灌沟内每亩撒施 300~500 千克充分发酵腐熟的动物粪便或其他有机肥料、沼液、沼渣，或糖蜜水溶性有机肥 50~100 千克，撒肥后滴灌，浇透水。

此后小水勤灌，浇水需在膜下小沟内滴灌或沟灌，严禁大水漫灌。结合浇水，每 10~15 天追施 1 次肥，每次每亩撒施 300~500 千克腐熟动物粪便或沼液、沼渣，保障肥水供应，维持植株健壮；提高设施内空气中的二氧化碳浓度，增强植株光合效能。

注意：经常观察滴灌沟，做到沟内土壤维持湿润，不干地皮；浇水要在晴天清晨 5~8 时进行，适度增加灌水次数，减少浇水量，控制肥水流失，降低空气湿度，预防病害发生，防止土壤忽干忽湿和土壤板结。

（3）光照管理　经常清擦设施采光面农膜，维持其较高的透光率，改善设施内光照条件，提高植株光合效能。张挂 200 厘米宽的反光膜，改善室内后部光照条件；及时拉放保温被，延长见光时间。

（4）适时、及时调整植株　辣甜椒植株门椒坐住后，其下可发生 2~3 个 2 次分枝，每个分枝发生 2~3 叶后顶芽形成花芽，可坐果 2 个左右

（称为对椒），2次分枝上可再发4～6个3次分枝，顶部结果4个左右，称为"四母顶"。此时需针对植株生长状况，将每棵植株分成两部分。对一组2次分枝，让其继续向上发展，开花结果。对另一组分枝，长至四母顶时，对其全部3次分枝在花上留1叶摘心；果实长成、全部采收后，从下部选留1～2个萌蘖枝，萌蘖枝以上部分剪除。

留下的1组2次分枝继续向上发展，成花结果，待分枝过多时，及时、适时对一部分分枝在花上留1叶摘心，控制上部的多次分枝总量在4～6个，实现株密、枝不密，叶幕层光照充足，植株光合效能高，坐果率高。待植株长至150～160厘米高时，上部所有分枝全部在花上留1叶摘心。果实采收后，从下部选留1～2个萌蘖枝，萌蘖枝以上部分剪除，让另一组2次分枝的预留萌蘖枝继续发展，开花结果。

照此方法，利用两组分枝交替更换发展，成花结果，维持其生长结果期达250～450天，提高经济效益。

（5）及时吊秧 参阅本节"七、番茄"中相关内容。

（6）结合预防病虫害根外追肥 每10天左右喷洒1次300倍靓果安（或其他小檗碱类植物农药）+600倍植物细胞膜稳态剂+600倍硼砂+100倍红糖+300倍硫酸钾镁+300倍葡萄糖酸钙+50倍发酵牛奶（或50倍优质米醋）+8000倍0.01%芸苔素内酯+6000倍有机硅混合液，预防病害发生，增强植株抗逆性能与光合效能，促进坐果，提高坐果率，优化椒果商品品质。

（7）掀动农膜，促进土壤空气更新 参阅本节"七、番茄"中相关内容。

6. 增施二氧化碳气肥

参阅"温室有机蔬菜栽培增施二氧化碳气肥技术"。

7. 科学防治病虫害

严格执行"温室有机蔬菜栽培病虫害防治技术"。

第五章

大拱棚有机蔬菜节本高效栽培技术

一、黄瓜

1. 高温闷棚，清除残留病虫害

每年初冬11月份换茬，拔出瓜秧，就地铺设在操作行沟内，随即撒石灰面，每亩撒施石灰面50千克左右。石灰面用生石灰块制作，在整地之前，每56千克生石灰块泼洒18千克清水，用农膜封闭2~3小时，粉化成粉面状时均匀撒施地面，随即覆土埋严瓜秧，整修高土垄。结合覆垄，喷洒300倍0.7%苦参碱+300倍除虫菊素+500倍大蒜油+100倍青枯立克混合液60千克，土壤灭菌杀虫。垄高30~35厘米，垄面宽80厘米，垄沟宽40厘米、深35厘米。在垄面上打洞，覆盖150~160厘米宽的地膜，方法参阅第四章、第二节中"一、黄瓜"中相关内容。

清擦棚膜，修补破洞，严密封闭拱棚，闷棚15~20天。结合闷棚，每亩棚内点燃硫黄粉1.5~2千克，消灭棚内残存病菌和根结线虫等。

2. 整地与施基肥

大拱棚内栽培黄瓜，需1月份在温室中建中型拱棚，棚内嫁接育苗，2月份定植于大拱棚内。定植黄瓜之前15~20天，结合整地，每亩撒施硫酸钾镁50千克，硅钙钾镁土壤调理剂50千克，优质腐熟动物粪便5000

千克，土壤生物菌接种剂 500～1000 克。粪、肥、菌需事先掺混均匀，用农膜封闭，发酵腐熟后方可施用。

撒肥后随即旋耕，整高垄平畦，畦面宽 80 厘米，畦高 20 厘米，畦沟宽 40 厘米、深 20 厘米。随即在畦沟内灌水，结合灌水整修垄畦至基本水平状。后封闭设施，提温达 30～35℃。杂草大部分萌发后锄地灭草，整修土垄呈 M 形双高垄畦，双高垄畦面宽 80 厘米、高 25 厘米，畦面正中有一深 10 厘米、宽 25 厘米的灌水沟，沟底铺设滴灌管。操作行呈平底倒梯形沟状，上宽 40 厘米，底宽 20 厘米左右，深 25 厘米。

3. 培育壮苗

黄瓜在大拱棚内进行春促成栽培，需用南瓜根作砧木，嫁接津优 38 或津优 40 等抗病、丰产、优质、无限生长型黄瓜品种，培育根系发达、植株健壮的嫁接苗。幼苗 3～4 片真叶时定植于棚内。嫁接育苗时间：1 月上中旬育苗，2 月份定植，霜冻来临前拉秧。

嫁接育苗方法：参阅第三章"一、瓜类蔬菜嫁接育苗技术"。

4. 定植

定植前，先在畦沟内灌足水造墒，结合灌溉，整修畦垄，平整滴灌畦沟。封闭大棚，维持土壤温度 15～25℃，定植。

在 M 形高垄畦的 2 条小高垄上，按窄行距 40 厘米、宽行距 80 厘米、株距 25～27 厘米开挖 10 厘米深的栽植穴，穴内浇水，排放秧苗，每亩栽苗 4100～4200 株。

穴内水分下渗后，每穴再浇灌 1000 倍土壤生物菌接种剂+1000 倍植物细胞膜稳态剂混合液 100 毫升，利用有益生物菌保护根系，使其不受有害菌类危害；植物细胞膜稳态剂提高植株抗逆性能，促进快速生根，快速缓苗，秧苗根系发达、健壮。

在 11～15 点间，穴内土壤温度提高后覆土封埋土坨。注意严禁用力按压根际土壤，预防土坨散块、土壤板结伤及根系。

瓜苗覆土封穴后，随即全面积覆盖地膜，覆盖方法参阅第四章、第二节中"一、黄瓜"中相关内容，封闭滴灌沟和双高垄内半边土面。

5. 棚内田间管理

（1）光照管理　经常清擦棚膜，改善棚内光照条件，提高植株光合效能。

（2）搭建小拱棚　定植后，随即在 M 形土垄的外沿处扎钢丝或竹片搭建小拱棚架，并在下午 1 点时提前关闭通风口，减缓棚内降温，维持棚内较高气温；晚上日落前半小时左右在拱架上覆盖银色无纺布保温，维持夜间小拱棚内气温 12℃以上，20 厘米表层土壤温度 15℃以上，保护秧苗不受低温危害。3 月中下旬外棚内夜间空气温度稳定在 10℃以上时，撤掉小棚拱架，随即吊秧。

（3）科学调控棚内空气的温湿度　定植后 5 天之内，晴日白天棚内空气温度维持 28～30℃，夜间小棚内空气温度尽量维持 15～20℃，清晨最低温度不低于 10℃；阴天需适度开启通风口，调控棚内空气温度在 18℃左右，清晨不低于 8℃。

5 天后，晴日白天棚内温度维持 28～33℃，夜间温度维持 16～18℃，清晨最低温度不低于 10℃；阴天适度通风排湿，白天温度不高于 20℃，清晨不低于 8℃。

开花后，晴日白天温度维持 32～35℃，空气温度达 35℃时，需及时、适时开启通风口，夜间温度维持 16～18℃，清晨最低温度不低于 10℃；阴天白天温度 18℃左右，清晨不低于 8℃。

（4）搭建吊瓜支架，吊挂瓜秧　小拱棚撤掉后，立即在每条 M 形土垄上搭建吊瓜支架，吊挂瓜秧。

方法：用长 220 厘米、直径 5～6 厘米的竹竿、木棍或铁管，垂直夯插入瓜行外 10 厘米处的土壤中，同一 M 形高垄的两行支架东西向相距 60 厘米，并排垂直站立。支架插入深度 30 厘米，地上留有 190 厘米，南北向呈直线排列，间距 300 厘米，顶端高度处于同一直线。

南北两端的立柱用竹竿或木棍下端斜插入土，底端垫砖稳固，上端斜撑、绑缚固定在两端的立柱上，预防拉钢丝时立柱向内倾斜。

后在两根并列的支架顶端 5 厘米处，绑缚长 80 厘米、横径 3～4 厘米的木棍，绑缚后使之呈水平状，将两根支架联结成一体。再用 2 根长 40 厘米的细木棍，将其上端用细铁丝绑缚，分别固定在水平木棍的两端处，下端分别固定在 2 条垂直站立的支架上，组成 2 个三角形，稳固支架。

后在水平木棍上并排拉设 2 道细钢丝，其东西间距 35 厘米，两端拉紧后再用细铁丝固定在水平木棍上。后在细钢丝上拴系吊瓜线，随即吊秧。

结合吊秧，摘除嫁接夹，剪断相互缠绕的卷须。吊秧方法同第四章、第二节中"一、黄瓜"中相关内容。

（5）肥水管理 浇过缓苗水后，适度控制浇水，让土壤见干见湿，促使根系发达。

注意观察瓜头叶片色泽，若发现少量植株生长点处叶片色泽深于下部叶片，则是植株缺水，可于清晨滴灌 50 分钟左右（每亩滴水 4～5 立方米），维持瓜秧水分正常供应。

瓜秧开始结瓜、根瓜坐稳之后，需适度增加灌水频率与灌水量，不得出现瓜头叶片颜色深于下部叶片的现象。

浇水要选晴天清晨在膜下小沟内滴灌或沟灌，要小水勤灌，严禁大水漫灌，并要做到"三看"，即看秧、看地、看天气，以决定是否浇水。要特别注意植株生长点处叶片色泽，维持瓜秧嫩绿，如果生长点处叶片色泽深于中下部叶片，则植株缺水，必须及时滴灌。严禁阴天与上午 9 点以后浇水。

注意观察灌水沟，保持沟底土壤湿润；适度提高灌水频率，防止土壤忽干忽湿；适度减少每次灌水量，控制肥水流失，预防土壤板结。

根瓜坐稳后，结合浇水，在灌水沟内撒施腐熟动物粪便或沼液、沼渣，每 10～15 天施 1 次肥，每次每亩撒施腐熟动物粪便 500 千克左右，或撒施糖蜜水溶性有机肥 50～100 千克，保障肥水供应，维持瓜秧健壮，提高设施内空气二氧化碳浓度，增强植株光合效能，提高产量。

（6）严格调控生殖生长与营养生长的矛盾

① 维持生长点嫩绿，叶片大小适中，叶节间距 10～12 厘米，开放雌花节位在上部 5～6 节（距离生长点 50 厘米左右）处，雌花下垂开放；成瓜节位在 10～12 节（距离生长点 100 厘米）左右处。若雌花开花节位少于 5 节、离生长点距离少于 50 厘米，成瓜节位少于 10 节、离生长点距离小于 90 厘米，表明瓜秧开始变弱，应加强肥水管理，并适度摘除生长点部位的雌花，并提前采瓜；注意疏除过多幼瓜，减少负载量。同时提高夜温至 20℃左右，并结合防病用药，根外喷洒 300 倍溃腐灵（或其他小檗碱类植物农药）+300 倍硫酸钾镁+50 倍发酵牛奶+50 倍优质米醋+300 倍葡萄糖酸钙+600 倍植物细胞膜稳态剂+8000 倍 0.01%芸苔素内酯+6000 倍有机硅混合液，提高营养水平，维持瓜秧健壮，促进植株生长，提高结瓜率。

若雌花开花节位离瓜头距离达 60 厘米以上且多于 7 节，成瓜节位多于 13 节且离生长点的距离大于 110 厘米，则是瓜秧营养生长偏旺，应适度减少浇水，降低夜温，并适当推迟采瓜，增加坐瓜数量，以瓜坠秧，维持平衡。

② 摘除多余雌花。壮秧每 3 节选留 2～3 瓜，瓜秧衰弱时，可隔节或隔 2～3 节留 1 瓜，其余雌花及幼瓜及早疏除；特别那些尖嘴瓜、细腰瓜、大头瓜、弯瓜，要在坐瓜初期及时摘除，减少负载量与营养消耗，促进营养生长，改善瓜条质量与品相，提高商品率。

（7）调整瓜秧　吊秧后，让瓜秧呈"S"形、弯曲向上延伸生长；维持瓜头下有 14～16 节壮叶。定期摘除基部老叶，维持叶片健壮，减少营养消耗。每次摘叶后随即喷洒溃腐灵（或其他小檗碱类植物农药），预防病害发生，后落秧。

落秧必须在晴天 10～16 点间进行，要通过放落滑轮或缠线器上的吊瓜线将瓜秧适度下落，落下的瓜秧呈直径 25 厘米左右的圆弧形摆放在瓜垄地膜上。

不必摘除卷须。注意防止瓜须缠绕到邻近的吊瓜绳上,发生时需及时调整。

瓜秧主蔓叶腋间萌发的杈子不再摘除,留 1 瓜 1 叶摘心,让瓜杈结瓜,利于壮秧高产。

(8)加强根外追肥 结合预防病虫害,每 7～10 天喷施 1 次 300 倍靓果安(或其他小檗碱类植物农药)+300 倍硫酸钾镁+300 倍葡萄糖酸钙+50 倍发酵牛奶(或 100 倍红糖,或 50 倍优质米醋)+600 倍植物细胞膜稳态剂(或 8000 倍 0.01%芸苔素内酯)+6000 倍有机硅混合液。及时补充营养,提高植株自身抗逆性能,促进植株健壮,提高结瓜率,改善瓜条品相。

(9)增施二氧化碳气肥 参阅"温室有机蔬菜栽培增施二氧化碳气肥技术"。

(10)掀动农膜 方法参阅第四章、第二节中"一、黄瓜"中相关内容。

6. 适时采收

每根黄瓜重量达 200～230 克时采收,不得让单瓜重超过 250 克。采收应在清晨进行,细致查找,不要落下该采收的成品瓜,预防瓜条老化失去商品价值,诱发植株衰弱。

7. 科学防治病虫害

参照执行第四章、第一节中"六、温室有机蔬菜栽培病虫害防治技术"。

二、西瓜

1. 栽培季节

因大拱棚保温条件所限,棚内栽培西瓜一般多作春促成栽培,也可作秋延迟栽培。

春促成栽培,多在 1 月份育苗,2 月份定植, 4～5 月份收获,二茬瓜 5～6 月份收获。

秋延迟栽培,多在 8～9 月份育苗,9～10 月份定植,11～12 月份收获。

2. 施肥与整地

结合整地，每亩施腐熟动物粪便1000~2000千克，硫酸钾镁20千克，硅钙钾镁土壤调理剂20千克，土壤生物菌接种剂500克，各种肥料和生物菌等需全部掺混入动物粪便中，发酵腐熟后均匀撒施地面，后深耕25~30厘米，随即旋耕细耙，整M形双高垄畦。双高垄畦面宽100厘米，中间开挖宽40厘米、深15厘米的滴灌沟，沟内铺设滴灌管。两条双高垄畦面之间是深25厘米、宽50厘米的操作行。

3. 西瓜春促成有机栽培技术

（1）选用早熟优良品种　可选东研金童、少籽红牡丹、东研900、少籽黑美人、蜜童等。

（2）培育壮苗　参阅第三章"一、瓜类蔬菜嫁接育苗技术"。

（3）造墒灭草　1月底至2月中旬，秧苗3片真叶时定植。定植之前15天左右，土壤灌足水，室内升温至32~35℃，促进杂草萌发，大部分杂草萌发后除草，修整畦面，定植。

（4）定植　在双高垄的两条畦垄上，按窄行距60厘米、株距45~50厘米、宽行距90厘米开挖10厘米深的定植穴，穴内灌足水，水渗至半穴时，放入带有土坨的秧苗，轻轻按压土坨，让土坨顶部平面和垄面同高，水渗后再在土坨上浇灌1000倍土壤生物菌接种剂+1000倍植物细胞膜稳态剂混合液100毫升，待穴内土壤温度提高后封土埋严土坨。注意：不得用手按压根际土壤，预防土壤板结和散坨伤根。

（5）覆盖地膜　窄行用60厘米宽的地膜覆盖，操作行用140厘米宽的旧农膜覆盖，地膜全面积封闭土壤地面。覆盖方法参阅第四章、第二节"一、黄瓜"中相关内容。

（6）定植后管理

① 搭建小拱棚　每双行瓜苗，用长240~250厘米的粗钢丝两端插入地下，搭建宽100厘米、高50~60厘米的小拱棚架，晚上日落前30分钟左右在拱架上覆盖160厘米宽的不透明无纺布或镀银无纺布保温，清

晨日出时揭去，让瓜苗见阳光。夜间空气最低温度稳定在 10℃时及时撤除拱架，随即搭建吊秧支架，及时吊秧。

② 温度调控　定植后 5 天左右，棚内空气温度，晴日白天维持 25～30℃，不得高于 32℃，夜晚小棚内空气温度维持 15～20℃，阴天维持 12～20℃。缓苗之后，晴日白天棚内空气温度维持 25～32℃，夜晚温度维持 12～18℃，阴天维持 10～18℃。坐瓜之后，晴日白天棚内空气温度维持 28～35℃，夜晚温度维持 12～18℃，不得低于 10℃，阴天维持 10～18℃。

③ 瓜秧调整　瓜秧主蔓长至 5 叶时摘心，促发 1 次副蔓，所发的副蔓选留 4～5 条壮蔓留下，其余弱小者抹除。1 次副蔓再发 2 次副蔓，除结瓜节位处的 2 次副蔓留下，其余 2 次副蔓及早梳除，幼瓜坐稳后，无须再抹芽打杈。

④ 吊秧　在畦面上部的吊秧钢丝上拴系吊瓜绳，每株均匀拴系 3 根，待 1 次副蔓长至 6 片真叶时，每株瓜秧选 3 条生长势同等、叶片数量相等的副蔓缠绕于吊瓜绳上，让其在空中向上发展。注意所吊瓜秧应尽量调整呈"S"形延伸，其生长点高度一致。另 1～2 条 1 次副蔓在畦面上继续生长延伸，待地面基本封闭时，摘除生长点。

·⑤ 人工授粉　第 2～3 雌花开放时进行，上午 7 点后、10 点前从旁边一株瓜秧上摘取雄花，用其雄蕊涂抹正开放的雌花花蕊。每株瓜秧，1 次性授粉同一天开放的雌花 2～3 朵，幼瓜长至鸡蛋大小时，挑选 2 个子房较长大、瓜形圆正、瓜皮色泽明亮的留下，其他幼瓜及早摘除，每株留双瓜。授粉时，每朵雄花只授 1 朵雌花，要反复涂抹 2 次，确保授粉完全，不出现畸形瓜。

如果瓜秧过旺，为保障坐瓜，授粉的同时需在距离生长点 20 厘米处捏扁瓜秧，不可捏断，出水即可，破坏其输导组织，减少营养向生长点运输，确保坐瓜。

⑥ 肥水管理　主蔓摘心后，需在 M 形瓜垄的滴灌沟内灌水，促进快速发生 1 次副蔓，刺激副蔓快速生长。

授粉之前，需在 M 形土垄之间的操作行沟内追肥，每亩撒施糖蜜水溶性有机肥 50～100 千克，或撒施腐熟动物粪便 2000 千克+硫酸钾镁 15 千克+硅钙钾镁土壤调理剂 30 千克（注意：粪肥必须掺加生物菌，发酵腐熟后方可施用）。撒粪后，浅翻瓜沟，让肥土掺混均匀。注意：追肥后先不要浇水，以免刺激瓜秧旺长，影响坐瓜。待幼瓜坐稳、长至鸡蛋大小时，再在操作行瓜沟内浇足水，后每间隔 7～10 天浇灌 1 次。要实行滴灌沟与操作行沟交替浇水，连续浇灌 2～3 次。采收前 1 周停止灌溉。

注意根外追肥，结合防病，每 7～10 天喷洒 1 次 300 倍溃腐灵（或其他小檗碱类植物农药）+300 倍硫酸钾镁（或 30～50 倍草木灰浸出液）+300 倍葡萄糖酸钙+50 倍发酵牛奶（或 50 倍米醋）+8000 倍 0.01%芸苔素内酯+800 倍植物细胞膜稳态剂（注意：授粉前后至幼瓜长至鸭蛋大小时严禁喷洒，预防产生畸形瓜）+6000 倍有机硅混合液，采收前 10 天停止。

⑦ 二茬瓜生产技术　一茬瓜采收前 10～15 天对瓜秧上部瓜杈上开放的雌花进行人工授粉，坐二茬瓜，后每株选留 2 个瓜形正、生长健壮的幼瓜，培育二茬瓜。

生产二茬瓜，必须继续加强肥水管理，维持瓜秧健壮，严禁乱踏瓜秧。二茬瓜坐稳后，仍需根外追肥，并结合灌溉，沟内冲施充分腐熟的动物粪便 500 千克+硫酸钾镁 20 千克，或沼液（或沼渣）500 千克+硫酸钾镁 20 千克。

4. 西瓜秋延迟有机栽培技术

（1）选用抗病、丰产、适应性强的优良品种　蜜龙、少籽黑美人、东研 9、85-24、粤 89-1 等。

（2）培育壮苗　参阅第三章"一、瓜类蔬菜嫁接育苗技术"。

（3）田间管理　除草、定植、覆地膜、定植后管理参阅"3.西瓜春促成有机栽培技术"。

5. 病虫害防治与根外追肥

① 参照执行第四章、第一节中"六、温室有机蔬菜栽培病虫害防治

技术"。

② 瓜秧 2 片真叶时，喷洒 8000 倍 0.01%芸苔素内酯+600 倍植物细胞膜稳态剂+1000 倍大蒜油+100 倍红糖+300 倍硫酸钾镁+300 倍葡萄糖酸钙+300 倍靓果安+500 倍 1.5%除虫菊素+500 倍 0.7%苦参碱+6000 倍有机硅混合液，促进花芽分化，预防病害和蚜虫危害。

③ 授粉之前 2～3 天，及时、适时喷洒 100 倍红糖+8000 倍 0.01%芸苔素内酯+800 倍速溶硼+15000 倍复硝酚钠+300 倍靓果安(或其他小檗碱类植物农药)+300 倍硫酸钾镁+300 倍葡萄糖酸钙+6000 倍有机硅混合液，促进雌花子房膨大和坐瓜。

④ 授粉后 3 天左右，西瓜长至红枣大小时，再次喷洒 8000 倍 0.01%芸苔素内酯+100 倍红糖+300 倍葡萄糖酸钙+300 倍硫酸钾镁+15000 倍复硝酚钠+6000 倍有机硅混合液，促进幼瓜细胞分裂，促长大瓜。

⑤ 幼瓜长至鸭蛋大小之后，喷洒 1000 倍植物细胞膜稳态剂+300 倍硫酸钾镁+300 倍葡萄糖酸钙+300 倍溃腐灵（或其他小檗碱类植物农药）+6000 倍有机硅混合液。

⑥ 此后每次下大雨之前，需喷洒 1 次 200 倍等量式波尔多液（或雨后及时喷洒 300 倍溃腐灵等小檗碱类植物农药）+6000 倍有机硅+300 倍硫酸钾镁混合液，预防病害发生，促进幼瓜膨大，优化品质。

三、厚皮甜瓜

1. 栽培季节

大拱棚栽培厚皮甜瓜，因其保温条件所限，结合全国厚皮甜瓜生产、销售形势，以春促成栽培和秋延迟栽培效益较高。

春促成栽培，一般在 12 月份利用温室育苗，1 月下旬在大拱棚内定植，定植后增设中小拱棚，晚上中小拱棚覆盖不透明无纺布保温，可实现 3～4 月份收获，二茬瓜 5 月份收获。

秋延迟栽培, 7 月中旬至 8 月中旬育苗, 8～9 月份定植, 11～12 月份收获。

2. 施肥与整地

结合整地, 每亩施腐熟动物粪便 2000～3000 千克, 硫酸钾镁 40 千克, 硅钙钾镁土壤调理剂 40 千克 (或钙肥 30～50 千克, 若为酸性土壤, 需用石灰块 30～50 千克, 若为碱性土壤, 用石膏 30 千克+硫酸镁 20 千克+硫酸亚铁 5 千克+硼砂 2 千克), 土壤生物菌接种剂 500～1000 克。各种肥料和生物菌剂需全部掺混入动物粪便中, 发酵腐熟后均匀撒施地面, 后深耕 25～30 厘米, 旋耕细耙, 整 M 形双高垄畦。双高垄畦面宽 100 厘米, 中间开挖宽 40 厘米、深 15 厘米的滴灌沟, 沟内铺设滴灌管。M 形双高垄畦之间是深 25 厘米、宽 50 厘米的操作行。

3. 春促成有机栽培技术

（1）选种　选用早熟、优质、抗逆性强的优良品种。

（2）培育壮苗　参阅第三章"一、瓜类蔬菜嫁接育苗技术"。

（3）造墒灭草　1 月底至 2 月初, 秧苗 3～4 片真叶时定植。定植之前 15 天左右, 操作行沟内灌足水, 封闭大棚, 棚内空气温度升至 32℃左右, 促进杂草萌发, 大部分杂草萌发后, 锄地除草, 修整垄畦, 后定植。

（4）定植　在 M 形垄畦的两条小高垄畦面上, 按窄行距 60 厘米、株距 45～50 厘米、宽行距 90 厘米开挖深 10 厘米的定植穴, 穴内灌足水, 水渗至半穴时, 放入带有土坨的秧苗, 轻轻按压土坨, 让土坨顶部平面和垄面同高。水渗后再在土坨上浇灌 1000 倍植物细胞膜稳态剂+1000 倍土壤生物菌接种剂混合液 100 毫升, 穴内土壤增温后覆土封埋栽植穴。注意: 不得用手按压根际土壤, 预防根际土壤板结、散坨伤及根系。

（5）覆盖地膜　全面积覆盖地膜, 窄行用 60 厘米宽地膜覆盖, 操作行用旧农膜覆盖。覆盖方法参阅第四章、第二节"一、黄瓜"中相关内容。

（6）定植后管理

① 搭建小拱棚 每双行瓜苗，用长 240～250 厘米的粗钢丝两端插入地下，搭建宽 100 厘米、高 50～60 厘米的小拱棚架，晚上日落前 30 分钟左右在拱架上覆盖 160 厘米宽的不透明无纺布或镀银无纺布保温，清晨日出时揭去，让瓜苗见阳光。夜间棚内空气最低温度稳定在 8～10℃时及时撤除拱架，随即搭建吊秧支架，及时吊秧。

② 温度调控 定植后缓苗 5 天左右，棚内空气温度白天维持 25～28℃，不得高于 32℃，夜晚温度维持 15～20℃，阴天维持 10～20℃。缓苗之后，晴日白天棚内气温维持 25～32℃，夜晚维持 10～20℃，阴天维持 10～20℃。坐瓜之后，晴日白天棚内气温维持 28～35℃，夜晚维持 12～20℃，阴天维持 10～18℃。

③ 整枝 瓜秧主蔓长至 4～5 叶时摘心，促发 1 次副蔓（子蔓），所发副蔓选留 4 条壮蔓，其余弱小者抹除，1 次副蔓再发 2 次副蔓（孙蔓），基部第 11 节以下各节所发副蔓全部及早摘除。第 11 节位以上所发副蔓暂时留下，待其开花、授粉、坐瓜后，每条 1 次副蔓选留 1 个瓜形圆整、色泽明亮的幼瓜，瓜后留 1 叶摘心，其余副蔓梳除。幼瓜坐稳、长至鸭蛋大小后，不再抹芽。

④ 吊秧 在畦面上部吊秧钢丝上拴系吊瓜绳，每株均匀拴系 3 根，待撤掉小拱棚、副蔓长至 6～8 片真叶时，每株瓜秧选 3 条生长势同等、叶片数量相等的副蔓缠绕于吊瓜绳上，让其在空中延伸，向上发展。注意所吊瓜秧需呈 "S" 状向上延伸，调整其生长点高度一致。另外 1～2 条副蔓在畦面上继续生长延伸，待地面基本封闭时，摘除生长点。

⑤ 人工授粉 子蔓结瓜的品种，第 12～15 节处的雌花开放时，于上午 8～11 点进行授粉；孙蔓结瓜的品种，该节位所发生的副蔓，其上生长的雌花开放时，于上午 8～11 点进行授粉。方法：从旁边一株瓜秧上摘取雄花，用其雄蕊涂抹正开放的雌花花蕊。每株瓜秧，一次性授粉同一天开放的雌花 3 朵，每株坐瓜 3 个，幼瓜长至鸭蛋大小时疏除较小瓜、畸形瓜，

选留 2 个瓜形正、色泽明亮、长势好的幼瓜，其他幼瓜摘除，每株留双瓜。

授粉时，每朵雄花只授粉 1 朵雌花，要涂抹 2~3 次，确保授粉完全，不出现畸形瓜。

如果瓜秧过旺，为保障坐瓜，授粉的同时需在距离生长点 20 厘米处捏扁瓜秧，不可捏断，出水即可，破坏其输导组织，减少营养向生长点运输，促进坐瓜和幼瓜膨大；或在主蔓离开地面高 10 厘米左右处，用 2 根竹质牙签交叉扎入茎蔓中，抑制植株营养生长，促进坐瓜与幼瓜膨大。

⑥ 肥水管理　瓜秧摘心之后，随即滴灌浇水，刺激 1 次副蔓快速发生，并加速新蔓生长。

授粉之前，在操作行瓜沟内追肥，每亩撒施糖蜜水溶性有机肥 50~100 千克，或撒施腐熟动物粪便 1000 千克+硫酸钾镁 30 千克+硅钙钾镁土壤调理剂 30 千克（注意：粪肥必须掺加生物菌并搅拌均匀，发酵腐熟后方可施用）。撒肥后，仔细浅刨瓜沟，让肥土掺混均匀。注意：追肥后不要马上浇水，以免刺激瓜秧旺长，影响坐瓜。待幼瓜坐稳、长至核桃大小时，再在瓜沟内灌足水，此后每间隔 7~10 天浇灌 1 次水。浇水需滴灌与操作行沟灌交互进行，连续 3~4 次。结合浇水，沟内冲施沼液 500 千克，或海藻有机肥 100 千克+硫酸钾镁 20 千克，或腐熟动物粪便 300~500 千克+黄腐酸钾 30 千克，或糖蜜水溶性有机肥 100 千克。采收前 10 天停止灌溉。

根外追肥：开花前 3~4 天，需及时、适时喷洒 600 倍植物细胞膜稳态剂+8000 倍 0.01%芸苔素内酯+15000 倍复硝酚钠+600 倍硼砂+100 倍红糖+300 倍葡萄糖酸钙+300 倍溃腐灵（或其他小檗碱类植物农药）+50 倍发酵牛奶+300 倍硫酸钾镁+6000 倍有机硅混合液，促进雌花子房细胞分裂，提高坐瓜率。

授粉后 3~5 天需及时喷洒 8000 倍 0.01%芸苔素内酯+100 倍红糖+300 倍溃腐灵（或其他小檗碱类植物农药）+50 倍发酵牛奶+300 倍硫酸钾镁+300 倍葡萄糖酸钙+6000 倍有机硅混合液，增强幼瓜细胞分裂，促进幼瓜快速膨大。

此后每 7～10 天喷洒 1 次 300 倍硫酸钾镁+300 倍葡萄糖酸钙+50 倍发酵牛奶+1000 倍植物细胞膜稳态剂+6000 倍有机硅混合液（注意：植物细胞膜稳态剂必须在幼瓜长至鸭蛋大时方可喷洒），增强植株光合效能，提高植株抗逆性，促进幼瓜迅速膨大、优质高产。采收前 7 天停止喷洒。

⑦　二茬瓜生产技术

一茬瓜采收前 10～15 天，对瓜秧上部副蔓开放的雌花进行授粉，促其坐瓜，后每株选留 2 个瓜形正、色泽明亮、生长健壮的幼瓜，培育二茬瓜，其他幼瓜摘除。

二茬瓜坐稳后，仍需根外追肥，结合灌溉，操作行沟内冲施充分腐熟的动物粪便 300 千克+20 千克硫酸钾镁，或沼液（或沼渣）500 千克+20 千克硫酸钾镁，或糖蜜水溶性有机肥 100 千克。

4. 秋延迟有机栽培技术

（1）选种　选用抗病、丰产、适应性强的优良品种。

（2）培育壮苗　参阅第三章"一、瓜类蔬菜嫁接育苗技术"。

（3）定植　8 月中下旬至 9 月初定植，栽植方法同"厚皮甜瓜春促成有机栽培技术"。

（4）田间管理　参阅"厚皮甜瓜春促成有机栽培技术"，要特别注意通风、降温、防雨淋。

5. 病虫害防治

①　参照执行第四章、第一节中"六、温室有机蔬菜栽培病虫害防治技术"。

②　瓜秧 2 片真叶时，喷洒 1000 倍大蒜油+8000 倍 0.01%芸苔素内酯+600 倍植物细胞膜稳态剂+100 倍红糖+500 倍硫酸钾镁+300 倍靓果安（或其他小檗碱类植物农药）+500 倍 1.5%除虫菊素+500 倍 0.7%苦参碱+6000 倍有机硅混合液，促进花芽分化，预防病害和蚜虫危害。

③　定植后及时喷洒 800 倍植物细胞膜稳态剂+15000 倍复硝酚钠+300

倍硫酸钾镁+300 倍葡萄糖酸钙+300 倍溃腐灵（或其他小檗碱类植物农药）+6000 倍有机硅混合液，连续 2 次，预防病害发生。

④ 幼瓜长至鸭蛋大小之后，每 7～10 天喷洒 1 次 300 倍溃腐灵（或其他小檗碱类植物农药）+300 倍硫酸钾镁+300 倍葡萄糖酸钙+800 倍植物细胞膜稳态剂+50 倍发酵牛奶+6000 倍有机硅混合液，提高植株抗逆性，增强叶片光合效能，促进果实膨大，优化果实商品品质。

⑤ 每次下雨之前，喷洒 1 次 200 倍等量式波尔多液+6000 倍有机硅+300 倍硫酸钾镁混合液，预防病害发生。采收前 10 天停止喷洒。

四、丝瓜

1. 高温闷棚，清除残留病虫害

方法参阅"温室有机蔬菜栽培病虫害防治技术"与"温室有机蔬菜栽培暑季高温闷棚技术"。

2. 栽培季节

丝瓜喜热、耐热、耐湿，在短日照、大温差条件下，花芽多分化雌花。南方拱棚栽培丝瓜，需在 12 月至翌年 1 月份短日照条件下育苗，2～3 月份定植，11 月份拉秧，持续结瓜时间可长达 200 天以上。北方大拱棚栽培，需于 1 月份在温室内建暖床育苗，2 月下旬定植于大拱棚内，随即搭建小拱棚，夜晚覆盖无纺布保温，棚内最低气温稳定在 10℃以上时，撤除小拱棚，搭建吊瓜架，吊秧上架，开花结瓜，11 月前后，棚内最低气温降至 8℃左右时拉秧。

3. 培育壮苗

参阅第三章"一、瓜类蔬菜嫁接育苗技术"。

4. 整地与施基肥

闷棚结束，随即在高垄土面上撒肥，每亩撒施生物菌有机肥 5000 千克（用硫酸钾镁 50 千克，硅钙钾镁土壤调理剂 50 千克，优质腐熟动物粪便 5000 千克，土壤生物菌接种剂 500~1000 克，搅拌均匀，发酵腐熟）。撒肥后随即旋耕，整高垄平畦，畦面宽 90 厘米、高 20 厘米，畦沟宽 50 厘米、深 20 厘米。后在畦沟内灌水，结合灌水整平畦面。封闭设施膜，升温至 30~32℃，杂草大部分萌发后锄地灭草，修整垄畦成 M 形双高垄畦。双高垄畦面宽 90 厘米、高 25 厘米，畦面正中有一深 15 厘米、宽 30 厘米的灌水沟，沟底铺设滴灌管。操作行呈倒梯形沟状，上宽 50 厘米，深 25 厘米。

5. 定植

在 M 形双高垄畦的 2 条小高垄上，按窄行距 50 厘米、株距 50 厘米、宽行距 90 厘米开挖 10 厘米深的栽植穴，穴内浇水，排放秧苗，每亩栽苗 1900 株左右。

穴内水分下渗后，再浇灌 1000 倍土壤生物菌接种剂+1000 倍植物细胞膜稳态剂混合液 100 毫升，利用生物菌保护根系，使其不受有害菌类危害，细胞膜稳态剂促进发根，快速缓苗发棵。穴温升高后覆土封穴。封穴时严禁用力按压根际土壤，防止秧苗土坨散块伤及根系。

整修垄畦，覆盖地膜：在窄行内滴灌沟的上方，东西向摆放撑杆，撑杆可选用玉米秆、细树枝、细竹竿等，长 50~60 厘米，南北向每间隔 50 厘米摆放一条，后在灌水沟上方中心线处从南到北拉细绳，绳子两头拴系于木橛上，拉紧后将木橛插入南北两端的土壤中，固定绳子，然后在架面上覆盖地膜，地膜宽 50 厘米，拉开伸展，封闭滴灌沟和双高垄内半边垄畦面。

操作沟、宽行用更换下来的旧棚膜，剪成宽 130 厘米的条幅，将操作行沟底、土垄外半边垄面全面封闭。

6. 定植后管理

（1）搭建小拱棚支架　搭建方法参阅本章"一、黄瓜"中相关内容。夜晚拱架上覆盖银色不透明无纺布，加强秧苗保温，维持小拱棚内夜间空气温度10℃以上。大拱棚内夜间最低空气温度稳定在10℃后，及时撤掉小拱棚拱架，搭建吊秧支架，随即吊秧。

（2）瓜秧调整　丝瓜主蔓与侧蔓都能结瓜，主蔓多在第10～12节发生雌花，侧蔓雌花节位较低。故瓜秧4～5叶摘心，促发强壮侧蔓结瓜。侧蔓应选留3条，各自吊秧。吊秧方法同温室丝瓜栽培。

再发2次侧蔓，需及时摘除。同时，要注意及时摘除过多的雄花序，一般每3～4节保留一雄花序即可，防止雄花过多，消耗有机养分，影响结瓜。

雌花过密，同样不利于产量的提高，也应及早适当疏除，减少养分消耗。

丝瓜架面高度应维持在180厘米左右，需及时、适时落秧。每次落秧时，要结合落秧，摘除基部老叶、黄叶，减少养分消耗，改善叶幕层光照条件，降低棚内空气湿度。

（3）光照管理　经常清擦棚膜，改善棚内光照条件。

（4）科学调控温度　定植后5天之内，晴日白天棚内空气温度维持28～30℃，夜间小拱棚内空气温度维持12～20℃，清晨最低温度不低于10℃。定植5天后，晴日白天棚内空气温度维持28～33℃，夜间小拱棚内空气温度维持12～20℃，清晨最低温度不低于10℃。阴天适度通风排湿，白天温度不高于18℃，清晨最低气温不低于10℃。

开花后，晴日白天温度维持32～35℃，夜间温度维持16～20℃，清晨棚内空气最低温度不低于10℃；阴天白天温度不高于20℃，清晨棚内最低气温不低于10℃。

（5）肥水管理　丝瓜主蔓摘心后，可启动滴灌管小水滴灌，刺激子蔓发生。此后坐瓜之前，一般不浇水、不追肥，控制瓜秧旺长，促进根系发达。待植株幼瓜全部坐齐、坐稳，平均长至10～15厘米长时，开始浇水，第二条瓜坐稳之后，适度增加浇水频率，维持土壤湿润。浇水要晴天清晨在膜下滴灌沟内滴灌，小水勤浇，严禁大水漫灌。

结合浇水，每10～15天追施1次肥。每次每亩在滴灌沟内撒施腐熟动物粪便500千克（粪便必须掺加生物菌200克+硫酸钾镁10千克+海藻有机肥20千克，搅拌均匀，发酵腐熟后施用），或沼液、沼渣500千克，或糖蜜水溶性有机肥100千克，保障肥水供应，维持瓜秧生长健壮，提高棚内空气的二氧化碳浓度，增强叶片光合效能。

若丝瓜营养生长过旺，可适度减少浇水次数与浇水量，或在主蔓基部交叉扎入竹签2根左右，防止瓜秧旺长。

（6）人工授粉，促进坐瓜　雌花开放以后，于每天早晨7~10点进行人工授粉，确保坐瓜。方法：从旁边植株上摘1朵雄花，将其雄蕊在雌花花蕊上轻轻点擦，将其花粉抹在雌花柱头上；或棚内放蜂，保障授粉受精，促进坐瓜。

（7）根外喷肥　丝瓜定植后，为促进瓜秧加速生长，提高产量，应加强根外追肥。

根外追肥可结合防病进行。定植后立即喷一次300倍靓果安（或溃腐灵等其他小檗碱类植物农药）+100倍红糖+8000倍0.01%芸苔素内酯+600倍植物细胞膜稳态剂+50倍发酵牛奶（或50倍食醋）+5%沼液+300倍硫酸钾镁+300倍葡萄糖酸钙+6000倍有机硅混合液。后每间隔10天左右喷洒1次，提高丝瓜营养水平和光合效能，增强植株抗逆性，促进坐瓜，预防病害发生。

（8）增施二氧化碳气肥　参阅"温室有机蔬菜栽培增施二氧化碳气肥技术"。

（9）掀动农膜，促进土壤空气更新　每间隔20天左右，选晴天中午，一人在南端，一人在北端，两人共同拉紧操作行的农膜，逐段进行掀动，促进土壤气体更新，增强根系活性。

7. 采收

丝瓜采瓜时，所采的瓜既不可过嫩，也不可太大，以免影响产量，或产品纤维硬化，品质降低。

采瓜时，要仔细查找，防止遗留下嫩瓜，一旦长成老瓜，既失去了商品价值，又降低了产量、品质和经济效益。

8. 科学防治病虫害

① 棚内南北方向吊挂黄色、蓝色杀虫板，每 30 平方米各 1 张，诱杀蚜虫、粉虱、斑潜蝇、蓟马等害虫。吊挂高度与生长点平齐，且随生长点上移逐渐提高。杀虫板需每 20 天左右更新一次。

② 每次降雨之前，及时抢喷 300 倍溃腐灵（或其他小檗碱类植物农药）+600 倍植物细胞膜稳态剂+8000 倍 0.01%芸苔素内酯+300 倍硫酸钾镁+300 倍葡萄糖酸钙+6000 倍有机硅混合液，或 200 倍等量式波尔多液，预防病害发生。

③ 调控棚内温湿度，使棚内空气温湿度不适于病害的发生，而适于丝瓜植株的生长发育。

④ 参照执行第四章、第一节中"六、温室有机蔬菜栽培病虫害防治技术"。

五、苦瓜

1. 高温闷棚，清除残留病虫害

方法参阅"温室有机蔬菜栽培病虫害防治技术"与"温室有机蔬菜栽培暑季高温闷棚技术"。

2. 栽培季节

苦瓜喜热、耐热、耐湿，在短日照、大温差条件下，花芽多分化雌花。故大拱棚栽培苦瓜，需在 12 月至翌年 1 月份短日照条件下育苗，2 月份定植，11 月份拉秧，持续结瓜时间可长达 200 天以上。

3. 培育壮苗

参阅第三章"一、瓜类蔬菜嫁接育苗技术"。

4. 整地与施基肥

闷棚结束，在高垄土面上撒肥，每亩撒施硫酸钾镁 50 千克，硅钙钾镁土壤调理剂 50 千克，优质腐熟动物粪便 3000～5000 千克，土壤生物菌接种剂 500～1000 克（注意：粪、肥、菌必须掺混均匀，发酵腐熟后方可施用）。撒肥后随即旋耕，整修高垄平畦，畦面宽 90 厘米、高 20 厘米、畦沟宽 50 厘米、深 20 厘米。

定植前 15 天左右，在畦沟内灌水，结合灌水整平畦面。封闭棚膜，棚内提温至 30～32℃。大部分杂草萌发后，锄地灭草，修整垄畦成 M 形双高垄畦，双高垄畦面宽 90 厘米，高 25 厘米，畦面正中有一深 15 厘米、宽 30 厘米的灌水沟，沟底铺设滴灌管。操作行呈倒梯形沟状，上宽 50 厘米，底宽 20 厘米，深 25 厘米。

5. 定植

在 M 形双高垄畦的 2 条小高垄上，按窄行距 50 厘米、株距 50 厘米、宽行距 90 厘米开挖 10 厘米深的栽植穴，穴内浇水，排放秧苗，每亩栽苗 1900 株左右。

（1）栽苗　穴内水分下渗后，再在土坨上浇灌 1000 倍土壤生物菌接种剂+1000 倍植物细胞膜稳态剂混合液 100 毫升，利用生物菌保护根系，使其不受有害菌类危害，植物细胞膜稳态剂促进发根，加速缓苗发棵。穴内土壤温度提高后覆土封穴，封穴时严禁用手按压根际土壤，防止秧苗土坨散块、土壤板结伤及根系。

（2）整修畦面，覆盖地膜　在窄行滴灌沟的上方，东西向摆放撑杆，撑杆可选用玉米秆、细树枝、细竹竿等，长 50～60 厘米，南北向每间隔 50 厘米摆放一条，后在滴灌沟的上方中心线处，从南到北拉细绳，绳子两头拴系于木橛上，拉紧绳子后将木橛插入南北两端的土壤中，固定绳子。然后在架面上覆盖地膜，地膜宽 50 厘米，拉开伸展，封闭滴灌沟和双高垄内侧土面。

宽行用大棚更换下来的旧棚膜，剪成宽 130 厘米的条幅，将操作行沟底、双土垄外侧面全面封闭。

6. 定植后管理

（1）增设小拱棚　秧苗定植后，立即用长240厘米的粗钢丝扎成高40~50厘米、宽100厘米的小拱棚架，晚上日落前30分钟左右在拱架上覆盖镀银无纺布保温，预防冷害。早晨日出后撤除覆盖小拱棚的无纺布，让幼苗见光，进行光合作用。当棚内最低温度稳定通过10℃后，适时撤除小拱棚支架，搭建吊秧支架，随即吊秧。

（2）瓜秧调整　苦瓜主蔓与侧蔓都能结瓜，主蔓多在第10~12节发生雌花，侧蔓雌花节位较低，故瓜秧主蔓需4~5叶摘心，促发1次侧蔓结瓜。侧蔓应选留3条，各自吊秧，吊秧方法同温室苦瓜有机栽培技术。再发2次侧蔓，及时摘除，防止消耗有机养分，影响结瓜。

雌花过密同样不利于产量的提高，也应及早适当疏除，减少养分消耗。

苦瓜架面高度应维持在180厘米左右，需及时、适时落秧。每次落秧时，要结合落秧摘除基部老叶、黄叶，减少养分消耗，改善叶幕层光照条件，降低设施内空气湿度。

（3）光照管理　经常清擦棚膜，改善棚内光照条件。

（4）科学调控温度　定植后5天之内，晴日白天棚内空气温度维持26~30℃，夜间小拱棚内气温维持15~20℃，清晨最低气温不低于14℃。定植5天后，晴日白天棚内空气温度维持25~33℃，夜间小棚内空气温度维持16~20℃，清晨最低气温不低于12℃。阴天适度通风排湿，白天温度不高于20℃，清晨不低于10℃。

开花后，晴日白天棚内气温维持28~35℃，夜间小棚内气温维持16~18℃，清晨最低气温不低于12℃，阴天白天棚内气温不高于20℃，清晨棚内最低气温不低于10℃。

（5）肥水管理　苦瓜坐瓜以前，一般不浇水、不追肥，控制瓜秧旺长，促进根系发达。一旦幼瓜坐稳，长至10~15厘米长时，开始浇水。第二条瓜坐稳之后，增加浇水频率，维持土壤湿润。浇水需在膜下滴灌沟内滴灌，严禁大水漫灌；要在晴天清晨浇水，小水勤灌。

结合浇水，每10～15天追施1次肥。每次每亩在滴灌沟内撒施腐熟动物粪便、沼液或沼渣500千克，或糖蜜水溶性有机肥100千克，或生物菌有机肥50千克+硫酸钾镁10千克+海藻有机肥50千克（三者必须掺混均匀，发酵腐熟后方可施用），保障肥水供应，维持瓜秧生长健壮；提高棚内空气的二氧化碳浓度，增强植株光合效能。

若苦瓜营养生长过旺，可适度减少浇水次数与浇水量；或在主蔓基部交叉扎入2～3根竹质牙签，防止瓜秧旺长。

（6）人工授粉，促进坐瓜　雌花开放以后，于每天早晨6～10点进行人工授粉，确保坐瓜。方法：从旁边植株上摘1朵雄花，将其雄蕊在雌花花蕊上轻轻点擦，将花粉抹在雌花柱头上；或棚内放蜂。

（7）根外追肥　苦瓜定植后，为促进瓜秧加速生长，提高产量，应加强根外追肥。

根外追肥可结合防病进行。定植后立即喷一次300倍靓果安（或其他小檗碱类植物农药）+800倍大蒜油+300倍硫酸钾镁+300倍葡萄糖酸钙+5%沼液+50倍食醋（或50倍发酵牛奶）+8000倍0.01%芸苔素内酯+800倍植物细胞膜稳态剂+6000倍有机硅混合液。后每间隔10天左右喷洒1次，提高植株营养水平和光合效能，促进坐瓜，增强植株抗逆性能，预防病害发生。

（8）掀动农膜，促进土壤空气更新　每间隔20天左右，选晴天中午，一人在南端，一人在北端，两人共同拉紧操作行的农膜，逐段进行掀动，促进土壤气体更新，提高根系活性。

7. 增施二氧化碳气肥

参阅"温室有机蔬菜栽培增施二氧化碳气肥技术"。

8. 采收

苦瓜采瓜时，所采瓜既不可过嫩，也不可太大，以免影响产量造成产品纤维硬化，降低品质，失去食用价值。

采瓜时，要注意仔细查找，防止遗留下嫩瓜，一旦长成老瓜，既失去了食用与商品价值，又降低了产量、品质和经济效益。

9. 科学防治病虫害

① 棚内南北方向吊挂黄色、蓝色杀虫板，每30平方米各1张，诱杀蚜虫、粉虱、斑潜蝇、蓟马等害虫。吊挂高度与生长点平齐，并随生长点上移逐渐升高。杀虫板每20天左右需更新一次。

② 每次降雨之前，及时抢喷300倍溃腐灵（或其他小檗碱类植物农药）+300倍硫酸钾镁+300倍有机葡萄糖酸钙+8000倍0.01%芸苔素内酯+600倍植物细胞膜稳态剂+6000倍有机硅混合液，提高植株抗逆性，预防病害发生。

③ 调控棚内温湿度，晴日白天维持棚内空气温度30~35℃，夜晚与阴天棚内空气温度调控至12~18℃，使棚内空气温湿度不适于病害发生，而适于苦瓜植株的生长发育。

④ 参照执行第四章、第一节中"六、温室有机蔬菜栽培病虫害防治技术"。

六、西葫芦

1. 栽培季节

西葫芦喜温、怕寒、不耐高温，在短日照、大温差条件下，花芽多分化雌花。

大拱棚有机西葫芦栽培，在北方暖温带、温带地区，分春促成栽培与秋延迟栽培。

2. 西葫芦春促成有机栽培技术

1月份在温室或大拱棚内建暖床育苗，雨水节气前后定植。定植后随即夜间增设小拱棚保温，维持小拱棚内夜间最低气温达6℃以上。当大拱棚内夜间气温稳定在6℃以上时，撤掉小拱棚，3~5月份收获。

（1）培育壮苗 参阅第三章"一、瓜类蔬菜嫁接育苗技术"。

（2）整地与施基肥 结合耕翻土壤，每亩撒施硫酸钾镁30千克，硅钙钾镁土壤调理剂30千克，优质腐熟动物粪便4000千克，腐熟有机饼肥50～100千克，土壤生物菌接种剂500～1000克。粪、肥、菌掺混均匀，发酵腐熟后均匀撒施地面，后旋耕整修南北向M形双高垄畦，畦面东西宽100厘米、高25厘米，畦面中心线处有一条深15厘米、宽30厘米的滴灌沟，沟内铺设滴灌管。每2条M形土垄之间是梯形沟状操作行，上宽50厘米，底宽20厘米，深25厘米。

定植前15天左右，在梯形沟状操作行中灌透水，结合灌水整修垄畦，让畦面、畦沟基本呈水平状。水下渗后随即覆盖农膜、封闭大棚，提高地温，促进杂草萌发。杂草大部分萌发后，锄地灭草，修整垄畦，定植。

（3）定植 棚内土壤温度稳定提高至6～10℃时定植。在M形双高垄畦的2条30厘米宽的小高垄上，按窄行距60厘米、株距40～50厘米、宽行距90厘米开挖10厘米深的栽植穴定植，每亩2000株左右。穴内灌足水，排放秧苗于栽植穴内，水分下渗后，再浇灌1000倍土壤生物菌接种剂+1000倍植物细胞膜稳态剂混合液100毫升，利用有益生物菌保护根系，使其不受有害菌类危害，用植物细胞膜稳态剂促进发根，快速缓苗、发棵。

穴内土壤增温后覆土封穴，封穴时严禁用手按压根际土壤，防止土坨散块伤及根系。栽苗后启动滴灌，浇透水。

（4）整理畦面，消除土块，覆盖地膜 用1幅60厘米宽的地膜覆盖滴灌沟及两条小土垄的内半边，覆盖方法同温室黄瓜栽培。再用1幅宽140厘米的废旧农膜覆盖操作行及两旁半边小土垄，全面封闭地面。

（5）搭建小拱棚 用240厘米长的粗钢丝扎拱架，搭建高60厘米、宽120厘米的小拱棚，日落前30分钟在拱架上覆盖镀银无纺布保温，日出后随即撤掉无纺布，让幼苗见光。大棚内夜间最低气温稳定在6℃以上时，适时撤掉小拱棚，随即吊秧。

（6）吊挂瓜秧 西葫芦实行吊蔓管理，需搭建支架。在 M 形双高垄畦面的两个小土垄各自的南北向中心线上，每间隔 3 米垂直插埋 1 根长 220 厘米的竹竿作立柱，竹竿下插深 40 厘米，地上留高 180 厘米。再用长 80 厘米的竹竿水平绑缚在东西相邻的两支立柱的顶端 5～10 厘米处，将立柱联结在一起，后用 2 条 50 厘米长的竹竿或木棍，各斜向绑缚在水平木棍的两端，其下端与垂直支架联结绑缚，将水平绑缚的竹竿与垂直支架组成双三角形稳固支架，预防东西向斜向倒伏。

南北两端的立柱，向内 50 厘米处用竹竿下端斜插入土，上端斜撑、绑缚固定在两端的立柱上，预防拉钢丝时立柱向内倾斜。后在立架顶部水平连杆上拉钢丝，钢丝与钢丝之间东西向间距 50 厘米，用细铁丝将钢丝绑缚，分别固定在顶部水平连杆上，以便于吊挂绑缚瓜蔓、支撑瓜秧。

也可以用细竹竿，在每株西葫芦根部外侧 20 厘米处插埋 1 根，后用细扎丝将每 3 根竹竿的顶端绑缚，组成三角形支架。支架之间再用细竹竿在每个支架的中部水平绑缚，将各个支架相互连接成一个整体的复合支架体。后将西葫芦植株茎蔓用宽 2 厘米左右的玉米苞叶，浸水泡软后绑缚于支架上，让植株向上斜向延伸。

（7）田间管理

①温度调控 开花前，白天棚内气温维持 20～25℃，夜温 8～16℃，阴天控温 10～18℃，夜间最低气温不低于 6℃。开花之后，白天棚内气温维持 20～28℃，夜温 8～18℃，阴天棚内气温维持 8～18℃。

②绑缚瓜秧 在支架顶部钢丝上拴系 200 厘米左右长的吊瓜线，每株瓜秧 1 条，吊瓜线底部拴系在瓜秧基部的 1 个叶柄上，后将瓜秧缠绕于吊瓜线上，瓜秧不可垂直向上发展，要呈"S"形向上延伸，随延长随绑缚缠绕，防止瓜秧倒伏。

③人工授粉，促进坐瓜 雌花开放时于清晨 7～10 点进行人工授粉，从旁边植株上采集初开放的雄花，用其雄蕊轻轻涂抹雌花花蕊进行人工授粉，促进坐瓜。也可在棚内放蜂，利用蜜蜂授粉。

西葫芦靠主蔓结瓜，主蔓从基部开始，几乎每叶节都能发生雌花，间隔发生雄花。雌花过密，则营养竞争激烈，不利于坐瓜与高产，必须及时、适时疏除过多雌花和自然授粉生长发育不良的幼瓜，确保人工授粉的幼瓜膨大。一般壮瓜秧坐稳 3 ~ 4 个幼瓜、弱瓜秧坐稳 2 ~ 3 枚幼瓜之后，需停止对该株的雌花授粉，后每棵植株每采收 1 个成品瓜，随即授粉 1 雌花。切忌单棵植株坐瓜 4 ~ 5 个或更多幼瓜，造成营养竞争，使多个幼瓜因营养供应不足而先后凋萎，长不成商品瓜，既消耗和浪费有机营养，又制约产量提高。

人工授粉时，发现多于 3 ~ 4 个幼瓜的植株，依据其长势，及时适度疏除过多雌花和幼瓜。要特别注意及时疏除尖嘴瓜、大头瓜、细腰瓜。要结合授粉适时摘除已经变白凋萎的花冠，预防灰霉病发生。

④肥水管理　西葫芦坐瓜以前，必须控制浇水，强制蹲苗，促进根系发育，预防瓜秧徒长。根瓜坐齐、坐稳后需及时、适时浇水，第二瓜坐稳后，适度增加浇水频率，维持土壤湿润。

浇水需在 M 形双高垄畦中部膜下滴灌沟内滴灌或沟灌。灌水要在晴天清晨进行，小水勤灌，严禁大水漫灌。

结合浇水，每 10 ~ 15 天追 1 次肥。每次每亩冲施沼渣、沼液或腐熟动物粪便 300 ~ 500 千克 + 硫酸钾镁 10 千克 + 高氮海藻有机肥 10 千克，或冲施糖蜜水溶性有机肥 50 千克，保障肥水供应，维持瓜秧健壮，提高棚内空气二氧化碳浓度，增强植株光合效能。

如果西葫芦营养生长过旺，可适度减少浇水次数与浇水量，防止瓜秧旺长；或用 2 ~ 3 根竹质牙签交叉扎入基部茎蔓中，防止营养生长过旺。

⑤根外喷肥　西葫芦定植后，为促进瓜秧生长、提高产量，需加强根外追肥。根外追肥可结合预防病虫害进行。定植时立即喷洒一次 300 倍靓果安（或其他小檗碱类植物农药）+ 50 倍发酵牛奶 + 5% 沼液 + 300 倍硫酸钾镁（或 50 倍草木灰浸出液）+ 600 倍植物细胞膜稳态剂 + 8000 倍 0.01% 芸苔素内酯 + 800 倍大蒜油 + 6000 倍有机硅混合液。后每间隔 7 ~ 10 天喷

洒 1 次，提高植株抗逆性能与营养水平，增强光合效能，促进坐瓜，预防病虫害发生。

（8）及时采收　西葫芦以嫩瓜销售，幼瓜长至 200 ~ 250 克时，必须及时采收。嫩瓜不得超过 300 克，留大瓜不仅影响植株生长势，诱发植株衰弱，降低产量，而且大瓜品质下降、价格降低，难以销售。

3. 西葫芦秋延迟有机栽培技术

（1）培育壮苗　8 月中旬前后，选择高燥、大雨之后不存水的地段建"三防"苗床育苗。方法参阅第三章"一、瓜类蔬菜嫁接育苗技术"。

（2）整地与施肥　结合耕翻土壤，每亩撒施硫酸钾镁 50 千克，硅钙钾镁土壤调理剂 30 千克，优质腐熟动物粪便 4000 千克，腐熟有机饼肥 50 ~ 100 千克，土壤生物菌接种剂 500 ~ 1000 克。粪、肥、菌掺混均匀，发酵腐熟后均匀撒施地面，后旋耕整修南北向 M 形高垄畦，方法同"西葫芦春促成有机栽培技术"。

定植前 3 ~ 5 天在梯形沟状操作行中灌透水，结合灌水整修垄畦，让畦面、畦沟基本呈水平状。

（3）定植　在 M 形双高垄畦的 2 条 30 厘米宽的小高垄上，按窄行距 50 厘米、株距 40 ~ 50 厘米、宽行距 90 厘米开挖 10 厘米深的栽植穴定植，每亩 2000 株左右。定植方法参阅"西葫芦春促成有机栽培技术"。

（4）锄草　及时锄地灭草，注意浅锄，防止伤及植株根系。

（5）田间管理　吊秧、人工授粉、肥水管理等参阅"西葫芦春促成有机栽培技术"。

4. 科学防治病虫害

① 严格执行"温室有机蔬菜栽培病虫害防治技术"。

② 棚内南北方向吊挂黄色、蓝色杀虫板，每 30 平方米各 1 张，诱杀蚜虫、粉虱、斑潜蝇、蓟马等害虫。吊挂高度与生长点平齐，并随生长点上移逐渐升高，杀虫板需每 20 天左右更新 1 次。

③ 结合人工授粉，查找并摘除已变白、软化、凋萎的花冠，预防灰霉病发生。

④ 每次降雨之前，及时抢喷 300 倍溃腐灵（或其他小檗碱类植物农药）+600 倍植物细胞膜稳态剂+8000 倍 0.01%芸苔素内酯+300 倍硫酸钾镁+300 倍葡萄糖酸钙+50 倍发酵牛奶+6000 倍有机硅混合液，提高植株抗逆性能与光合效能，预防病害发生。

⑤ 若发生白粉病，可在发病初期及时喷洒 0.3 波美度石硫合剂。

若发生瓜守、斑潜蝇等虫害，可细致喷洒 800 倍大蒜油+500 倍 0.7%苦参碱+500 倍 1.5%除虫菊素混合液防治。注意：防治瓜守应在清晨露水未干时喷洒，此时效果更好。

⑥ 调控棚内温湿度，使棚内空气温湿度不适宜病害发生，而适宜西葫芦植株的生长发育。

七、番茄

1. 栽培季节

番茄不耐热，大拱棚栽培番茄进入 6 月份后，棚内气温可较长时间达到 35℃左右，不利于番茄开花坐果，越夏困难。可实行春、秋两季栽培。

2. 高温闷棚，清除残留病虫害

每年 7～8 月份换茬，拔出前茬的老秧，就地铺设于操作行沟内，随即均匀撒施石灰面。土壤 pH 值在 6.5～5 时，每亩撒施石灰面 30～50 千克，pH 值低于 5 时，每亩撒石灰面 50～75 千克。石灰面用生石灰块制作，在整地之前，每 56 千克生石灰块泼洒 18 千克清水，用农膜封闭 2～3 小时，粉化成粉面状时均匀撒施地面，随即整修高垄，埋严老秧。垄高 30～35 厘米，垄面顶宽 80 厘米左右，垄沟宽 50 厘米左右，深 35 厘米。后在垄面上打洞，洞与洞之间距离 25 厘米，洞深 30～35 厘米，细致喷洒 100 倍青枯立克+500 倍大蒜油，覆盖地膜，封闭土垄。后清擦棚膜，修补破洞，严密封闭拱棚，闷棚 10 ~ 15 天。结合闷棚，每亩棚内点燃硫黄粉 1.5 ~ 2 千克，消灭棚内残存病虫害。

起高垄，增加土壤表面积，土壤接受热量多、土温高；土垄打洞，热空气进入土壤深层，加热深层土壤；覆盖地膜可提高土壤温度 3℃ 左右，增强闷棚效果，能较彻底地清除土壤中的残留病虫害。

3. 大棚番茄春茬有机栽培技术

（1）整地与施肥　1 月底清除棚内冬茬蔬菜，随即每亩撒施硫酸钾镁 50 千克，硅钙钾镁土壤调理剂 50 千克，优质腐熟动物粪便 5000 千克，土壤生物菌接种剂 500 ~ 1000 克。粪、肥、生物菌等必须于 12 月份事先掺混均匀，在棚内用农膜封闭严密，夜晚加盖草帘或保温被保温，发酵腐熟 20 天以上。1 月中旬均匀撒施地面，随即耕翻。前茬蔬菜残留叶片等，结合耕翻土壤就地粉碎，和粪肥共同掺混掩埋入土中。后旋耕细耙，南北向整修宽 90 厘米、高 20 厘米的高垄平畦，畦沟宽 40 厘米。

（2）培育壮苗　大棚春茬栽培番茄，需 12 月份在温室内建暖床育苗，2 片真叶时分苗，苗龄 65 天左右，第 1 穗花序显露时定植。

分苗后连续喷洒 100 倍红糖+8000 倍 0.01%芸苔素内酯+800 倍植物细胞膜稳态剂+300 倍硫酸钾镁+300 倍葡萄糖酸钙+300 倍靓果安（或其他小檗碱类植物农药）混合液 4 ~ 5 次，促进花芽分化，提高花芽质量，确保秧苗健壮。

要特别注意整个育苗期间夜间最低气温不得低于 10℃，预防因低温诱发产生多心皮果。

详细育苗方法参阅第三章中"二、茄果类蔬菜育苗技术"中的"（一）番茄有机栽培育苗技术"。

（3）科学定植

①定植　2 月中旬前后定植，移栽前 10 ~ 15 天，在操作行沟内灌足水造墒，封闭大棚农膜，提高土壤温度，促进杂草萌发。杂草大部分萌发

后锄地灭草。后在 90 厘米宽的高平垄上，距离中线两边各 20 厘米（窄行距 40 厘米）开挖 5 厘米深、10 厘米宽的槽沟，沟内灌足水，按株距 32～35 厘米在沟内排放秧苗，每亩栽植 2800 株左右。土坨放入栽植沟内，秧苗的茎叶同方向卧放在畦面上。

注意：秧苗的花序必须朝向宽行（操作沟），东边 1 行的秧苗，需土坨朝南、生长点朝北顺行排放，西边 1 行的秧苗，需土坨朝北、生长点朝南排放。

后在土坨上浇灌 1000 倍土壤生物菌接种剂 +1000 倍植物细胞膜稳态剂混合液 100 毫升，用有益生物菌保护根系，使其不受有害菌类危害，植物细胞膜稳态剂促进发根，提高植株抗逆性能。后从中线处取土封埋土坨与植株茎蔓，定向（同一行的植株生长点朝向同一方向、花序朝向沟状操作行），定位（秧苗由埋深 5 厘米逐渐减至埋深 1 厘米，埋至距离花序 20 厘米处，几天后秧苗梢端离开地面逐渐直立，所有植株的花序都处在距离垄面高 20 厘米处），卧栽。

秧苗全部栽植完成后，整理土垄，中线处成深 10 厘米、宽 25～30 厘米的灌水沟，垄畦成 M 形双高垄，灌水沟底铺设滴灌管，随即滴灌，浇透缓苗水。

注意：封埋土坨、茎蔓时，要细致操作，封埋后形成土垄需高度一致，严禁用力按压垄土，防止秧苗土坨散块伤及根系，诱发土壤板结。

② 覆盖地膜　秧苗栽植结束，随即全面积覆盖地膜。方法：在窄行滴灌沟的上方，东西向摆放撑杆，撑杆可选用玉米秆、细树枝、细竹竿等，长 40～50 厘米，南北向每间隔 50 厘米摆放一条，再在灌水沟上方中心线处，从南到北拉细绳，绳子两头拴系于木橛上，拉紧后将木橛插入南北两端的土壤中，固定绳子。然后在架面上覆盖地膜，地膜宽 40 厘米，拉开伸展，封闭滴灌沟和双高垄的内侧面。

宽行用大棚更换下来的旧棚膜，剪成宽 120 厘米的条幅，将操作行沟底、土垄外半边地面全面封闭。

（4）定植后的管理

① 棚内增设小拱棚　用长240厘米的粗钢丝在M形土垄外沿扎拱架，每天日落前20~30分钟在拱架上覆盖不透明无纺布保温，维持小拱棚内夜间最低气温不低于10℃，日出后撤掉无纺布，确保幼苗生长发育安全。待大棚内夜间最低气温稳定在10℃以上后，及时撤掉拱架，随即搭建支架，绑缚茎蔓上架。

② 适时架秧　棚内小拱棚撤掉后，随即用长200厘米的细竹竿，每株1根，插地深20厘米搭建相互连接的三角形支架，后用清水浸泡过的玉米苞叶，撕成宽1.5厘米左右的草条绑缚番茄茎于支架上，预防结果后植株倒伏。

③ 科学调控温湿度　定植后5天之内，晴日白天设施内气温维持25~28℃，夜间小拱棚内气温维持16~20℃，清晨最低气温不低于10℃，阴天温度控制在20℃以下，清晨最低气温不低于10℃。

定植5天后，晴日白天设施内气温维持28~30℃，夜间气温维持12~20℃，清晨日出前小拱棚内最低气温不低于10℃，阴天适度通风降温，白天棚内气温不高于20℃，清晨不低于10℃。

开花后，晴日白天棚内气温维持28~32℃，夜间温度维持16~20℃，清晨最低温度不低于12℃，阴天白天温度不高于20℃，清晨最低气温不低于12℃。

④ 及时抹除叶腋间分杈　番茄定植缓苗后，植株会逐渐自行抬头直立，每个叶腋间都会发生分杈。这些分杈，除基部一杈保留，长至3叶时摘除生长点用于养根，其他各叶节中的分杈，应在发生初期、3厘米之内及早抹除，防止分杈生长争夺肥水，消耗有机营养；严禁分杈长得过大，抹除时遗留大伤口，以免引起髓部坏死病、晚疫病、青枯病等病害发生。

⑤ 摘心换干，调控生殖生长与营养生长的矛盾　第三穗花序显露时，及时在花序之上留1叶摘心，保留花序下1节的分杈，培育新干。新干徒长时，需用手指捏扁嫩茎，破坏输导组织，抑制其营养生长；或在刚

发生的新干基部交叉扎入 2 根竹签，抑制营养生长。

新干出现第三穗花序时，花序上预留 2 片叶片及早摘心，抑制营养生长，促进幼果膨大。

⑥ 光照管理　经常清擦棚膜，维持农膜光亮，提高透光率，改善棚内光照条件，提高植株光合效能。

（5）肥水管理

① 浇水追肥　浇灌缓苗水后，严格控制灌溉，进行蹲苗，直至第一穗果全部坐稳、长至核桃大小时，方可浇水。浇水之前，需先用手指捏扁顶部花穗之上的主茎，以捏出水为度；或在其底穗果的下面用水果刀从主茎中央纵向扎进，扭动刀刃，加长刀口，适度破坏输导组织，预防植株浇水后徒长。

浇水需在膜下灌水沟内滴灌或沟灌，严禁大水漫灌。注意：浇水要小水勤灌，在晴天清晨 5 ~ 9 时进行。适度提高灌水频率，防止土壤忽干忽湿；减少每次的浇水量，控制肥水流失，预防土壤板结。

结合浇水追施有机肥或腐熟动物粪便，每 10 ~ 15 天 1 次，每次每亩冲施 300 千克腐熟动物粪便，或 300 千克生物菌有机肥+硫酸钾镁 5 ~ 10 千克，或冲施 50 千克糖蜜水溶性有机肥，保障肥水供应，维持植株健壮，提高棚内空气二氧化碳浓度，增强植株光合效能。

② 根外追肥　结合防病用药，每 10 天左右喷洒 1 次 300 倍溃腐灵（或其他小檗碱类植物农药）+300 倍硫酸钾镁+300 倍葡萄糖酸钙+50 倍发酵牛奶（或 50 倍米醋）+800 倍植物细胞膜稳态剂（或 8000 倍 0.01%芸苔素内酯）+6000 倍有机硅混合液，预防病害发生，提高植株光合效能与抗逆性。

（6）疏花授粉　花序展开后，摘除多余花朵。壮秧每个花序选留 4 ~ 5 朵生长发育均衡的花，第一花与后续小花及早摘除。每天上午 6 ~ 10 点间用木棍敲击竹竿支架，震动花朵授粉。

（7）掀动农膜，促进土壤空气更新　每间隔 20 ~ 30 天，选晴天中午，一人在南端，一人在北端，两人共同拉紧操作行的农膜，进行掀动，促进气体更新，提高根系活性。

（8）增施二氧化碳气肥　参阅第四章、第一节"五、温室有机蔬菜栽培增施二氧化碳气肥技术"。

4. 大棚番茄秋茬有机栽培技术

（1）培育壮苗　7月份选择高燥地段，建"三防"苗床育苗。方法参阅第三章中"二、茄果类蔬菜育苗技术"。第一花穗显露时定植。

（2）整地与施肥　8月初闷棚结束后，随即在高垄畦面上撒肥，每亩撒施硫酸钾镁50千克，硅钙钾镁土壤调理剂50千克，优质腐熟动物粪便3000～5000千克，土壤生物菌接种剂500～1000克。粪、肥、生物菌必须事先掺混均匀，用农膜封闭，发酵腐熟后均匀撒施地面，撒肥后立即旋耕，整高垄平畦，畦面宽90厘米、高20厘米，畦沟宽40厘米、深20厘米。后在畦沟内灌水，结合灌水整修垄畦与畦沟至基本水平状，后定植。

（3）科学定植

① 定植　8月中旬前后定植，移栽前10～15天，操作行沟内灌足水造墒，诱发杂草萌发。杂草大部分萌发后锄地灭草。后在90厘米宽的高平垄上，距离中线两边各20厘米（窄行距40厘米）开挖5厘米深的条沟，按株距32～35厘米排放秧苗，每亩栽植2800株左右。土坨放入栽植沟内，秧苗的茎叶顺卧放在畦面上。

注意：秧苗的花序必须朝向宽行（操作沟），东边1行的秧苗需土坨朝南、生长点朝北顺行排放，西边1行的秧苗需土坨朝北、生长点朝南排放。

在土坨上浇灌1000倍土壤生物菌接种剂+1000倍植物细胞膜稳态剂混合液100毫升，用有益生物菌保护根系，使其不受有害菌危害，用植物细胞膜稳态剂促进发根发棵，提高植株抗逆性能。后从中线处取土封垄，定向（同一行的植株生长点朝向同一方向、花序朝向宽行），定位（秧苗由埋深5厘米逐渐减至埋深1厘米，埋至距离花序20厘米左右处，几天后秧苗梢端离开地面逐渐直立，所有植株的花序都处在距离垄面高20厘米左右处），卧栽。

秧苗全部栽植完成后，整理土垄，中线处成深15厘米、宽25～30厘米的滴水沟，垄畦成 M 形双高垄，灌水沟底铺设滴灌管，随即滴灌，浇透缓苗水。

注意：封埋土坨、茎蔓时，要细致操作，封埋后形成土垄需高度一致，严禁用力按压垄土，防止秧苗土坨散块伤及根系，诱发土壤板结。

② 覆盖地膜　秧苗栽植结束后不得覆盖地膜，以免高温伤害茎蔓。当棚外最高气温低于 20℃时，方可全面积覆盖地膜。方法同"大棚番茄春茬栽培技术"。

（4）定植后的管理

① 适时架秧　定植后 10 天左右，用长 200 厘米的细竹竿插地深 20 厘米搭建相互连接的三角形支架，后用清水浸泡过的玉米苞叶，撕成宽 1.5 厘米左右的草条绑缚番茄茎蔓于支架上，预防结果后坠秧倒伏。

② 科学调控棚内空气温湿度　定植后随即将大棚顶风口、底风口开至最大，棚膜上撒细土面遮阳降温，晴日白天尽量维持设施内气温 25～28℃，夜间棚内气温维持 16～20℃，清晨最高气温不高于 20℃，阴天棚内气温控制在 20℃左右，清晨不低于 15℃。遇到降雨天气，需及时、适时封闭大棚顶部风口，预防雨淋秧苗，诱发病害。

待棚外气温降至 25℃以下，方可适度开启顶风口，缩小底风口，晴日白天棚内温度维持 28～30℃，夜间维持 15～20℃，阴天适度通风降温，白天温度不高于 20℃。

开花后，晴日白天棚内气温维持 28～32℃，夜间维持 16～20℃，清晨 15℃左右，阴天白天温度不高于 20℃，清晨不低于 12℃。

10 月份前后，及时、适时封闭底部通风口，只适度开启顶风口，晴日白天棚内气温维持 28～32℃，夜间维持 12～20℃，清晨最低气温不低于 12℃，阴天白天不高于 20℃，清晨不低于 12℃，如果出现低于 10℃的温度，需提前于 1 点左右关闭通风口，维持清晨最低气温不低于 8℃。

如果温度偏低，需及时喷洒 600 倍植物细胞膜稳态剂+8000 倍 0.01% 芸苔素内酯+100 倍红糖+300 倍硫酸钾镁+300 倍葡萄糖酸钙+3000 倍有机硅+300倍溃腐灵(或其他小檗碱类植物农药)混合液,每7～10天1次,连续喷洒3～4次,提高植株耐低温能力,确保安全生产。

(5)及时抹除叶腋间分权 番茄定植缓苗后,植株会逐渐自行抬头直立,每个叶腋间都会发生分权。这些分权,除基部一权保留,长至3叶时摘除生长点用于养根,其他各叶节中的分权,应在发生初期及早抹除,防止分权争夺肥水,消耗有机营养;严禁分权长得过大,以免抹除时遗留大伤口,诱发髓部坏死、晚疫病、青枯病等病害。

(6)摘心换干,调控生殖生长与营养生长的矛盾 第三穗花序显露时,及时在花序之上留1叶摘心,保留花序下1节的分权,培育新干。新干徒长时,需在刚发生的新干基部处,交叉扎入1～2根竹签,抑制营养生长。

新干出现第三穗花序时,花序上预留2片叶片摘心,抑制营养生长。10月中旬前后,需及时在已经结成小果的果穗上部留2片叶片摘心,集中营养促进幼果膨大。

(7)光照管理 经常清擦棚膜,维持农膜光亮,提高透光率,改善棚内光照条件,提高植株光合效能。

(8)肥水管理

① 水分管理 浇灌缓苗水后,严格控制灌溉,必须强制蹲苗,促使根系发达,直至第一穗果全部坐稳、长至核桃大小时,方可浇水。浇水之前,需先在其底穗果的下面用水果刀从主茎中央纵向扎进,扭动刀刃,加长刀口,适度破坏输导组织,预防植株浇水后徒长。

浇水需在膜下灌水沟内滴灌或沟灌,严禁大水漫灌。注意:灌水要小水勤灌,在晴天清晨5～9时进行。适度提高灌水频率,防止土壤忽干忽湿;减少每次的浇水量,控制肥水流失,预防土壤板结。

结合浇水追施生物菌有机肥或腐熟动物粪便等,每10～15天1次,每次每亩冲施300千克腐熟动物粪便,或500千克沼液或沼渣,或100千克糖蜜水溶性有机肥,或300千克生物菌有机肥+5～10千克硫酸钾镁,保障肥水供应,维持植株健壮;提高棚内空气的二氧化碳浓度,增强植株光合效能。11 月上旬后停止追肥。

② 根外追肥 结合防病用药，每 7 ~ 10 天喷洒 1 次 300 倍溃腐灵（或其他小檗碱类植物农药）+300 倍硫酸钾镁+300 倍葡萄糖酸钙+50 倍发酵牛奶（或 50 倍米醋）+800 倍植物细胞膜稳态剂（或 8000 倍 0.01%芸苔素内酯）+6000 倍有机硅混合液，预防病害发生，提高植株抗逆性与叶片的光合效能。

（9）疏花授粉 花序展开后，摘除多余花朵，壮秧每个花序选留 4 ~ 5 朵生长发育均衡的花，第一花与后续小花及早摘除。每天上午 6 ~ 10 点间用木棍敲击竹竿支架，震动花朵授粉。

（10）增施二氧化碳气肥 参阅第四章、第一节"五、温室有机蔬菜栽培增施二氧化碳气肥技术"。

（11）科学防治病虫害

① 棚内南北方向吊挂黄色、蓝色杀虫板，每 30 平方米各 1 张，诱杀蚜虫、粉虱、斑潜蝇、蓟马等害虫。吊挂高度与生长点平齐，并随生长点上移逐渐提高，每 20 天左右更新 1 次。

② 每次降雨之前，及时抢喷 200 倍溃腐灵+300 倍硫酸钾镁+400 倍葡萄糖酸钙+800 倍植物细胞膜稳态剂（或 8000 倍 0.01%芸苔素内酯）+6000 倍有机硅混合液，提高植株抗逆性能，预防病害发生。

③ 调控棚内温湿度，使棚内空气温湿度不适于病害发生，而适于番茄植株的生长发育。

④ 参照执行第四章、第一节中"六、温室有机蔬菜栽培病虫害防治技术"。

八、茄子

1. 栽培季节

大拱棚栽培有机茄子，需冬至前在温室内建暖床育苗，苗龄 65 ~ 70 天，雨水后定植于大棚内，定植后随即搭建小拱棚，夜晚覆盖不透光的无纺布保温，夜间小拱棚内最低气温不低于 10℃。大拱棚内最低气温稳定在10℃以上后，及时撤除小拱棚，11月底前后，棚内最低气温降至2℃左右时结束栽培。

2. 整地施肥，高温闷棚

定植前30天左右，结合整地施肥，进行高温闷棚，清除残留病虫害。

整地前地面均匀撒肥，每亩撒施硫酸钾镁50千克，硅钙钾镁土壤调理剂50千克，优质腐熟动物粪便4000~5000千克，土壤生物菌接种剂500~1000克，苦参碱500毫升，除虫菊素500毫升，青枯立克500~1000毫升。注意：粪、肥、菌、药必须事先掺混均匀，发酵腐熟后施用。撒肥后随即旋耕、耙细耙匀，修整高垄平畦，畦面宽80厘米，畦底宽120厘米，畦高30厘米，畦沟底宽20厘米、顶宽60厘米、深30厘米。后在畦面上打洞，洞深30厘米，洞与洞之间相距20~25厘米。后覆盖地膜，封闭土垄，随即高温闷棚。

3. 育苗

12月中旬在温室内建设暖床育苗，1月份幼苗2片真叶时分苗于大型（10厘米×12厘米）营养钵内，苗龄70天左右、长至6~7片真叶时定植。

（1）苗床建设　苗床分播种苗床和分苗床，需在温室内地面平整至水平后建苗床。

播种苗床，每亩大棚需苗床2~3平方米，建设方法参阅第三章"二、茄果类蔬菜育苗技术"中"（二）茄子有机栽培育苗技术"。

分苗床，每亩大棚需建苗床25平方米，建设方法参阅第三章"二、茄果类蔬菜育苗技术"中"（二）茄子有机栽培育苗技术"。

（2）种子处理　每亩大棚栽植2000株左右，需种子2500粒左右。

① 晒种　播种前晒种1~2天，将种子含水量降至8%左右。

② 浸种与消毒　将种子装入尼龙纱网袋中，放在常温水中搓洗干净，后放入热水中，维持50~55℃温度30分钟，再放入500倍高锰酸钾溶液中浸泡10分钟，然后用28~32℃的清水继续浸泡18~20小时，中间换水1次，甩净水分后播种。

（3）播种　播种前，渗灌苗床，至畦面下沉，再次撒营养基质，刮平苗床，畦面喷洒 1000 倍土壤生物菌接种剂，播种。种子需掺混细土 20 倍以上，分三次撒播，每次都必须均匀撒播全畦面。播种后覆土 1.2 ~ 1.5 厘米厚，随即覆盖地膜，扎拱棚，封闭农膜。

（4）苗床管理　部分幼苗出土时，于清晨日出前或傍晚日落后撤除地膜，加强管理。

① 温度调控　种子出苗前，床温白天维持在 25 ~ 30℃时。出苗后，白天温度保持在 25 ~ 28℃。幼苗 2 片真叶时分苗。

分苗后，白天温度保持在 25 ~ 28℃，温度过高时要通风降温。

② 肥水管理　苗期需适度控制浇水，晴天中午发现少量幼苗叶片发软时，可渗灌 5%沼液（或 5%有机肥浸出液）+500 倍硫酸钾镁，每 5 ~ 7 天 1 次。

分苗前，植株细致喷洒 300 倍溃腐灵+100 倍红糖+50 倍发酵牛奶+400 倍除虫菊素+800 倍大蒜油（根据虫害情况添加）+600 倍植物细胞膜稳态剂+8000 倍 0.01%芸苔素内酯+6000 倍有机硅混合液，预防病虫害发生。

分苗后、移栽前，每 5 ~ 7 天床底渗灌 1 次 1%沼液（或 1%有机肥浸出液）+500 倍硫酸钾镁+500 倍黄腐酸钾混合液，保障秧苗的肥水供应，促进根系发达。

每 7 ~ 10 天喷洒 1 次 300 倍溃腐灵（或其他小檗碱类植物农药）+100 倍红糖+300 倍硫酸钾镁+800 倍植物细胞膜稳态剂+8000 倍 0.01%芸苔素内酯+20 倍沼液，连续喷洒 2 ~ 3 次，促进花芽分化，增加长柱花比例，保苗健壮。

秧苗长至 5 ~ 7 叶时，苗床浇透水，后停水 5 天左右，待营养基质变硬后定植。

定植之前，苗床喷洒 300 倍溃腐灵（或其他小檗碱类植物农药）+100 倍红糖+50 倍发酵牛奶+500 倍 0.7%苦参碱+800 倍大蒜油+500 倍除虫菊素+8000 倍 0.01%芸苔素内酯+6000 倍有机硅混合液，消灭各种病虫害，实现净苗移栽。

4. 定植

茄子幼苗 6~7 片真叶时定植。

（1）整修畦垄成 M 形双高垄　定植前 5 天左右在高垄平畦的畦沟内灌透水，3 天后修整垄畦。先在畦面的中心线处开挖深 15 厘米、宽 30 厘米的灌水沟，沟内铺设滴灌管。将高垄平畦改变为 M 形双高垄畦，每条小高垄顶宽 30 厘米、高 25 厘米，操作行呈倒梯形沟状，上宽 50 厘米，底宽 20 厘米，深 25 厘米。

（2）定植　宽窄行双行栽苗。畦面中心的灌水沟两侧，按窄行距 50 厘米、宽行距 90 厘米、株距 40 厘米开挖深 10 厘米的栽植穴。

穴内灌足水，水渗至半穴时放入秧苗，再在秧苗土坨上浇灌 1000 倍土壤生物菌接种剂+1000 倍植物细胞膜稳态剂混合液 100 毫升，用有益生物菌保护根系，预防有害菌侵染根系，用植物细胞膜稳态剂促进发生新根、快速缓苗，提高植株抗逆性能。土穴升温后覆土埋严土坨，修整畦面，随即沟内滴灌，浇透水。

（3）覆盖地膜　秧苗栽植后随即覆盖地膜，封闭灌水沟和双高垄，土垄地面全面封闭。方法同第四章、第二节"八、茄子"中相关介绍。

（4）搭建小拱棚　栽苗后随即在 M 形土垄的外沿处扎钢丝或竹片搭建小拱棚架，并在下午 1 点前后提前关闭通风口，减缓棚内降温，维持棚内较高气温；晚上日落前半小时左右，在小拱棚架上覆盖银色不透光无纺布保温，维持夜间小拱棚内气温 12℃以上，20 厘米表层土壤温度 15℃以上，保护秧苗不受低温侵害。3 月中下旬棚内夜晚温度在 10℃以上时，夜间不再覆盖无纺布，并撤掉小拱棚架。

5. 田间管理

（1）温度调控　定植后 3~5 天，晴日白天设施内温度维持 25~28℃，夜温维持 18~20℃，清晨最低气温不低于 14℃，阴天温度控制在 20℃，清晨不低于 12℃。

定植 5 天后，晴日白天设施内气温维持 25～30℃，夜间小拱棚内气温维持 16～20℃，清晨最低气温不低于 12℃；阴天适度通风降温，白天温度不高于 20℃，清晨不低于 10℃。

开花后，晴日白天温度维持 28～33℃，夜间维持 16～20℃，清晨最低温度不低于 12℃；阴天白天气温不高于 20℃，清晨不低于 10℃。

11 月份后，晴日白天设施内温度尽量维持 32℃左右，夜间温度维持 10～20℃，清晨最低气温不低于 8℃，短期内不得低于 6℃，若夜温过低，设施内需加温；阴天白天气温不高于 20℃，清晨不低于 8℃。

（2）肥水管理　浇灌缓苗水后，严格控制灌溉，强制蹲苗，促进发根，直至所有植株的门茄全部坐稳、瞪眼后，方可浇水。

浇水需在膜下灌水沟内滴灌或沟灌，严禁大水漫灌。结合浇水追肥，每 10～15 天 1 次，每次每亩施入 300 千克腐熟动物粪便，或沼液 500 千克，或沼渣 500 千克，或糖蜜水溶性有机肥 100 千克+硫酸钾镁 5～10 千克，施肥后，随即滴灌浇透水，保障肥水供应，维持植株健壮，提高室内二氧化碳浓度，增强植株光合效能。

坐果后，注意经常观察灌水沟，做到沟内保持湿润，不干地皮。浇水要在晴天清晨 5～8 时进行。适度增加灌水次数，减少每次浇水量，控制肥水流失，防止土壤忽干忽湿和土壤板结。

（3）光照管理　经常清擦棚膜，改善棚内光照条件。

（4）适时、及时调整植株　植株长至 4 个分杈、开花至"四母顶"时，对一个分枝顶部的 2 个分杈，在花上留 2 片叶摘心，另一分枝向上继续发展，待其长至 4 个分杈时，同样对其中一个分枝的 2 个分杈，在花上留 2 叶摘心。按照此规律，每层只留 4 杈，开 4 朵花，结 3～4 个茄子，做到株密、枝不密，维持叶幕层光照充足。

待株高达到 160 厘米左右时，上部分枝全部在花上留 2 叶摘心，该分枝上的果实全部采收后，在基部发出分杈处回剪，让早先摘心的分枝继续发展。该分枝仍然按照上述方法处理，两组分枝交替发展，坚持结果 7～

8 个月。11 月底前后，棚内最低气温低于 5℃时拔秧。

（5）地膜管理　5 月初适时撤除地膜，10 月初及时覆盖地膜。覆膜期间每间隔 20 天左右，选晴天中午，一人在南端，一人在北端，两人共同拉紧操作行的农膜，进行掀动，促进土壤气体更新，提高根系活性。

（6）增施二氧化碳气肥　参阅第四章"五、温室有机蔬菜栽培增施二氧化碳气肥技术"。

6. 科学防治病虫害

① 棚内南北方向吊挂黄色、蓝色杀虫板，每 30 平方米各 1 张，诱杀蚜虫、粉虱、斑潜蝇、蓟马等害虫。吊挂高度与生长点平齐，且随生长点上移逐渐提高。杀虫板每 20～30 天更新 1 次。

② 每次降雨之前，及时抢喷 300 倍溃腐灵（或其他小檗碱类植物农药）+300 倍硫酸钾镁+400 倍葡萄糖酸钙+600 倍植物细胞膜稳态剂+8000 倍 0.01%芸苔素内酯+6000 倍有机硅混合液，提高植株抗逆性能，预防病害发生。

③ 调控棚内温湿度，使棚内空气温湿度不适宜病害发生，而适宜茄子植株的生长发育。

④ 参照执行第四章、第一节中"六、温室有机蔬菜栽培病虫害防治技术"。

九、辣甜椒

1. 栽培季节

大拱棚栽培有机辣甜椒，需在冬至前后育苗，苗龄 65 天左右，雨水后定植于大拱棚内，定植后随即搭建小拱棚，夜晚覆盖不透光的无纺布保温，夜间小拱棚内最低气温不低于 10℃。大拱棚内最低气温高于 10℃后及时撤除小棚，11 月底前后，棚内最低气温降至 2℃时结束栽培。

2. 整地施肥，高温闷棚

定植前 30 天左右，结合整地施肥进行高温闷棚，清除残留病虫害。

整地前地面均匀撒肥，每亩撒施硫酸钾镁 50 千克，硅钙钾镁土壤调理剂 50 千克，优质腐熟动物粪便 4000～5000 千克，土壤生物菌接种剂 500～1000 克，苦参碱 500 毫升，除虫菊素 300 毫升。注意粪、肥、菌必须事先掺混均匀，发酵腐熟后施用。撒肥后随即喷洒农药、旋耕、耙细耙匀土壤，修整高垄平畦，畦面宽 80 厘米，畦底宽 110 厘米，畦高 30 厘米，畦沟底宽 20 厘米、顶宽 50 厘米、深 30 厘米。后在畦面上打洞，洞深 30 厘米，洞与洞之间相距 20～25 厘米。后覆盖地膜，封闭土垄，随即高温闷棚。

3. 育苗

12 月中旬在温室内建设暖床育苗，1 月份幼苗 2 片真叶时分苗于大型（10 厘米×12 厘米）营养钵内，苗龄 50 天左右，长至 6～7 片真叶时定植。

（1）苗床建设　苗床分播种苗床和分苗床，需在温室内地面平整至水平后建苗床。

播种苗床，每亩大棚需 4～5 平方米，建设方法参阅第三章"二、茄果类蔬菜育苗技术"中"（三）辣甜椒有机栽培育苗技术"。

分苗床，每亩大棚需 40 平方米左右，建设方法同第三章"二、茄果类蔬菜育苗技术"中"（三）辣甜椒有机栽培育苗技术"。

（2）种子处理

① 晒种　每栽种一亩大棚需种子 4200～4600 粒。播种前晒种 1～2 天，将种子含水量降至 8% 左右。

② 浸种与消毒　将种子装在尼龙纱网袋中，放在常温水中搓洗干净，后放入热水中，维持 50～55℃温度 30 分钟。再放入 500 倍高锰酸钾溶液中浸泡 10 分钟，然后用 28～32℃的清水继续浸泡 10～12 小时，中间换水 1 次，甩净水分后播种。

（3）播种　播种前，渗灌苗床，至畦面下沉，再次撒营养基质，后刮平，畦面喷洒 1000 倍土壤生物菌接种剂，播种。种子需掺混细土 20 倍以上，分三次撒播，每次都必须均匀撒播全畦面。播种后覆土 1.2 ～ 1.5 厘米厚，随即覆盖地膜，扎拱棚，封闭农膜。

（4）苗床管理　出苗后，于清晨日出前或傍晚日落后撤除地膜，加强管理。

① 温度调控　种子出苗前，床温白天维持在 25 ～ 30℃。出苗后，白天温度保持在 25 ～ 28℃，夜温维持 12 ～ 18℃。幼苗 2 片真叶时分苗。

分苗后，白天温度保持在 25 ～ 28℃。

② 肥水管理　苗期需适度控制浇水，晴天中午发现少量幼苗叶片发软时，可渗灌 5%沼液，或 5%有机肥浸出液+500 倍硫酸钾镁。

分苗后、移栽前，每 5 ～ 7 天床底渗灌 1 次 5%沼液或 5%有机肥浸出液+500 倍硫酸钾镁（或 500 倍黄腐酸钾）混合液，保障秧苗的肥水供应。

秧苗长至 5 ～ 6 片真叶时，苗床浇透水，后停水 5 天左右，待营养基质变硬时定植。

定植之前，苗床喷洒 300 倍溃腐灵（或其他小檗碱类植物农药）+100 倍红糖+50 倍发酵牛奶+800 倍大蒜油+400 倍除虫菊素混合液，后移栽。

③ 从第 2 片真叶发生开始，每 7 ～ 10 天喷洒 1 次 100 倍红糖+300 倍靓果安（或其他小檗碱类植物农药）+300 倍硫酸钾镁+300 倍葡萄糖酸钙+600 倍植物细胞膜稳态剂+8000 倍 0.01%芸苔素内酯+20 倍沼液+6000 倍有机硅混合液，连续喷洒 3 ～ 4 次，促进花芽分化，增加长柱花比例，提高植株抗逆性能，保苗健壮。

④ 病虫害防治　分苗与定植时，除喷洒红糖、植物细胞膜稳态剂、芸苔素内酯、小檗碱类植物农药等提高植株抗逆性能，促进发根、快速缓苗之外，还需掺加 500 倍除虫菊素+500 倍 0.7%苦参碱+800 倍大蒜油等杀虫剂，并做到净苗入棚，预防病虫害发生。

4. 定植

辣甜椒幼苗 5 ～ 7 片真叶时定植。

（1）整修畦垄成 M 形双高垄　定植前 5 天左右在高垄平畦的畦沟内

灌透水，3 天后修整垄畦。先在畦面的中心线处开挖深 15 厘米、宽 25 厘米的滴灌沟，沟内铺设滴灌管。将高垄平畦改为 M 形双高垄畦，每 2 条小高垄畦面顶宽 80 厘米、高 25 厘米，操作行呈倒梯形沟状，上宽 50 厘米，底宽 20 厘米，深 25 厘米。

（2）定植方法　宽窄行双行栽苗。在畦面中心的灌水沟两侧，按窄行距 40 厘米、宽行距 90 厘米、株距 25 厘米开挖深 10 厘米的栽植穴，每亩栽苗 4000 株左右。

穴内灌足水，水渗至半穴时放入秧苗，再在秧苗土坨上浇灌 1000 倍土壤生物菌接种剂+1000 倍植物细胞膜稳态剂混合液 100 毫升。土穴升温后覆土埋严土坨，修整畦面，随即开启滴灌管，浇透水。

（3）覆盖地膜　秧苗栽植后随即覆盖地膜，封闭滴灌沟和双高垄畦，土垄地面全面封闭。方法同温室辣甜椒有机栽培技术。

（4）搭建小拱棚　栽苗后随即在 M 形土垄的外沿处，扎钢丝或竹片搭建小拱棚架，并在下午 1 点前后提前关闭通风口，减缓棚内降温，维持棚内较高气温；晚上日落前半小时左右，在小拱棚架上覆盖银色不透光无纺布保温，夜间维持小拱棚内气温 12℃以上，20 厘米表层土壤温度 15℃以上，保护秧苗不受低温侵害。3 月中下旬大棚夜间最低气温稳定在 10℃以上后，撤掉小拱棚架，吊秧。

5. 田间管理

（1）温度调控　定植后 3～5 天，白天棚内温度维持 28～30℃，温度过高开启顶风口通风降温。夜间小拱棚气温维持 16～20℃，清晨最低温度不低于 12℃。阴天温度控制在 18℃，清晨不低于 10℃。

定植 5 天之后，白天大拱棚内温度维持 28～33℃，夜间小拱棚内温度维持 14～20℃，温度过高时通风降温。清晨小拱棚内最低温度不低于 12℃。阴天适度通风降温，白天不高于 20℃，清晨不低于 10℃。

开花结果后，白天气温维持 28～35℃，夜间温度维持 16～20℃，清晨最低温度不低于 12℃，阴天白天温度不高于 20℃，清晨不低于 10℃。

（2）肥水管理　浇灌缓苗水后，严格控制灌溉，进行蹲苗，直至门椒（第1个辣椒）全部坐稳后方可浇水。结合浇水追肥，在滴灌沟内，每亩施入300千克充分发酵腐熟的动物粪便，或沼渣（或沼液）500千克，或糖蜜水溶性有机肥100千克+硫酸钾镁10千克，施肥后滴灌，浇透水。

浇水需在膜下小沟内滴灌或沟灌，严禁大水漫灌。结合浇水，每10～15天追施1次肥，每次每亩施入300千克腐熟动物粪便，或糖蜜水溶性有机肥100千克（或生物菌有机肥150千克）+硫酸钾镁10千克，保障肥水供应，维持植株健壮，提高设施内二氧化碳浓度，增强植株光合效能。

注意：经常观察滴灌沟，做到沟内土壤维持湿润，不干地皮。浇水要在晴天清晨5～8时进行，适度增加浇水次数，减少浇水量，以控制肥水流失，降低棚内空气湿度，预防病害发生，防止土壤忽干忽湿和土壤板结。

（3）光照管理　经常清擦棚膜，维持其较高透光率，改善设施内光照条件。

（4）适时、及时调整植株　植株结果至"八面风"时，需根据植株生长状况，从基部选择2个壮分枝，将植株分成两大部分。对一部分分枝，让其继续向上发展，开花结果。对另一部分分枝，全部在花上留1叶摘心。果实长成、全部采收后，从下部选留2个萌蘖杈，萌蘖以上部分剪除，让萌蘖杈继续生长、开花结果。

留下的部分分枝继续向上发展、成花结果，待分枝过多时，仍然按上述方法分成两部分，一部分继续向上发展、开花结果，另一部分在花上留1片叶摘心，果实采收后剪除。

通过上述方法交替结果，维持较多结果枝，实现株密、枝不密，叶幕层光照充足，提高植株的光合效应。待植株长至150～160厘米时，上部所有分枝全部在花上留1叶摘心。果实采收后，从下部选留2个萌蘖杈，萌蘖以上部分剪除。

按照此方法，两部分分枝交互更替发展、成花结果，让开花结果期维持250天以上，提高经济效益。

（5）及时吊秧　参阅温室辣甜椒有机栽培技术。

（6）根外追肥　开花结果期，结合防治病虫害，每 7～10 天喷洒 1 次 300 倍溃腐灵（或其他小檗碱类植物农药）+100 倍红糖（或 50 倍发酵牛奶）+600 倍植物细胞膜稳态剂+8000 倍 0.01%芸苔素内酯+3000 倍 20%萘乙酸+600 倍硼砂+300 倍硫酸钾镁+300 倍葡萄糖酸钙+6000 倍有机硅混合液，促进坐果，提高坐果率与植株抗逆性能，预防病虫害发生。

（7）掀动农膜，促进土壤空气更新　每间隔 20～30 天，选晴天中午，一人在南端，一人在北端，两人共同拉紧操作行的农膜，进行掀动，促进土壤气体更新，提高根系活性与生理功能。

（8）增施二氧化碳气肥　参阅第四章、第一节中"五、温室有机蔬菜栽培增施二氧化碳气肥技术"。

6. 科学防治病虫害

① 棚内南北方向吊挂黄色、蓝色杀虫板，每 30 平方米各 1 张，诱杀蚜虫、粉虱、斑潜蝇、蓟马等害虫。吊挂高度与生长点平齐，并随生长点上移逐渐升高。杀虫板每 20～30 天更新一次。

② 每次降雨之前，及时抢喷 300 倍溃腐灵（或其他小檗碱类植物农药）+100 倍红糖（或 50 倍发酵牛奶）+600 倍植物细胞膜稳态剂+8000 倍 0.01%芸苔素内酯+3000 倍 20%萘乙酸+600 倍硼砂+300 倍硫酸钾镁+300 倍葡萄糖酸钙+6000 倍有机硅混合液，预防病害发生。

③ 调控棚内温湿度，使棚内空气温湿度不适宜病害发生，而适宜辣甜椒植株的生长发育。

④ 参照执行第四章、第一节中"六、温室有机蔬菜栽培病虫害防治技术"。

十、蔓生豆角

1. 栽培季节

豆角喜温，较耐热，在短日照、大温差条件下，成花节位低。植株最适宜生长温度为 20～32℃。32～35℃的高温条件下，植株生长虽然不受大的影响，但是开花、授粉、受精不良，落花、落荚严重，荚果纤维多、粗糙、品质差。

豆角在大拱棚内栽培，需躲开暑季，实行春、秋两季栽培。春季栽培在大寒前后于温室内或大拱棚内建暖床育苗，苗龄 25～30 天，雨水前后定植于大拱棚内。定植后随即搭建小拱棚，夜晚加盖不透明无纺布保温，大拱棚内夜间最低气温稳定在 6℃以上时，即可撤掉小拱棚，扎架并绑缚秧蔓上架开花结荚，进入暑季后结束。

秋季栽培，大暑前后施肥整地，无须育苗，直接播种。小雪前后，棚内最低气温降至 3℃左右时结束。

2. 高温闷棚，清除残留病虫害

每年 7～8 月份换茬，拔出老秧，就地铺设在操作行沟内，随即每亩撒石灰面 50 千克左右。石灰面制作：在整地之前，每 56 千克生石灰块泼洒 18 千克清水，用农膜封闭 2～3 小时，粉化成粉面状即成。使用时均匀撒施地面，随即覆土埋严老秧，整一高垄畦。垄高 30～35 厘米，垄面宽 80 厘米左右，垄沟宽 40 厘米、深 30～35 厘米。后在垄面上打洞，洞与洞之间相距 25 厘米，洞深 30～35 厘米。打洞后每亩地面细致喷洒 100 倍青枯立克+300 倍 0.7%苦参碱+300 倍 1.5%除虫菊素混合液 50 千克，后立即覆盖地膜，封闭土垄。

清擦棚膜，修补破洞，严密封闭拱棚，闷棚 10～15 天。结合闷棚，每亩大棚内点燃硫黄粉 1.5～2 千克，消灭棚内残存病菌和根结线虫等。

3. 培育壮苗

参阅第三章"四、豆类蔬菜育苗技术"。

4. 大棚春季豆角有机栽培技术

（1）整地与施基肥　闷棚之后撤除地膜，结合耕翻土壤，每亩撒施硫酸钾镁 30 千克，硅钙钾镁土壤调理剂 30 千克，优质腐熟动物粪便 3000

千克，有机饼肥 50 千克（或高氮海藻有机肥 50 千克），土壤生物菌接种剂 500 克。粪、肥、生物菌等需提前 30 天左右掺混均匀，用农膜封闭，发酵腐熟后施用。

撒肥后随即旋耕，整南北向高垄平畦，畦面东西宽 90 厘米、高 20 厘米，畦沟宽 50 厘米、深 20 厘米。后在畦沟内灌水，结合灌水整修畦面。杂草大部分萌发后，锄地灭草，修整畦垄成宽 M 形双高垄畦，双垄畦面东西总宽 90 厘米，高 25 厘米，畦面正中有一深 15 厘米、宽 30 厘米的灌水沟，沟底铺设滴灌管。南北向的操作行呈倒梯形沟状，上宽 50 厘米，底宽 20 厘米，深 25 厘米。

（2）定植　先在操作行畦沟内灌足水造墒，土壤温度升高至 12 ~ 13℃时定植。在 90 厘米宽的 M 形双高垄畦的 2 条 30 厘米宽的小高垄上，按窄行距 50 厘米、株距 15 厘米、宽行距 90 厘米开挖 10 厘米深的栽植穴，穴内浇足水，水渗至半穴时排放秧苗，每亩栽苗 6200 穴左右，每穴双株，每亩栽 12400 株左右。后轻轻按压土坨，使土坨平面与畦面平齐，再浇灌 1000 倍土壤生物菌接种剂+1000 倍植物细胞膜稳态剂混合液 100 毫升，利用有益生物菌保护根系，使其不受有害菌类危害，用植物细胞膜稳态剂促进迅速发根、快速缓苗。穴内土壤温度提升后封土埋穴。注意：严禁用力按压根际土壤，防止秧苗土坨散块伤及根系。

整理畦面，消除土块，窄行用 50 厘米宽的地膜，宽行用 140 厘米宽的旧农膜，把土垄、操作行地面全面封闭，覆盖方法参阅第四章、第一节中"二、温室有机蔬菜栽培整地与地膜覆盖技术"。后随即滴灌，浇透水，至畦面显湿润。

（3）直播栽培　在整好的 M 形双高垄畦面上覆盖地膜，滴灌至底层土壤湿润，后播种。播种方法：按窄行距 50 厘米、株距 15 厘米、宽行距 90 厘米，用手指扣破地膜，开 2 ~ 3 厘米长、3 厘米深的播种穴，穴内放 3 粒经过浸种、消毒并用土壤生物菌接种剂处理过的种子，后在地膜开口处覆盖细土，封闭、压严地膜口。

幼苗出土后，长至3片真叶时，用剪刀剪除小苗、大苗、弱苗，每穴保留2株生长健壮、长势均匀的壮苗。

（4）搭建支架　豆角属蔓生植物，其植株需借助支架向上攀缘，因此必须搭建支架。搭建方法同大棚黄瓜有机栽培技术。

支架搭建好后，豆角伸蔓后会自行缠绕，旋转向上延伸。

（5）田间管理

① 植株调整　豆角上架之后，各个主蔓会自行沿支架盘旋向上延伸，中晚熟品种，主蔓多在5～9节出现第一花序，第一花序以下的侧蔓，或及早抹除，排除竞争，节省营养，促进结荚，或留2叶摘心，促其侧蔓形成花序。

主蔓上部，每节叶腋间都会生长花序或叶芽。无花序节的叶芽，留2叶摘心，促使其侧蔓尽早形成花序。

主蔓长至高120～150厘米时，应及时摘除生长点，促使其多发侧蔓，形成更多花序。

②温度调控　定植后3～5天，晴日白天棚内空气温度维持25～30℃，温度高于30℃时，开启顶风口通风降温。夜间温度维持10～18℃，清晨最低温度不低于8℃。阴天棚内空气温度控制在18℃左右，清晨不低于8℃。

定植5天之后，白天棚内气温维持25～30℃，夜间维持10～16℃，温度过高通风降温，清晨最低气温不低于8℃。阴天适度通风降温，白天棚内气温不高于18℃，清晨不低于8℃。

开花后，白天温度维持25～32℃，高于32℃时，开启顶风口通风降温，夜间温度维持10～16℃，清晨最低温度不低于8℃。阴天棚内气温控制在18℃左右，清晨最低气温不低于6℃。

（6）肥水管理　豆角结荚以前，一般不浇水、不追肥，以控制植株旺长，促进根系发育。一旦第一花序结荚、坐稳，需及时、适时浇水、第二花序结荚坐稳后，应适度增加浇水频率，维持土壤表面见干见湿，5厘米以下深层土壤湿润。

浇水需在膜下灌水沟内滴灌或沟灌。浇水要在晴天清晨进行，小水勤灌，严禁大水漫灌。

结合浇水，每 10～15 天追 1 次肥。每次每亩冲施沼液或腐熟动物粪便 300 千克+硫酸钾镁 10 千克（或黄腐酸钾 5 千克，或高氮海藻有机肥 10 千克），或冲施糖蜜水溶性有机肥100 千克，保障肥水供应，维持植株健壮，增强植株光合效能，延长结荚时间。

如果豆角营养生长过旺，可适度减少浇水次数与浇水量，降低夜温，防止植株旺长。

（7）根外喷肥　豆角定植后，为促进植株加速生长、尽早结荚，提高结荚率，应加强根外追肥。根外追肥可结合防治病虫害进行。

定植时，喷洒一次 300 倍靓果安（或其他小檗碱类植物农药）+800 倍大蒜油+100 倍红糖（或 50 倍发酵牛奶）+5%沼液+500 倍 0.7%苦参碱+300 倍硫酸钾镁+800 倍植物细胞膜稳态剂+8000 倍 0.01%芸苔素内酯+600 倍硼砂（或 1000 倍速溶硼）+6000 倍有机硅混合液。后每间隔 7～10 天喷洒 1 次，提高植株营养水平，增强其抗逆性与光合效能，促进结荚，预防病虫害发生。

5. 大棚秋豆角有机栽培技术

（1）整地与施基肥　7 月份高温闷棚，结合闷棚整地并施基肥。每亩均匀撒施硫酸钾镁 30 千克，硅钙钾镁土壤调理剂 30 千克，优质腐熟动物粪便 3000 千克，有机饼肥 50 千克（或高氮海藻有机肥 50 千克），土壤生物菌接种剂 500～1000 克。粪、肥、生物菌等需提前 30 天左右掺混均匀，用农膜封闭，发酵腐熟后施用。

撒肥后随即旋耕，整南北向高垄平畦，整畦方法同大棚春季豆角有机栽培技术。

（2）播种　立秋前后，在整好的 M 形双高垄畦面上，按窄行距 50 厘米、株距 15 厘米、宽行距 90 厘米开深 3～5 厘米的穴，穴内分散放 3 粒经过浸种、消毒并用土壤生物菌接种剂与植物细胞膜稳态剂处理过的种子，后覆土封穴。

（3）田间管理

① 温度调控　播种后随即大开所有通风口降温，棚膜上方撒细土面，适度遮阳。注意：白天棚内气温不得高于33℃，尽量维持在32℃以下。夜间棚内气温尽量控制在25℃以下。9月份棚外降温之后，注意调节通风口，白天温度维持25～32℃，夜间温度维持10～16℃，清晨最低气温不低于8℃，阴天棚内气温控制在18℃左右，清晨最低气温不低于8℃。10月下旬后，注意及时关闭通风口保温，白天棚内气温维持20～30℃，夜间维持8～16℃，清晨最低气温不低于6℃，阴天棚内气温控制在18℃左右，清晨最低气温不低于5℃。

② 其他管理　注意及时锄地灭草，肥水管理、根外追肥、植株调整等管理技术参阅大棚春季豆角有机栽培技术。

6. 科学防治病虫害

① 棚内南北方向吊挂黄色、蓝色杀虫板，每30平方米各1张，诱杀蚜虫、粉虱、斑潜蝇、蓟马等害虫。吊挂高度与生长点平齐，并随生长点上移逐渐升高。杀虫板每20～30天更新1次。

② 每次降雨之前，及时抢喷300倍溃腐灵（或其他小檗碱类植物农药）+300倍硫酸钾镁+400倍葡萄糖酸钙+6000倍有机硅混合液，预防病害发生。

③ 调控棚内温湿度，使棚内空气温湿度不适宜病害发生，而适宜豆角植株的生长发育。

④ 注意严密封闭防虫网，每次进棚管理，都要谨慎开门，随即关门，严防害虫进棚为害植株。

⑤ 若发生炭疽病，可在发病初期及时喷洒200倍靓果安（或其他小檗碱类植物农药），或喷洒200倍等量式波尔多液。

若发生豆野螟，需在发生初期细致喷洒300倍白僵菌（或600倍杀螟杆菌）+500 倍 1.5%除虫菊素+6000 倍有机硅混合液防治。

若发生蚜虫、斑潜蝇等虫害，幼苗期可细致喷洒 500 倍 0.7%苦参碱+500 倍 1.5%除虫菊素+6000 倍有机硅混合液防治。

若发生红蜘蛛，可在发生初期及时喷洒 0.3 波美度石硫合剂防治。

⑥ 参照执行第四章、第一节中"六、温室有机蔬菜栽培病虫害防治技术"。

十一、叶菜类

叶菜类大多数为喜冷凉蔬菜，例如菠菜、小油菜、油麦菜、生菜、茼蒿等，比较耐热的有小白菜、菜心、芥蓝、苋菜、空心菜等，此类菜大多数以采摘鲜嫩叶食用，生育期短，从播种至收获多数在 30～60 天，少者 20 天。其中空心菜、苋菜、菜心、芥蓝可一次播种、多次采收，生育期长达 100～300 天。叶菜类蔬菜的有机栽培技术如下：

1. 茬口安排

菠菜喜冷凉，耐寒，不耐高温，一般 9 月份至翌年 3 月份播种，每 40～50 天一茬。

小油菜、油麦菜、小白菜（杭白、鸡毛菜）、生菜等喜冷凉蔬菜，较耐热，自 1 月份至 12 月份，每间隔 10～20 天播种一茬，每茬 20～40 天收获。

苋菜、空心菜、菜心、芥蓝等较耐热，可在 1～3 月份育苗，2～4 月份定植，3～12 月份收获。

2. 整地与施基肥

每次换茬之前，在原高垄畦面上撒肥，每亩撒施硫酸钾镁 30 千克，硅钙钾镁土壤调理剂 30 千克，优质腐熟动物粪便 1000～2000 千克。粪、肥等需掺混均匀，掺加土壤生物菌发酵腐熟后施用。撒肥后随即旋耕，重新修整高垄平畦。畦面宽 100～120 厘米（根据大棚宽度确定）、高 15 厘米、畦沟宽 30 厘米、深 15 厘米，苗畦东西方向，在第 2、4、6、8……条畦沟内放置微喷灌管，每管喷灌 2 畦。播种前先喷灌足水，结合灌水整平畦面。封闭设施农膜，提温至 30～32℃。

杂草大部分萌发后，锄地灭草，修整畦面，后播种或育苗移栽。

3. 培育壮苗

参阅第三章"三、十字花科蔬菜育苗技术"及"九、空心菜育苗技术"。

4. 定植

秧苗移栽前 3～5 天，苗床停止浇水，移栽前 1 天，下午 4 点后苗床细致喷洒 300 倍溃腐灵+300 倍硫酸钾镁+50 倍米醋+500 倍 1.5%除虫菊素+800 倍大蒜油+20 倍沼液，第二天定植。

开挖栽植沟：从菜畦的一端，东西间距 8～10 厘米，开挖 1 条南北向深 5 厘米、宽 4 厘米左右的栽植沟备栽。

从苗床取育苗盘时，先两手端起育苗盘，向地面水平摔打 1～2 次，震动营养基质，使之脱离盘壁，再平端运往菜地。开沟后轻轻取出秧苗（注意秧苗根系需完整，多带营养基质），按东西向株距 6 厘米垂直排放于沟底，立即封土覆盖，埋严营养基质土坨。

每两排微喷灌管两边的菜畦定植完毕后，立即开启微喷灌管，喷灌菜畦秧苗至浇透水。

5. 直播栽培

设施内灭草后，整理畦面，让土壤疏松、透气、平整、细碎，土壤含水适量，无杂草，后播种。

（1）计算播种量　每平方米播种 180 粒种子，确保出苗 160～170 株，每个菜畦 22～24 平方米，需种子 4000 粒左右。按照每种叶菜种子的千粒重计算每畦种子用量。例如：小白菜种子，其千粒重 2～3 克，4000 粒种子需用种子 8～12 克，每 24 平方米菜畦需播种 12 克。

（2）掺土撒播　把 12 克小白菜种子掺混于 1.5～2.5 千克细土中，充分搅拌均匀，再分成 3 等份，每份都细致撒播整个菜畦。播后仔细搂耙畦面，后开启微喷灌，喷灌至土壤湿润。随即覆盖地膜，2 天左右，幼苗大部分出土，于傍晚日落后撤除地膜，第二天清晨再次喷水灌溉。

6. 田间管理

① 叶菜类秧苗定植后或直播出苗后，必须及时用井水微喷，浇灌缓苗水，降低土壤温度，维持土壤湿润，促进缓苗，加速植株生长。

缓苗水一般每 1～2 天微喷 1 次，连续微喷 2～3 次，直至秧苗全部成活并开始生长，随即细致锄地松土，消灭杂草，促进发根。

此后，小水勤灌，一直维持土壤湿润，结合喷灌，每 10～15 天追施 1 次 5%沼液或 5%腐熟动物粪便浸出液。秧苗长至 12～15 厘米时采收。

② 温度管理：大拱棚叶菜类栽培，白天温度必须调控在 15～20℃，夜温 5～15℃。如果室外温度过高，应开启通风口或覆盖遮阳网降温，维持设施内温度不高于 25℃。

7. 病虫害防治

① 棚内南北方向吊挂黄色、蓝色杀虫板，每 30 平方米各 1 张，诱杀蚜虫、粉虱、斑潜蝇、蓟马等害虫。吊挂高度根据不同蔬菜种类的高矮，离地面高度 30～60 厘米。杀虫板每 30 天左右更新 1 次。

② 每次降雨之前，及时抢喷 300 倍溃腐灵（或其他小檗碱类植物农药）+600 倍植物细胞膜稳态剂+300 倍硫酸钾镁+400 倍葡萄糖酸钙+6000 倍有机硅混合液，促进植株生长，预防病害发生。

③ 调控棚内温湿度，使棚内空气温湿度不适宜病害发生，而适宜不同叶菜类植株的生长发育。

④ 注意严密封闭防虫网，每次进棚管理都要谨慎开门，随即关门，严防害虫进棚为害植株。

⑤ 若发生霜霉病、白粉病，可在发病初期及时喷洒 0.3 波美度石硫合剂。

若发生菜螟、跳甲等害虫，需在发生初期细致喷洒 300 倍白僵菌（或

600 倍杀螟杆菌）+500 倍 1.5%除虫菊素等混合液防治，或喷洒 50 倍辣椒+50 倍大蒜液（辣椒、大蒜需事先打浆，浸泡 10 小时后喷洒）。

若发生蚜虫、斑潜蝇等危害，幼苗期可细致喷洒 500 倍 0.7%苦参碱+500 倍 1.5%除虫菊素混合液防治，或喷洒 50 倍辣椒+50 倍大蒜液（辣椒、大蒜需事先打浆，浸泡 10 小时后喷洒）。

若发生红蜘蛛，可在发生初期及时喷洒 0.3 波美度石硫合剂防治。

⑥ 参照执行第四章、第一节中"六、温室有机蔬菜栽培病虫害防治技术"。

十二、韭菜

韭菜喜冷凉，抗寒，耐热，其最适宜生长发育温度为 12 ~ 24℃。韭菜具有健壮的地下根茎，遇-40℃的低温仍可安全越冬；春季气温上升至 2 ~ 3℃时，鳞茎可萌发新芽，6 ~ 15℃时生长速度加快，上升至 16 ~ 20℃时生长速度减缓，25℃以上时生长几乎停止。因此，栽培韭菜必须选择冷凉地带，躲开高温，方能产出高产、优质的有机韭菜。

1. 培育壮苗

参阅第三章"七、韭菜育苗技术"。

2. 整地与施肥

（1）施肥 结合整地，每亩撒施腐熟有机羊粪 4000 千克，硫酸钾镁 30 千克，硅钙钾镁土壤调理剂 30 千克，海藻肥 50 千克，腐熟菜籽饼肥 100 千克，土壤生物菌接种剂 1000 克，石灰粉 30 ~ 50 千克。

硫酸钾镁、海藻肥、菜籽饼肥、生物菌等全部掺混入有机羊粪中，搅拌均匀后，用农膜封闭发酵 20 天左右，充分腐熟后，于整地前均匀撒施地面。

石灰粉制作与使用：每 56 千克生石灰块用 18 千克清水均匀泼洒，用农膜封闭 2 ~ 3 小时，让其粉化，随即均匀撒施地面，撒后立即旋耕，掺混入土，预防与空气中的二氧化碳反应而失效。

（2）整地做畦　畦宽 120 厘米，畦高 10 厘米，畦沟宽 40 厘米，沟内间隔铺设微喷灌管，喷灌透水后，覆盖农膜增温，促使杂草萌发。杂草大部分出土时，撤去农膜，细致喷洒 300 倍 1.5%除虫菊素+300 倍 0.6%苦参碱+300 倍白僵菌混合溶液，结合灭草旋耕，消灭地下害虫。修整畦面，后定植。

3. 起苗定植

韭菜定植，需选在气温不高于 23℃的早春或中晚秋季节，秧苗移栽前 5～7 天，苗床停止浇水。移栽的前 1 天，下午 4 点后，细致喷洒 300 倍溃腐灵+100 倍红糖+300 倍硫酸钾镁+50 倍米醋+5%沼液混合液，第二天起苗。

（1）起苗　起出秧苗，随即剔除弱小植株，捋齐后须根留 5 厘米长，剪除先端，再将叶片上部在叶鞘上留 5 厘米左右剪除。后用 500 倍 1.5%除虫菊素+500 倍 0.7%苦参碱+100 倍土壤生物菌接种剂+8000 倍 0.01%芸苔素内酯+100 倍植物细胞膜稳态剂混合液浸泡秧苗 5～15 分钟，后定植。

（2）定植　从畦面的一端，按行距 32 厘米左右开挖深 8～10 厘米、宽 8 厘米左右的定植沟，两沟之间有宽 20～25 厘米土垄，在沟内按丛距 5～7 厘米，每丛 2～3 株，栽深 3 厘米左右，以叶鞘下部埋入土中、叶鞘上部露出地面为度，留有深 4 厘米左右的浅沟的方法栽植秧苗，以便于以后培土。随即在定植沟内灌水稳苗，每亩栽苗 8 万～10 万株。

注意：每定植一畦，随即畦面扎拱棚架，用防虫网严密封闭，严防韭蝇侵入菜田产卵，诱发韭蛆，危害韭根。

4. 田间管理

（1）肥水管理　韭菜定植后，注意及时用井水浇灌缓苗水，降低土壤温度，维持土壤湿润，促进缓苗。

缓苗水每 2～3 天微喷 1 次，连续微喷 2～3 次，直至秧苗全部成活，开始生长。后细致锄地、松土灭草，控水 10 天左右，适度蹲苗，促发新根，使之根系发达。

此后，勤小水喷灌，维持土壤见干见湿，结合灌溉，每 15 天左右喷施 1 次沼液或腐熟动物粪便浸出液，每亩 200 千克左右，或糖蜜水溶性有机肥 50 千克左右。

秧苗长至 20 厘米左右时，再次浅锄疏松土壤，消灭杂草。此后增加喷灌水频率，维持土壤湿润，结合灌溉，每 10 天左右喷施 1 次沼液或腐熟动物粪便浸出液，每亩 300 千克。

必须注意，每次采收前 3～4 天，需浇灌 1 次沼液或充分腐熟的动物粪便浸出液，每亩 300 千克。收割后，新芽长至 5 厘米之前，严禁浇水；若收割后随即浇水，极易诱发韭菜病害。

（2）温度调控　大拱棚栽培韭菜，白天温度适宜调控在 10～20℃，夜温 5～10℃，不得低于 0℃。如果室外温度过高，应覆盖遮阳网降温，增大通风量，维持棚内气温不得高于 25℃。

（3）越夏管理　气温高于 25℃后，进入夏季高温季节，韭菜基本停止生长，纤维老化，俗语"六月韭，臭死狗"便形象地说明了这一规律。故大棚韭菜栽培进入高温季节，要把大棚所有通风口全部大开，并在棚膜上覆盖遮阳网降温，或在小棚的防虫网上面覆盖旧防雨农膜，防雨农膜两边底部保留 30 厘米高的通风口，床畦两头不封闭，保障空气流通，农膜上面撒细土面遮阳，降低苗床畦面温度。

每次降雨之前，喷洒 300 倍溃腐灵（或其他小檗碱类植物农药）+300 倍硫酸钾镁+50 倍发酵牛奶+800 倍植物细胞膜稳态剂+6000 倍有机硅混合液，预防病害发生。

高温季节过后，结合浇水追施 1 次沼液或腐熟动物粪便浸出液，每亩 500 千克，3～5 天后割除老韭。待新芽长至 5～7 厘米时，在行间开深 5～7 厘米的浅沟，沟内均匀撒施腐熟饼肥，每亩 200 千克，或腐熟动物粪便 1000 千克，结合覆土封沟，在韭菜根际覆盖细土，厚 1～2 厘米，进行秋季栽培。

（4）秋季管理　秋季割过 2 茬后，不再收割，加强肥水管理，根外喷洒 300 倍硫酸钾镁+50 倍食醋+800 倍植物细胞膜稳态剂+5%沼液，提高植株光合效能，保叶养根，积蓄有机营养，为翌年早春丰产打基础。

气温降至-6℃后，叶片开始萎蔫，逐渐枯黄，全部枯黄后，清除残秧，越冬。

5. 分株移栽

韭菜分蘖能力极强，每分蘖一次新株，所发新根都高于老根，所以韭菜根系随栽培时间的延长逐渐上移，这种现象称为"跳根"。

鉴于韭菜生长的"跳根"规律，栽培韭菜不但每年都需培土，还应适时、及时分株移栽。分株移栽一般 2～3 年一次，需在春、秋季节气温 20℃左右时进行。

刨出老株，掰除植株基部衰老鳞茎，只保留叶鞘下部的新生健壮鳞茎，重新栽植，栽植方法同韭菜"定植"。

6. 病虫害防治

① 参照执行第四章、第一节中"六、温室有机蔬菜栽培病虫害防治技术"。

② 对韭菜危害最严重的害虫是韭蛆，大拱棚栽培应在通风口配备防虫网全面封闭；或在韭菜畦面上搭建小拱棚架，棚架上封闭防虫网，严防韭蝇及其他害虫侵入，预防韭蛆等虫害发生。

③ 设施内吊挂黄色、蓝色杀虫板，每亩各30张以上，及时诱杀进入棚内的蚜虫、白粉虱、斑潜蝇、蓟马等害虫。进出大棚要做到随手关门，预防韭蝇等害虫侵入。

④ 如果发生韭蛆危害，需在韭菜收割之后，选择晴天清晨，将韭菜畦面用新的聚氯乙烯农膜覆盖严密，农膜周边用泥土压严封闭，经过 1～2 个晴天，可比较彻底地杀死韭根中的韭蛆、蝇卵、蝇蛹等。

⑤ 如果发生其他虫害，需及时喷洒 500 倍 1.5%除虫菊素+500 倍 0.7%苦参碱+300 倍苏云金杆菌+600 倍植物细胞膜稳态剂+6000 倍有机硅混合液。

⑥ 每次变天之前，及时喷洒 300 倍溃腐灵（或其他小檗碱类植物农

药）+300 倍硫酸钾镁+50 倍发酵牛奶+600 倍植物细胞膜稳态剂+6000 倍有机硅混合液，提高植株抗逆性与光合效能，预防病害发生，促进植株生长健壮。

十三、马铃薯

1. 整地与施肥

（1）施肥耕翻　结合整地，每亩施腐熟羊粪 4000 千克（或腐熟鸡粪 3000 千克）+硫酸钾镁 80～100 千克+硅钙钾镁土壤调理剂 50 千克+土壤生物菌接种剂 1000 克。动物粪便、硫酸钾镁、硅钙钾镁土壤调理剂、生物菌必须在播种前 30～40 天掺混均匀，封闭发酵，充分腐熟后，于播种之前均匀撒施地面，后旋耕。

（2）消灭地下害虫　耕后每亩地面立即细致喷洒 300 倍 0.7%苦参碱+300 倍 1.5%除虫菊素+600 倍苏云金杆菌混合液 50～60 千克，消灭地下害虫，喷后立即旋耕。待大部分杂草萌发后，除草，喷灌造墒，播种。

2. 种子准备

（1）备种　大拱棚栽培马铃薯每亩需达到 4000 株左右，每亩需种薯≥200 千克。

（2）切块、消毒　种薯用 500 倍高锰酸钾+3000 倍有机硅+100 倍植物细胞膜稳态剂混合液浸泡 3～5 分钟消毒，晾干后切块。每个种块重 80～100 克，每千克种薯切块 10～12 块，切块刀需用 500 倍高锰酸钾溶液消毒，每块种薯只保留一个顶部芽眼，其余芽眼切块时扣掉。

（3）草木灰拌种　每 100 千克切好的种块用 4～5 千克草木灰拌种。拌种后方可播种。注意：如需堆放种块，必须通风，防止种块发热、烧种。

3. 播种

（1）播种时间　在大拱棚内种植马铃薯，可于 1 月中旬前后播种，4～5 月份提前上市，其经济效益显著高于露地栽培。

（2）播种 按窄行距 30 厘米、宽行距 80 厘米机械播种，或人工开挖深 5~7 厘米的播种沟，沟内播放种块，每 30~35 厘米排放 1 个种块（注意：芽眼在种块的侧面方向），每亩播种 3800~4000 株。后在种块上面覆土起垄，垄高 10~12 厘米（种块埋深 12~15 厘米），随即铺设滴灌管、覆盖地膜，膜上适当覆土压紧、压严。

（3）防治地老虎 播种后，用 50 倍 0.7%苦参碱+50 倍 1.5%除虫菊素与切碎的新鲜菜叶或嫩鲜草掺混搅拌，制作毒饵，菜叶长度 2~3 厘米。在太阳落山 30~60 分钟后，地面撒放毒饵，每亩撒放 3~5 千克，连续撒放 2 天，以消灭地老虎等害虫。

4. 田间管理

（1）除芽 出苗后留独芽生长，多余芽子及时抹掉。

（2）温度调控 播种前 3~5 天封闭拱棚，提高土壤温度，土壤最低温度稳定在 5℃以上时，即可播种。播种后白天棚内气温维持 15~28℃，下午 2 点前封闭通风口保温，夜间棚内空气最低温度维持在 2℃以上，若低于 2℃，需用不透明无纺布覆盖土垄，维持土壤温度 8~14℃。

秧苗出土后，白天棚内空气温度维持 10~20℃，夜间空气温度维持 5~10℃。

团棵之后，白天空气温度维持 15~25℃，夜间空气温度维持 10~15℃，此后注意通风，每天 10、11、12、13 时多次观察棚内气温，随时调控通风口，尽量维持棚内气温不高于 25℃，极端最高气温不高于 28℃。

（3）肥水管理 秧苗现蕾初期，破除地膜，结合浇水，每亩撒施腐熟鸡粪 1000 千克+硫酸钾镁 30 千克，后培土加厚土垄。盛花期再次浇水，结合浇水每亩撒施硫酸钾镁 10~20 千克或冲施沼液 500 千克。

根外追肥：出齐苗后，幼苗长至 5~8 厘米高时，喷洒 8000 倍 0.01%芸苔素内酯+600 倍植物细胞膜稳态剂+50 倍发酵牛奶+300 倍溃腐灵+300 倍硫酸钾镁+3000 倍有机硅混合液。

播种后到团棵期以前禁止浇水，以防种块霉烂。团棵到显蕾前适当控水，人工除草。显蕾时，结合浇水每亩追施硫酸钾镁 20 千克+糖蜜水溶性有机肥 100 千克。

浇水以滴灌为最佳，也可以沟灌，严禁喷灌，以免诱发晚疫病。沟灌时浇水量严禁漫过栽培土垄，以水漫垄高 1/2 为佳。土壤半干时，结合锄地松土进行根际覆土。

5. 病虫害防治

① 参照执行第四章、第一节中"六、温室有机蔬菜栽培病虫害防治技术"。

② 种块用 50 倍溃腐灵（或其他小檗碱类植物农药）或 500 倍高锰酸钾液浸种 5~10 分钟，消灭块茎上引发晚疫病、环腐病、疮痂病等病害的病菌。

③ 播种后、出苗前，全园区（包括地边、沟边杂草）细致喷洒 300 倍白僵菌+500 倍苏云金杆菌+500 倍 0.7%苦参碱+500 倍 1.5%除虫菊素+6000 倍有机硅混合液，消灭绿盲蝽与地老虎、金针虫、蛴螬等地下害虫。

④ 团棵期（块茎鸡蛋大小时），喷洒 300 倍溃腐灵（或其他小檗碱类植物农药）+800 倍大蒜油+500 倍 0.7%苦参碱+500 倍 1.5%除虫菊素+6000 倍有机硅+600 倍植物细胞膜稳态剂+8000 倍 0.01%芸苔素内酯混合液，提高植株抗逆性与光合效能，预防病虫害发生。

⑤ 显蕾期喷洒 300 倍溃腐灵（或其他小檗碱类植物农药）+6000 倍有机硅+600 倍植物细胞膜稳态剂+8000 倍 0.01%芸苔素内酯+500 倍氨基酸+300 倍硫酸钾镁+500 倍 0.7%苦参碱+500 倍 1.5%除虫菊素，促进块茎膨大，预防病虫害发生。

6. 采收

棚内最高气温达到 30℃时需及时采收。如为提早上市，薯块重量达到 150~180 克即可提前采收，采收前 15 天禁止浇水。

第六章

露地有机蔬菜节本高效栽培技术

一、西瓜

1. 栽培季节

露地栽培西瓜，分春茬西瓜栽培和麦茬西瓜栽培。根据全国西瓜生产、销售形势，以麦茬栽培效益更高。

春茬栽培，一般在 3 月份育苗，4 月份定植或直播，7 月份前后收获，二茬瓜 8 月份收获。

麦茬栽培，5 月底至 6 月上旬育苗，6 月上中旬定植，也可小麦收割前 5 天或收割后直播，9 月上中旬至 10 月初收获。

2. 春茬西瓜有机栽培技术

（1）施肥与整地　需在冬前 11 月份深耕土壤，只耕不耙，垡头越冬、熟化土壤，翌年春天土壤翻浆时旋耕。结合旋耕，每亩施腐熟动物粪便 1000 ~ 2000 千克，硫酸钾镁 20 ~ 30 千克，硅钙钾镁土壤调理剂 30 ~ 40 千克，土壤生物菌接种剂 500 ~ 1000 克，各种肥料和生物菌等需全部掺混入动物粪便中，发酵腐熟后均匀撒施地面，后旋耕，整东西向高垄平畦。畦面宽 160 厘米，畦沟宽 40 厘米、深 30 厘米。

（2）培育壮苗

① 选种　选用抗病、优质、丰产的优良品种。

② 培育壮苗　参阅第三章"一、瓜类蔬菜嫁接育苗技术"。

③ 造墒灭草　3月中旬，土壤灌足水（高垄畦面喷灌），促进杂草萌发，大部分杂草萌发后，锄地除草，修整畦面，根据当地主要风向，畦面的迎风向半边覆盖宽120～140厘米的地膜保墒、提高土温，后播种或移栽。

④ 定植或直播　在高垄畦迎风面的南边缘，离开畦沟边缘30厘米的东西线上，按株距50厘米开穴定植，每亩栽植600～660株。

a. 种子直播　4月上中旬进行田间直播。在垄畦迎风面的一边，事先覆盖120～140厘米的地膜保墒、提温，预防草害发生。地膜边缘用细土压严，地膜表面适度压土，以固定地膜，防止被风吹开，刮碎地膜。

播种时，在离开畦沟边缘30厘米的东西线上，按株距50厘米在地膜上开挖长3厘米、宽1.5厘米、深1厘米的播种穴，在穴内正中处平放1粒经过处理、刚刚发芽的种子，后在穴上覆埋细土，堆成直径10厘米左右、厚2～3厘米的土堆，将地膜开口封闭。为预防缺苗，需在播种前3天用少量种子播种于营养钵中，培育秧苗，以备缺苗时补栽，确保全苗。如果墒情不足，播种时需先在穴内浇透水，适量覆土，调整至穴深1厘米，造墒后播种。

b. 育苗移栽　用栽苗开穴器，按株距50厘米在地膜上开深10厘米、直径10厘米的定植穴，放入秧苗，后穴内灌足水，并轻轻按压土坨，让土坨顶部平面与畦面同高，水渗后再在土坨上浇灌1000倍土壤生物菌接种剂+1000倍植物细胞膜稳态剂混合液100毫升，随即封土埋严地膜开口。

（3）定植后管理

① 西瓜整枝　瓜秧主蔓长至5片真叶时摘心，促发1次副蔓，所发副蔓选留4～5条壮蔓，其余弱小者抹除，1次副蔓再发2次副蔓，除结瓜节位处的2次副蔓留下，其余及早抹除，幼瓜坐稳后不再抹芽。

② 压瓜秧　瓜秧应顺风向斜向对面延伸，瓜秧延伸至40厘米左右时，需用土块压瓜秧；或沿瓜秧延伸方向，在瓜蔓下开挖深3厘米左右、长10～15厘米的条沟，将瓜蔓埋压于沟内，固定瓜秧；或用长20厘米左右的细软枝条、苇子条等，弯成倒U形，套住瓜秧生长点后部25厘米左右处，将枝

条两端插入土壤，把瓜秧固定，防其被风吹滚卷秧，影响光合作用。

压瓜秧，需每3～5节压一次，结合压瓜秧，调整瓜秧，使之均匀排列并沿顺风向与东西向成60°夹角向前延伸，压瓜秧的同时摘除瓜杈，减少营养消耗。

压瓜秧能促进瓜蔓发生不定根，增加对水肥的吸收，并能抑制瓜秧营养生长过旺。压瓜秧越勤，留头越短，抑制作用越强。如果瓜秧营养生长偏旺，需短留瓜头，在离生长点20厘米处压，每3～4节压一次；如果营养生长偏弱，需长留瓜头，在离生长点30厘米处压，每4～5节压一次。通过压瓜秧，调整瓜秧长势，使之均衡生长。

③　人工授粉　第2～3雌花开放时进行，上午6～11点时，从旁边一株瓜秧上摘取雄花，用其雄蕊涂抹正开放的雌花花蕊。每株瓜秧，一次性授粉同一天开放的雌花2～3朵，后摘除畸形瓜，每株留双瓜。

授粉时，每朵雄花只能授粉1朵雌花，要反复涂抹雌花柱头2～3次，确保授粉完全，不出现或极少出现畸形瓜。

如果瓜秧过旺，为保障坐瓜，授粉的同时需在距离生长点20厘米处捏扁瓜秧，不可捏断，出水即可，以破坏其输导组织，减少营养向生长点处运送，促进坐瓜，加速幼瓜膨大。

④　肥水管理　主蔓摘心后、副蔓长至3～4片真叶时，需在瓜秧旁边的操作行沟内灌水，促进瓜秧生长，结合浇水每亩冲施糖蜜水溶性有机肥30～50千克。

授粉之前，再在畦面北部近边缘处开挖深20厘米、宽20厘米的东西向沟，沟内追肥，每亩追施腐熟鸡粪（或其他动物粪便）1000千克+硫酸钾镁20千克+充分发酵腐熟的豆饼50千克，或糖蜜水溶性有机肥100千克。施肥后，浅翻瓜沟，让肥、土掺混均匀，并封埋施肥沟。注意：追肥后不要浇水，以免瓜秧旺长，影响坐瓜。

西瓜幼瓜坐稳，长至鸡蛋大小时，再在操作行沟内灌足水。后每间隔7～10天浇灌1次，连续2～3次。结合浇水冲施水溶性糖蜜有机肥。采收前 1 周停止灌溉。

⑤ 垫瓜与翻瓜　幼瓜长至鸡蛋大小后，需在瓜前部 3 厘米处，培一长 20 厘米左右、宽 15 厘米左右、后部高 6~8 厘米、前部高 3~5 厘米的斜面土台，将幼瓜瓜柄伸直，瓜柄处在土台最高处，瓜头在较低处，将瓜垫起，预防雨水涝渍西瓜，诱发病害，降低西瓜品质。

幼瓜长至 7 成熟时，早熟品种 20 天左右、中熟品种 25 天左右、晚熟品种 35 天左右，需将幼瓜底部翻转 80°，让其着地面见光，临采收前 5 天左右再次翻瓜，将瓜回转 160° 左右，让其新着地面翻向另一侧面，让整个西瓜色泽均匀明亮，提高商品外观品质。

⑥ 坐二茬瓜技术　一茬瓜采收前 15 天左右，对瓜秧前部瓜杈开放的雌花进行人工授粉，坐二茬瓜，后每株选留 2 个瓜形较长、圆正、皮色明亮、生长健壮的幼瓜，培育二茬瓜。

生产二茬瓜，必须加强肥水管理，注意维持瓜秧健壮，不得乱踏瓜秧。二茬瓜坐稳后，仍需进行地下和根外追肥，结合灌溉，每亩沟内冲施充分腐熟的动物粪便 500 千克+硫酸钾镁 25 千克，或沼液 500 千克（或沼渣 300 千克）+硫酸钾镁 25 千克，或糖蜜水溶性有机肥 60 千克。

3. 露地麦茬西瓜有机栽培技术

（1）选种　选用抗病、丰产、适应性强的优良品种，如蜜龙、东研 9 号、84-24、粤 89-1 等。

（2）调整小麦畦垄　播种小麦时，需把麦畦加宽，每 180~200 厘米宽整修 1 播种畦，畦垄加宽至 30 厘米，修高 15 厘米，以便于收麦之前播种西瓜种子，或麦收之后抢栽瓜苗。

（3）高留麦茬　收割小麦时，需高留麦茬 20~25 厘米，以备瓜秧伸蔓后，其卷须直接缠绕麦茬，固定瓜秧并使其在麦茬上面延伸，这样既可省去压瓜秧，又使瓜秧悬浮在麦茬之上，不与泥土接触，降低叶幕层田间小气候空气湿度，减少病害发生。

（4）育苗移栽　麦收前 10~15 天育苗，育苗方法参阅第三章"一、瓜类蔬菜嫁接育苗技术"。收割小麦后随即定植。定植方法：在麦畦畦垄上按株距 50 厘米开穴，穴内灌透水，水渗至半穴时排放瓜苗，轻轻按压土坨，让土坨与垄背平齐，再在土坨上浇灌 1000 倍植物细胞膜稳态剂+1000 倍土壤生物菌接种剂 100 毫升，后封土埋穴，整修土垄。注意：瓜苗嫁接口处需离开土面 1.5 厘米，防止感染西瓜枯萎病。

（5）种子直播　小麦收割前 5 天左右，在小麦畦垄上按株距 50 厘米开穴播种，西瓜种子处理方法参阅第三章"一、瓜类蔬菜嫁接育苗技术"。

播种方法：播种穴深 8~10 厘米，穴内灌足水，水渗后在穴内适度覆盖细土，后平放 1 粒经过处理的种子，随即覆土封穴，覆土厚度需高于土垄垄背 2 厘米左右，以利保墒。收麦后立即刮去土堆，把种子覆土厚度降至 2~3 厘米，以利快速出苗。出苗 5 天后再次覆土，把子叶节下部根茎大部分埋入土壤中，以利多发不定根，促使根系发达。

播种前 3 天，需用营养钵培育少量瓜苗，以备缺苗时补苗。

（6）田间管理

① 锄地灭草：秧苗栽植后或种子出苗后，及时锄地灭草，结合锄地适度封埋加宽土垄，把秧苗子叶节下部根茎大部分埋入土壤中，以利多发不定根，促使根系发达。

② 查苗补苗：细致检查，发现缺苗时随即用营养钵苗补植，确保苗全。

③ 瓜秧调整：主蔓 5 叶摘心，促发副蔓，副蔓选留 5 条健壮的，适度调整其瓜头延伸方向，让其顺风向西北方向延伸至麦茬上。

④ 肥水管理、人工授粉、垫瓜翻瓜等管理技术措施参阅春茬西瓜有机栽培技术。

4. 病虫鼠害防治与根外追肥

① 定植前或播种前 2~3 天，用嫩菜或新鲜青草切成寸段，均匀喷洒 200 倍 1.5%除虫菊素+300 倍 0.7%苦参碱混合液配制毒饵，后装于塑料袋内，低温保鲜，日落后 30~50 分钟，每亩用 3~5 千克毒饵均匀撒施地面，消灭地老虎等地下害虫。撒毒饵需连续 2 天，可比较彻底地消灭地老虎幼虫，以保全苗。

② 消灭鼠害：利用田鼠有沿障碍物边缘行走、喜钻暗洞的习性，采用围栏-陷阱法投放毒饵，消灭田鼠，预防其取食西瓜种子。

想办法多扑杀几只田鼠，将死田鼠放在水桶中，每桶1只，加满清水，浸泡24~48小时，后把泡过田鼠、存有死鼠气味的水，在播种前1天分散泼洒在西瓜地的周边，忌避田鼠，5~7天内，田鼠不会进地取食种子。

③ 田间吊挂黄色、蓝色杀虫板，每30平方米各吊挂一张，诱杀蚜虫、斑潜蝇、粉虱、蓟马等害虫；吊挂糖醋液灌，诱杀地老虎、棉铃虫等害虫。

④ 瓜秧2片真叶时，结合防病灭虫喷洒300倍靓果安（或其他小檗碱类植物农药）+800倍大蒜油+8000倍0.01%芸苔素内酯+600倍植物细胞膜稳态剂+100倍红糖+300倍硫酸钾镁+500倍1.5%除虫菊素+500倍0.7%苦参碱混合液，促进花芽分化，预防病害和蚜虫等虫害。

⑤ 授粉之前，喷洒100倍红糖+800倍天达壮苗灵+8000倍0.01%芸苔素内酯+800倍速溶硼+300倍靓果安（或其他小檗碱类植物农药）+300倍硫酸钾镁+300倍葡萄糖酸钙+6000倍有机硅混合液，促进坐瓜和雌花子房膨大。

⑥ 授粉后3天左右，西瓜长至葡萄粒大小时，再次喷洒8000倍0.01%芸苔素内酯+100倍红糖+300倍葡萄糖酸钙+300倍硫酸钾镁+6000倍有机硅混合液，促进幼瓜细胞分裂，促长大瓜。

⑦ 幼瓜长至鸭蛋大小时，喷洒1000倍植物细胞膜稳态剂+300倍硫酸钾镁+300倍葡萄糖酸钙+300倍溃腐灵（或其他小檗碱类植物农药）+6000倍有机硅混合液，预防病害发生，促进幼瓜膨大。

⑧ 此后每次降雨之前，抢喷200倍等量式波尔多液+6000倍有机硅+300倍硫酸钾镁混合液，预防病害发生，优化西瓜品质。

二、南瓜

1. 栽培季节

南瓜喜热、耐高温，在短日照、大温差条件下，花芽多分化雌花。

露地有机南瓜栽培，在北方暖温带、温带地区只能实现一茬栽培，2~

3月份在温室或大棚内建温床育苗,谷雨节气前后,地温提高并稳定在13℃以上时定植,6~7月份收获。管理科学者,采收时间可持续至10月份。

在长江以南的亚热带、热带地区栽培,可分春、秋两季栽培。

春茬栽培,1~2月份育苗,2~3月份定植于露地,4~7月份采收。雨季、高温季节来临前结束。

秋茬栽培,7~8月份,建防雨涝、水渍,防高温、强光,防病虫危害的"三防"苗床育苗,8月份定植,11月中旬前后结束。

2. 培育壮苗

参阅第三章"一、瓜类蔬菜嫁接育苗技术"。秋茬栽培,幼苗2片真叶时,苗床晚上日落前2小时采用不透明无纺布遮阳,早晨日出后1~2小时撤去无纺布,减少日照时数至8~10小时,促进雌花芽分化。

3. 整地与施基肥

结合耕翻土壤,每亩撒施硫酸钾镁50千克,硅钙钾镁土壤调理剂50千克,优质腐熟动物粪便3000~4000千克,有机饼肥50~100千克,土壤生物菌接种剂500~1000克,粪、肥、生物菌等需掺混均匀,用农膜封闭,发酵腐熟后方可施用。

撒肥后随即旋耕,整南北向高垄平畦,畦面东西宽120厘米、高20厘米,畦沟宽40厘米、深20厘米。后在畦沟内灌水,结合灌水整平畦面。杂草大部分萌发后,再次灭草,修整畦面,整成宽M形双高垄畦,畦面东西总宽120厘米,高20厘米,畦面的正中有一深15厘米、宽30厘米的灌水沟,沟底铺设滴灌管。操作行呈沟状,宽40厘米,深20厘米。

4. 搭建支架

若实行吊蔓管理,需搭建支架。在M形双高垄畦面的两个小土垄的东西边缘线上,每间隔2米垂直插埋两根长250厘米的竹竿作立柱,竹竿下端插深40厘米,地上留高210厘米,后用1条长140厘米的细竹竿水平绑缚在2条东西相邻支柱顶部30厘米处,把2条支柱联结成1个整体。再用

2条100厘米长的细竹竿,其一端绑缚在水平竹竿的一端上,另一端端斜向绑缚联结在垂直支架上,组成双三角形,稳固立柱,预防支架东西斜倒。

南北两端的立柱,再用长180厘米的竹竿,下端斜插入土,上端斜撑、绑缚固定在立柱上,预防拉钢丝时立柱向内倾斜。后在立柱和顶部水平连杆上拉钢丝,钢丝的间距为30~40厘米,用细铁丝将钢丝绑缚,分别固定在立柱和顶部连杆上,形成两道篱壁架面,顶部形成一道宽140厘米的水平架面,便于瓜蔓攀缘、支撑瓜秧。

立柱顶端,南北向架设压膜槽,其上架设避雨农膜与防虫网。四周用防虫网封闭,选近路边处,设置双层防虫网门,预防各种害虫侵入,便于操作人员进出进行管理。

5. 定植

先在操作行畦沟内灌足水造墒,待土壤温度提高至13~15℃时定植。

在120厘米宽的M形双高垄畦的2条40厘米宽的小高垄上,按窄行距60厘米、株距60厘米、宽行距100厘米开挖10厘米深的栽植穴,穴内浇足水,排放秧苗,每亩栽植秧苗1300株左右。

秧苗土坨放入栽植穴内,水渗后再浇灌1000倍土壤生物菌接种剂+1000倍植物细胞膜稳态剂混合液100毫升,利用有益生物菌保护根系,使其不受有害菌类危害,用植物细胞膜稳态剂促进发根、快速缓苗。后覆土封穴,封穴时严禁用力按压根际土壤,防止秧苗土坨散块伤及根系。

整理畦面,消除土块,后用1幅60厘米宽的地膜覆盖灌水沟与双高垄内侧面。用大棚替换下来的旧农膜,裁剪成140厘米宽的条幅,覆盖操作行与M形双高垄的外侧面,把地面全面封闭,保墒提温,预防草害发生。地膜边缘用细土压严,地膜表面适度压土,固定地膜,防止被风吹开、刮碎地膜。后随即滴灌,浇水至畦面略显湿润。

6. 直播栽培

在整好的M形双高垄畦上覆盖地膜,用细土压严地膜边缘,滴灌至畦垄土壤湿润，后播种。

按窄行距 60 厘米、株距 60 厘米、宽行距 100 厘米，用手指扣破地膜，开 2 厘米长、1.5 厘米深的播种穴，平放 2 粒经过浸种、消毒和机械开口，并用土壤生物菌处理过的种子，后在地膜开口处覆盖细土 3 厘米厚，压严地膜口，再次滴灌至土壤表层湿润。

幼苗出土后，长至 3 片真叶时，用剪刀剪除小苗、大苗、弱苗，每穴只留 1 株生长均匀的壮苗。

7. 田间管理

（1）瓜秧调整　南瓜主蔓与侧蔓都能结瓜，主蔓多在第 8 节前后发生雌花，侧蔓多在第 3 节前后出现雌花。故整枝时，主蔓 5 叶摘心，尽快促发侧蔓，选 4~5 条强壮侧蔓留下，其他侧蔓及早摘除，每株留 4~5 条侧蔓，利用侧蔓结瓜。主蔓摘心后，发出的侧蔓生长势基本平衡，生长点竞争力强，生长整齐一致，很少再发 2 次侧蔓。并且同株瓜秧可同时开雌花 3~4 朵，同时授粉多花，坐多瓜。

每一 M 形双高垄畦上的 2 行南瓜，让其瓜秧相向对爬，爬至对行的篱架处引其上架，向上延伸，到顶部后再反向对爬，直至爬满顶部设施架，摘除各个侧蔓生长点，抹除没有坐瓜节位的所有 2 次侧蔓，抑制其营养生长，促进坐瓜与幼瓜膨大。

（2）引蔓上架　瓜秧伸蔓后，其卷须会自行缠绕钢丝，固定瓜秧。但需用玉米苞叶适度绑缚瓜头，调整瓜头延伸方向，将瓜秧引向立架，并使瓜秧分布均匀，然后再引向顶部水平支架，对向延伸，爬满顶部水平架面后摘除生长点，抑制其营养生长，促进坐瓜与幼瓜膨大。

（3）人工授粉　南瓜雌花开放以后，为保证坐瓜，应于每天早晨 8~10 点，进行人工授粉，确保坐瓜。方法：从旁边植株上摘 1 雄花，将其雄蕊在雌花花蕊上轻轻点擦，让其花粉抹在雌花花蕊上，授粉坐瓜；或田间放蜂授粉坐果。

（4）肥水管理　南瓜坐瓜以前，一般不浇水、不追肥，控制瓜秧旺长，促使根系发达。一旦幼瓜坐稳，长至 50 克左右时，需及时、适时浇水，结合浇水追肥。第二瓜坐稳后，需增加浇水频率，维持土壤见干见湿。浇水需在 M 形双高垄畦的膜下灌水沟内滴灌或沟灌。浇水要在晴天清晨进行，小水勤灌，严禁大水漫灌。

结合浇水，每 10～15 天追施 1 次肥。每次每亩冲施沼液或腐熟动物粪便 500 千克+硫酸钾镁 10 千克+高氮海藻有机肥 10 千克，或冲施糖蜜水溶性有机肥 100 千克+硫酸钾镁 10 千克，保障肥水供应，维持瓜秧健壮，增强植株光合效能，提高产量。

（5）根外喷肥　南瓜定植后，为促进瓜秧加速生长，提高产量，应加强根外追肥。

根外追肥可结合防病进行。定植时喷一次 300 倍靓果安（或其他小檗碱类植物农药）+600 倍植物细胞膜稳态剂+8000 倍 0.01%芸苔素内酯+60 倍发酵牛奶＋5%沼液+300 倍硫酸钾镁+6000 倍有机硅混合液。后每间隔 10 天左右喷洒 1 次，提高南瓜植株抗逆性能、营养水平和光合效能，促进坐瓜，预防病害发生。

（6）抑制瓜秧旺长　当南瓜营养生长过旺，难以坐瓜时，可适度减少浇水次数与浇水量。也可在瓜秧基部，用酒精消毒过的竹质牙签 1～3 根间隔交错插入茎蔓内，并穿透瓜茎，破坏其输导组织，抑制营养生长，促进坐瓜与幼瓜膨大。

（7）吊瓜　大型瓜坐瓜后，需及时用塑料绳系住瓜柄，然后拴系于支架的钢丝上，防止坠落瓜秧。

（8）埋压瓜秧　不设支架的地爬瓜秧，其主蔓摘心后发出的侧蔓，需让其顺风向并排向前延伸，每株瓜秧每 4 节左右埋压 1 次茎蔓，通过压蔓调整瓜秧间距至均等，预防大风吹滚瓜秧，伤害叶片，影响光合作用。埋压方法：在茎蔓底下开挖深 3～5 厘米、长 15 厘米的条沟，将茎蔓下放入沟内，用土埋压，固定瓜秧，促发不定根。注意：旺秧可间隔 3～4 节压 1 次，弱秧可间隔 4～6 节压 1 次，以调整瓜秧生长势达到均衡。

8. 垫瓜与翻瓜

幼瓜长至鸡蛋大小后，需在瓜前部 3 厘米处培一长 20 厘米左右、宽 15 厘米左右、后部高 6～8 厘米、前部高 3～5 厘米的斜面土台，将幼瓜瓜柄伸直，瓜柄处在土台最高处，瓜头在较低处，将瓜垫起，预防雨水涝渍南瓜，诱发病害，降低南瓜品质。

南瓜成熟、采收前 15 天左右，需翻瓜，一般翻瓜 1～2 次，使瓜皮色泽均匀一致，提高南瓜外观商品品质。方法参阅露地春茬西瓜有机栽培技术。

9. 防治病虫鼠害与根外追肥

注意搭建好避雨棚，严密封闭防虫网，每次进田管理都要谨慎开门，并随即关门，严防害虫进田造成危害。

① 定植前或播种前 2～3 天，用嫩菜或新鲜青草切成寸段，均匀喷洒 100 倍 1.5%除虫菊素+100 倍 0.7%苦参碱混合液配制毒饵，后装于塑料袋内，低温保鲜，日落后 30～50 分钟，每亩用 3～5 千克毒饵均匀撒施地面，消灭地老虎等地下害虫。毒饵需连续撒 2～3 天，消灭地下害虫，以保全苗。

② 消灭鼠害：利用田鼠有沿障碍物边缘行走、喜钻暗洞的习性，采用围栏-陷阱法投放毒饵，消灭田鼠，预防其取食南瓜种子。

想办法多扑杀几只田鼠，将死田鼠放在水桶中，每桶 1 只，加满清水，浸泡 24～48 小时，后把泡过田鼠、存有死鼠气味的水在播种前 1 天分散泼洒在瓜地的周边，忌避田鼠，5～7 天内，田鼠不会进地取食种子。

③ 田间吊挂黄色、蓝色杀虫板，每 30 平方米各吊挂一张，诱杀蚜虫、斑潜蝇、粉虱、蓟马等害虫。杀虫板每 30 天需更新 1 次；吊挂糖醋液罐，诱杀地老虎、棉铃虫等害虫。

④ 瓜秧 2 片真叶时，结合防病灭虫喷洒 300 倍靓果安（或其他小檗碱类植物农药）+800 倍大蒜油+8000 倍 0.01%芸苔素内酯+600 倍植物细胞膜稳态剂+100 倍红糖+300 倍硫酸钾镁+500 倍 1.5%除虫菊素+500 倍 0.7%苦参碱混合液，促进花芽分化，预防病害和蚜虫等虫害。

⑤ 授粉之前，喷洒 100 倍红糖+800 倍植物细胞膜稳态剂+8000 倍

0.01%芸苔素内酯+800倍速溶硼+300倍靓果安（或其他小檗碱类植物农药）+300倍硫酸钾镁+300倍葡萄糖酸钙+6000倍有机硅混合液，防病杀菌、促进坐瓜和雌花子房膨大。

⑥ 授粉后3天左右，南瓜长至红枣大小时，再次喷洒8000倍0.01%芸苔素内酯+100倍红糖+300倍葡萄糖酸钙+300倍硫酸钾镁+6000倍有机硅混合液，促进幼瓜细胞分裂，促长大瓜。

⑦ 幼瓜长至鸡蛋大小后，喷洒600倍植物细胞膜稳态剂+300倍硫酸钾镁+300倍葡萄糖酸钙+300倍溃腐灵（或其他小檗碱类植物农药）+6000倍有机硅混合液，预防病害发生，促进幼瓜膨大。

⑧ 此后每次降雨之前，抢喷200倍等量式波尔多液+6000倍有机硅+300倍硫酸钾镁混合液，预防病害发生。

三、丝瓜

1. 栽培季节

丝瓜喜热、耐高温，在短日照、大温差条件下，花芽多分化雌花。

露地有机丝瓜栽培，在北方暖温带、温带地区，每年栽培一茬，2月份在温室或大棚内建暖床育苗，清明节前后，地温提高到13℃以上时定植，6月份前后开始收获。管理科学者，采收时间可持续至10月份以后。

在长江以南的亚热带、热带地区，丝瓜分春、秋两季栽培。春茬栽培，1月份育苗，2月份定植于露地，4~7月份采收，高温、雨季来临之前结束。秋茬栽培，7月份建防雨涝、水渍，防高温、强光，防病虫危害的"三防"苗床育苗，8月份定植，11月下旬前后结束。

2. 培育壮苗

参阅第三章"一、瓜类蔬菜嫁接育苗技术"。秋茬栽培，幼苗2片真叶时，苗床晚上日落前2小时采用不透明无纺布遮阳，早晨日出后1~2小时撤去无纺布，减少日照时数至8~10小时，促进雌花花芽分化。

3. 整地与施基肥

立冬前后深耕翻土壤，翌年土壤翻浆时，每亩撒施硫酸钾镁50千克，硅钙钾镁土壤调理剂50千克，优质腐熟动物粪便3000~4000千克，有机饼肥50~100千克，土壤生物菌接种剂500~1000克。粪、肥、生物菌等需掺混均匀，用农膜封闭，发酵腐熟后施用。

撒肥后随即细致旋耕，整南北向高垄平畦，畦面东西宽120厘米、高20厘米，畦沟宽40厘米、深20厘米。后在畦沟内灌水，结合灌水整平畦面。杂草大部分萌发后，再次灭草，修整畦面，整成宽M形双高垄畦，畦面东西总宽120厘米，高25厘米，畦面正中有一深15厘米、宽30厘米的灌水沟，沟底铺设双滴灌管。南北向操作行呈沟状，东西宽40厘米，深25厘米。

4. 搭建支架

丝瓜实行吊蔓管理，需搭建支架。在M形双高垄畦面的两个小土垄的东西边缘线上，每间隔2米各垂直插埋一长260厘米的竹竿作立柱，竹竿下插深40厘米，地上留高220厘米，立柱的顶端南北向必须处在同一直线上，以便于设置压膜钢槽，架设避雨棚与防虫网。

用长140厘米的竹竿水平绑缚在东西相邻的两支立柱的顶端下40厘米处，将立柱联结在一起，再用2条100~120厘米长的竹竿，其一端绑缚在水平支架的一端，另一端斜向绑缚联结在垂直支架上，和水平绑缚的竹竿组成双三角形，稳固立柱，预防支架东西斜倒。

南北两端的立柱，用竹竿，下端斜插入土，上端斜撑、绑缚固定在立柱上，预防拉钢丝时立柱向内倾斜。后在立柱和顶部水平连杆上拉细钢丝，细钢丝的间距为30~40厘米，用细铁丝将钢丝绑缚，分别固定在立柱和顶部连杆上，形成两道篱壁架面，顶部形成一道宽140厘米的水平架面，便于瓜蔓攀缘、支撑瓜秧。

立柱顶端，南北向架设压膜槽，其上架设避雨棚与防虫网。四周用防虫网严密封闭，选近路边处设置双层门，预防各种害虫侵入，便于操作人员进出管理。

5. 定植

先在畦沟内灌足水造墒，待土壤温度提高并稳定在 13～15℃时定植。在 M 形双高垄畦的 2 条 45 厘米宽的小高垄上，按窄行距 60 厘米、株距 50 厘米、宽行距 100 厘米开挖 10 厘米深的栽植穴，穴内灌足水，水渗至半穴时排放秧苗，每亩栽苗 1660 株左右。

轻轻按压土坨，使土坨顶部与垄畦面平齐，再在土坨上浇灌 1000 倍土壤生物菌接种剂 +1000 倍植物细胞膜稳态剂混合液 100 毫升，利用有益生物菌保护根系，使其不受有害菌类危害，用植物细胞膜稳态剂促进发根、快速缓苗。土穴升温后覆土封穴，封穴时严禁用力按压根际土壤，防止秧苗土坨散块伤及根系。

后用 1 幅 60 厘米宽的地膜覆盖灌水沟与双高垄的内侧面，用大棚替换下来的旧农膜，裁剪成 140 厘米宽的条幅，覆盖操作行沟与 M 形双高垄的外侧面，把地面全面封闭，保墒并增高土壤温度，预防草害发生。地膜边缘用细土压严，地膜表面适度压土，防止被风吹开，刮碎地膜。后随即滴灌至垄畦土壤湿润，促进缓苗。

6. 直播栽培

在整好的 M 形双高垄畦上覆盖地膜，用细土压严地膜边缘，滴灌至土壤湿润，后播种。方法：按窄行距 60 厘米、株距 50 厘米、宽行距 100 厘米，用手指扣破地膜，开 2 厘米长、1.5 厘米深的播种穴，平放 2 粒经过浸种、消毒、种喙机械开口，并用土壤生物菌接种剂与植物细胞膜稳态剂处理过的种子，后在地膜开口处覆盖细土 3～4 厘米厚，压严地膜开口。

幼苗出土后，长至 2～3 片真叶时，用剪刀剪除小苗、大苗、弱苗，每穴只留 1 株长势均匀、生长健壮的秧苗。

7. 田间管理

（1）瓜秧调整　丝瓜主蔓与侧蔓都能结瓜，主蔓多在 10～12 节开始发生雌花，侧蔓雌花节位较低。主蔓5叶时摘心，促发侧蔓，选3~4条强壮侧蔓留下，再发2次侧蔓，及时摘除。注意及时疏除过多的雄花花序，一般每4~5节保留一个雄花花序即可，防止雄花过多消耗养分，影响结瓜。若雌花过密，同样不利于产量的提高，也应及早适度疏除，防止化瓜、消耗养分。

每一M形双高垄畦上的2行丝瓜瓜秧，用玉米苞叶绑缚于立架钢丝上，后丝瓜卷须会自行缠绕钢丝向上延伸，注意调整瓜头延伸方向，使其均匀分布，形成篱壁架面，爬至顶部水平架面处，再使两行瓜秧相向延伸对爬，直至爬满顶部架面时摘除其秧蔓生长点，抹除所有2次侧蔓，抑制营养生长，促进坐瓜和幼瓜生长。

（2）人工授粉，促进坐瓜　丝瓜雌花开放时，应于每天6~10点进行人工授粉，确保坐瓜。方法：从旁边植株上摘1朵雄花，将其雄蕊在雌花花蕊上轻轻点擦，让其花粉抹在雌花花蕊上进行授粉，促进坐瓜；或放蜂授粉坐瓜。

（3）肥水管理　丝瓜坐瓜以前，一般不浇水、不追肥，控制瓜秧旺长，促进根系发达。一旦幼瓜坐稳，长至10厘米长时，需及时、适时浇水，第二瓜坐稳后，适度增加浇水频率，维持土壤湿润。

浇水需在M形垄畦中部的灌水沟内滴灌或沟灌。浇水要在晴天清晨进行，小水勤灌，严禁大水漫灌。

结合浇水，每10~15天追施1次肥。每次每亩施入沼液或腐熟动物粪便300千克+硫酸钾镁10千克+高氮海藻有机肥10千克，或糖蜜水溶性有机肥50千克，保障肥水供应，维持瓜秧健壮，增强植株光合效能。

如果丝瓜营养生长过旺，可适度减少浇水次数与浇水量，若仍然旺长，可用消毒过的竹签1~3根在瓜秧下部间隔、交叉扎透茎蔓，抑制瓜秧旺长，促进坐瓜。

（4）根外喷肥　丝瓜定植后，应加强根外追肥。根外追肥可结合预防病害进行。定植时喷一次300倍靓果安（或其他小檗碱类植物农药）+600

倍植物细胞膜稳态剂+8000 倍 0.01%芸苔素内酯+60 倍发酵牛奶（或 50 倍米醋）+800 倍大蒜油+5%沼液+300 倍硫酸钾镁+300 倍葡萄糖酸钙+6000倍有机硅混合液。后每间隔 10 天左右喷洒 1 次，以增强植株抗逆性能，提高丝瓜营养水平和光合效能，促进坐瓜，预防病虫害发生。

8. 科学防治病虫害

注意严密封闭防虫网，每次进田管理都要谨慎开门并随即关门，严防害虫进田造成危害。

吊挂黄色、蓝色杀虫板，每 30 平方米各 1 张，诱杀蚜虫、粉虱、斑潜蝇、蓟马等害虫。杀虫板每 30 天更新 1 次。

每次降雨之前，及时细致喷洒 200 倍等量式波尔多液+6000 倍有机硅+300 倍硫酸钾镁混合液，预防病害发生。

若发生白粉病，可在发病初期及时喷洒 0.3 波美度石硫合剂；若发生瓜守、斑潜蝇、叶螨等虫害，可在初发期细致喷洒 800 倍大蒜油+500 倍0.7%苦参碱+500 倍 1.5%除虫菊素混合液防治，连续喷洒 2～3 次。注意：防治瓜守等害虫，应在清晨露水未干时喷药，此时效果较好。其他病虫害防治方法参阅南瓜病虫害防治。

四、苦瓜

1. 栽培季节

苦瓜喜热，耐高温，耐湿，在短日照、大温差条件下，花芽多分化雌花。

露地有机苦瓜栽培，在北方暖温带、温带地区，每年只能实现一茬栽培。2 月下旬在温室或大棚内建暖床育苗，谷雨节气前后，地温提高到13℃以上时定植，5 月份开始收获。管理科学者，采收时间可持续至 10 月份以后。

在长江以南的亚热带、热带地区，苦瓜分春、秋两季栽培。春茬栽培，

1月份建暖床育苗，2～3月份定植于露地，4～7月份采收，雨季、高温季节来临前结束。秋茬栽培，7月份建"三防"苗床育苗，8月份定植，9～11月份收获，11月中旬前后结束。

2. 培育壮苗

参阅第三章"一、瓜类蔬菜嫁接育苗技术"。秋茬栽培，幼苗2片真叶时，苗床晚上日落前2小时采用不透明无纺布遮阳，早晨日出后1～2小时撤去无纺布，日照时数减少至8～10小时，促进雌花花芽分化。

3. 整地与施基肥

冬前深耕，翌年土壤翻浆时结合旋耕，每亩撒施硫酸钾镁50千克，硅钙钾镁土壤调理剂50千克，优质腐熟动物粪便3000～4000千克，有机饼肥50～100千克，土壤生物菌接种剂500～1000克。粪、肥、生物菌等需掺混均匀，用农膜封闭，发酵腐熟后施用。撒肥后随即旋耕，整南北向高垄平畦，畦面东西宽120厘米、高20厘米，畦沟宽40厘米、深20厘米。后在畦沟内灌水，结合灌水整平畦面。杂草大部分萌发后，再次灭草，修整畦面成宽M形双高垄畦，双垄畦面东西总宽120厘米，高25厘米，畦面正中有一深15厘米、宽30厘米的灌水沟，沟底铺设滴灌管。南北向操作行呈平底沟状，上宽40厘米，底宽20厘米，深25厘米。

4. 搭建支架

苦瓜实行吊蔓管理，需搭建支架。搭建方法参阅露地丝瓜有机栽培技术。

立柱顶端南北向必须处在同一直线上，以便于设置压膜钢槽，其上架设避雨棚与防虫网。四周用防虫网严密封闭，选择近路边处设置双层门，预防各种害虫侵入，便于操作人员进出管理。

5. 定植

先在畦沟内灌足水造墒，待土壤温度提高并稳定在13～15℃时定植。在M形双高垄畦的2条45厘米宽的小高垄上，按窄行距60厘米、株距40厘米、宽行距100厘米开挖10厘米深的栽植穴，穴内浇足水，水渗至半穴时排放秧苗，每亩栽苗1660株左右。

轻轻按压土坨，使土坨顶部与垄畦面平齐，再在土坨上浇灌1000倍土壤生物菌接种剂+1000倍植物细胞膜稳态剂混合液100毫升，利用有益生物菌保护根系，使其不受有害菌类危害，用植物细胞膜稳态剂促进发根、快速缓苗。土穴升温后覆土封穴，封穴时严禁用力按压根际土壤，防止秧苗土坨散块伤及根系。

后用1幅60厘米宽的地膜覆盖灌水沟与双高垄内侧面，用大棚替换下来的旧农膜，裁剪成130厘米宽的条幅，覆盖操作行与M形双高垄的外侧面，把地面全面封闭，保墒并提高地温，预防草害发生。地膜边缘用细土压严，地膜表面适度压土，防止被风吹开，刮碎地膜。后随即滴灌，浇水至畦面略显湿润。

6. 直播栽培

在整好的M形双高垄畦上覆盖地膜，用细土压严地膜边缘，滴灌至土壤湿润，后播种。方法：按窄行距60厘米、株距50厘米、宽行距100厘米，用手指扣破地膜，开2厘米长、1.5厘米深的播种穴，平放2粒经过浸种、消毒、种喙机械开口并用土壤生物菌接种剂与植物细胞膜稳态剂处理过的种子，后在地膜开口处覆盖细土3～5厘米厚，压严地膜口。

幼苗出土后，长至2～3片真叶时，用剪刀剪除小苗、大苗、弱苗，每穴只留1株长势均匀、生长健壮的秧苗。

7. 田间管理

（1）瓜秧调整　苦瓜主蔓与侧蔓都能结瓜，主蔓多在第8～14节发生第一雌花，后每间隔3～6节发生一朵雌花，侧蔓雌花节位较低。主蔓4～5叶时摘心，促发侧蔓，选3～4条强壮侧蔓留下，再发2次侧蔓，除结瓜节位处的2次侧蔓外，其他2次侧蔓及时摘除。若雌花过密，不利于产量的提高，应及早适度疏除，防止化瓜、消耗养分。

瓜秧伸蔓后，其卷须会自行缠绕钢丝，固定瓜秧。但需用玉米苞叶适度绑缚瓜头，调整瓜头延伸方向，将瓜秧引向立架，并使瓜秧分布均匀。然后再将瓜头引至顶部水平支架上，对向延伸，爬满顶部水平架面后摘除生长点，抑制营养生长，促进坐瓜与幼瓜膨大。

（2）人工授粉，促进坐瓜　苦瓜雌花开放时，应于每天 6～10 点进行人工授粉，确保坐瓜。方法同西瓜栽培。

（3）肥水管理　苦瓜坐瓜以前，一般不浇水、不追肥，控制瓜秧旺长，促进根系发育。一旦幼瓜坐稳，长至 6～8 厘米长时，需及时浇水，第二瓜坐稳后，适度增加浇水频率，维持土壤湿润。

浇水需在 M 形垄畦中部的灌水沟内滴灌或沟灌。浇水要在晴天清晨进行，小水勤灌，严禁大水漫灌。

结合浇水，每 10～15 天追施 1 次肥。每次每亩冲施沼液 400 千克或撒施腐熟动物粪便 300 千克+硫酸钾镁 10 千克+高氮海藻有机肥 10 千克，保障肥水供应，维持瓜秧健壮，增强植株光合效能。

如果苦瓜营养生长过旺，可适度减少浇水次数与浇水量，若仍然旺长，可用消毒过的竹签 1～3 根，在瓜秧基部间隔、交叉扎透茎蔓，抑制瓜秧旺长。

（4）根外喷肥　苦瓜定植后，结合预防病害，适时、及时喷一次 300 倍靓果安（或其他小檗碱类植物农药）+1000 倍植物细胞膜稳态剂＋50 倍发酵牛奶（或 50 倍米醋）＋5%沼液+300 倍硫酸钾镁+300 倍葡萄糖酸钙+6000 倍有机硅混合液。后每间隔 10 天左右喷洒 1 次，以提高苦瓜营养水平和光合效能，促进坐瓜，预防病害发生。

8. 科学防治病虫害

注意严密封闭防虫网，每次进田管理都要谨慎开门，并随即关门，严防害虫进田造成危害。

吊挂黄色、蓝色杀虫板，每 30 平方米各 1 张，诱杀蚜虫、粉虱、斑潜蝇、蓟马等害虫。杀虫板每 30 天更新 1 次。

每次降雨之前，及时细致喷洒 200 倍等量式波尔多液+6000 倍有机硅+300倍硫酸钾镁混合液，预防病害发生。

若发生白粉病，可在发病初期及时喷洒0.3波美度石硫合剂；若发生瓜守、斑潜蝇等虫害，幼苗期可细致喷洒800倍大蒜油+500倍0.7%苦参碱+500倍1.5%除虫菊素混合液防治。注意：防治瓜守等害虫应在清晨露水未干时喷洒，效果较好。

其他病虫害防治方法参阅露地南瓜病虫害防治。

五、西葫芦

1. 栽培季节

西葫芦喜温，怕严寒，不耐高温，在短日照、大温差条件下，花芽多分化雌花。

露地有机西葫芦栽培，在北方暖温带、温带地区，每年只能进行春茬栽培，立春前后在温室或大棚暖床内育苗，春分至谷雨前后，地温提高并稳定在6℃以上时定植，4~5月份收获。

在长江以南的亚热带、热带地区，西葫芦分春、秋两季栽培。春茬栽培，1月份育苗，2月份定植于露地，3~5月份采收。秋茬栽培，8月份立秋后直接播种或育苗，白露至秋分定植，9~11月份采收，初霜来临时结束。

2. 培育壮苗

参阅第三章"一、瓜类蔬菜嫁接育苗技术"。

3. 整地与施基肥

冬前深耕翻，翌年土壤翻浆时，每亩撒施硫酸钾镁30千克，硅钙钾镁土壤调理剂30千克，优质腐熟动物粪便3000千克，腐熟有机饼肥50~100千克，土壤生物菌接种剂500~1000克。粪、肥、菌等需掺混均匀，发酵腐熟后均匀撒施地面，后旋耕，整南北向M形高垄平畦，畦面东西宽110厘米，高25厘米，畦面中心线处有一条深15厘米、宽30厘米的灌水沟，两 M 形土垄之间是沟状操作行，宽 40 厘米，深 25 厘米。

在沟状操作行中灌透水，结合灌水整理畦面，让畦面、畦沟基本呈水平状。水下渗后随即覆盖农膜，提高地温，促进杂草萌发。

杂草大部分萌发后，锄地灭草，修整畦面，沟底铺设滴灌管。

4. 定植

土壤温度提高至 10℃左右时定植。在 M 形双高垄畦的 2 条 40 厘米宽的小高垄上，按窄行距 60 厘米、株距 40 厘米、宽行距 90 厘米开挖 10 厘米深的栽植穴，每亩栽苗 2200 株左右。

穴内浇水，水渗至半穴时排放秧苗，秧苗土坨放入栽植穴内后，再在土坨上浇灌 1000 倍土壤生物菌接种剂+1000 倍植物细胞膜稳态剂溶液 100 毫升，利用有益生物菌保护根系，使其不受有害菌类危害，用植物细胞膜稳态剂促进发根、快速缓苗。穴内土壤升温后覆土封穴，封穴时严禁用力按压根际土壤，防止秧苗土坨散块伤及根系。

整理畦面，消除土块，启动滴灌，浇透水。随即用 1 幅 60 厘米宽的地膜覆盖灌水沟及两条小土垄的半边，覆盖方法同温室黄瓜栽培。再用 1 幅宽 140 厘米的废旧农膜把操作行及两旁半边小土垄地面全面封闭，保墒提温，预防草害发生。地膜边缘用细土压严，地膜表面适度压土，固定地膜，防止被风吹开，刮碎地膜。

5. 种子直播栽培

锄地灭草后在 M 形双高垄畦上覆盖宽 160 厘米的地膜，地膜边缘用泥土压严，后播种。播种方法：按窄行距 60 厘米、株距 40 厘米、宽行距 90 厘米，用手指扣破地膜，开 2 厘米长、1.5 厘米深的播种穴，平放 2 粒经过浸种、消毒、种喙机械开口并用土壤生物菌处理过的种子，后在地膜开口处覆盖细土 3 厘米厚，压严地膜口，滴灌至土壤表层湿润。

幼苗出土后，长至 2~3 片真叶时，用剪刀剪除小苗、大苗、弱苗，每穴只留 1 株生长健壮、势力均匀的壮苗。

6. 田间管理

（1）搭建支架，引秧上架　用长200厘米的细竹竿，在每株植株外侧扎入土壤中，扎深30厘米左右，每株1根，3根1组，用细钢丝将上部扎紧，使竹竿呈三角形稳定站立。后用泡过水的玉米苞叶绑缚瓜茎于竹竿上，瓜秧卷须会自行缠绕竹竿向上延伸。要调控瓜秧，不可让其垂直向上发展，而要弯曲呈大S形向上发展。瓜秧延伸到支架顶部时摘除顶心。

（2）人工授粉，促进坐瓜　雌花开放时于清晨6~8点进行人工授粉，从旁边植株上采集初开放的雄花，用其雄蕊轻轻涂抹雌花花蕊，进行人工辅助授粉，促进坐瓜。

西葫芦靠主蔓结瓜，主蔓从基部始，几乎每叶节都能发生雌花，间隔发生雄花。雌花过密，则营养竞争激烈，不利于坐瓜与高产，必须及时、适时疏除过多雌花和幼瓜，确保幼瓜膨大。一般壮秧坐稳3~4枚幼瓜、弱秧坐稳2枚幼瓜之后，需停止对该株的雌花授粉，后每株每采收1枚成品瓜，授粉1朵雌花，预防单株同时坐瓜超过5枚，造成营养竞争，使多枚幼瓜因营养供应不足先后凋萎，长不成商品瓜，既浪费有机营养，又影响产量提高。人工授粉时，发现多于4枚幼瓜的单植株，应依据长势，及时适度疏除过多雌花和幼瓜，确保留下的幼瓜长成商品瓜。

（3）肥水管理　西葫芦坐瓜以前，一般不浇水、不追肥，控制瓜秧旺长，促进根系发育。根瓜坐齐、坐稳后需及时、适时浇水，第二瓜坐稳后，适度增加浇水频率，维持土壤湿润。

浇水需在灌水沟内滴灌或沟灌。浇水要在晴天清晨进行，小水勤灌，严禁大水漫灌。

结合浇水，每10~15天追施1次肥。每次每亩冲施沼液或腐熟动物粪便浸出液300~500千克+硫酸钾镁10千克+高氮海藻有机肥10千克，或糖蜜水溶性有机肥50千克+硫酸钾镁10千克，保障肥水供应，维持瓜秧健壮，增强植株光合效能。

如果西葫芦营养生长过旺，可适度减少浇水次数与浇水量，防止瓜秧旺长。或在瓜秧基部间隔、交叉扎入竹签，抑制其营养生长，促进坐瓜与幼瓜膨大。方法同西瓜栽培。

（4）根外喷肥　西葫芦定植后，为促进瓜秧生长、尽早坐瓜、提高产量，需加强根外追肥。根外追肥可结合预防病害进行。定植时立即喷洒一次300倍靓果安（或其他小檗碱类植物农药）+50倍发酵牛奶+5%沼液+300倍硫酸钾镁（或50倍草木灰浸出液）+800倍植物细胞膜稳态剂+8000倍0.01%芸苔素内酯+800倍大蒜油+6000倍有机硅混合液。后每间隔10天左右1次，以提高西葫芦营养水平和光合效能，促进坐瓜，预防病害发生。

7. 及时采收

西葫芦以嫩瓜销售，幼瓜长至200～250克时，必须及时采收，嫩瓜不得超过300克。留大瓜既影响植株生长势，诱发植株衰弱，降低产量，又降低产品品质，价格低廉且难以销售。

8. 科学防治病虫害

① 田间吊挂黄色、蓝色杀虫板，每30平方米各1张，诱杀蚜虫、粉虱、斑潜蝇、蓟马等害虫。杀虫板每30天左右更新1次。

② 结合人工授粉，及时摘除已变白、软化、衰败的花冠，预防灰霉病发生。

③ 每次降雨之后需及时抢喷200倍溃腐灵（或其他小檗碱类植物农药）+300倍葡萄糖酸钙+300倍硫酸钾镁（或50倍草木灰浸出液）+800倍植物细胞膜稳态剂+6000倍有机硅混合液，预防病害发生。

降大雨之前1天，及时细致喷洒200倍等量式波尔多液+300倍硫酸钾镁+6000倍有机硅混合液，预防病害发生。

若发生白粉病，可在发病初期及时喷洒6000倍有机硅+0.3波美度石硫合剂；若发生瓜守、斑潜蝇等虫害，可细致喷洒800倍大蒜油+500倍0.7%苦参碱+500倍1.5%除虫菊素+6000倍有机硅混合液防治。注意：防治瓜守应在清晨露水未干时喷洒，效果较好。

9. 地爬瓜秧栽培技术

（1）整地施肥　施肥方法同吊秧栽培。施肥后旋耕，按120厘米行距整修宽60~70厘米的弧形高土垄，土垄中心高25厘米，在土垄底部边缘处铺设滴灌管，滴灌透水，促进杂草萌发，大部分杂草萌发后，锄地灭草，后定植。

（2）定植　在土垄正中心线上按株距40厘米开挖定植穴，栽植秧苗，栽植方法同吊秧栽培。定植后随即在行间覆盖宽130厘米的地膜或废旧农膜，农膜边缘用土埋压，预防风吹、刮开农膜。

（3）压瓜秧　瓜秧侧蔓伸蔓后，每间隔3叶左右，用长15~20厘米的细柳条（或其他易弯曲的细枝条），弯成倒U形，将瓜茎套入后，把倒U形枝条的两端穿透农膜，深插入土壤中，固定瓜秧，通过压瓜秧调整瓜秧，使之相互间隔均等、斜向（顺风方向）延伸，预防风吹滚秧。

注意：压瓜秧间隔越近，瓜秧生长减弱越重。故壮秧可2~3节压1次，弱秧可3~4节压1次。

瓜秧前爬方向，要依据当地主要风向顺风前爬，减少侧向风的吹动力，预防滚秧。

其他管理技术，如人工授粉、肥水管理、病虫害防治等参阅吊秧栽培。

六、冬瓜

1. 栽培季节

冬瓜喜热，耐高温，抗干旱，适应性强，在短日照、大温差条件下，花芽多分化雌花。

露地有机冬瓜栽培，在北方暖温带、温带地区，只能实现一茬栽培。2~3月份在温室或大棚内建温床育苗，谷雨前后，土壤温度升高并稳定在13℃以上时定植；或在清明至谷雨前后田间直播，6~8月份收获。管理优良者，采收时间可持续至10月份。

在长江以南的亚热带、热带地区，冬瓜分春、秋两季栽培。春茬栽培，1～2月份育苗，2～3月份定植于露地，4～7月份采收，在雨季、高温季节来临前结束。秋茬栽培，7～8月份建设"三防"苗床育苗，8月份定植；或在立秋前后田间直播，11月下旬前后结束。

2. 培育壮苗

参阅第三章"一、瓜类蔬菜嫁接育苗技术"。秋茬栽培，幼苗2片真叶时，苗床晚上日落前2小时采用不透明无纺布遮阳，早晨日出后1～2小时撤去无纺布，将日照时数减少至10小时以内，促进雌花花芽分化。

3. 整地与施基肥

11月土地结冻前深耕30厘米，耕后不耙，垡头越冬，熟化土壤。翌年早春土壤翻浆时结合旋耕施基肥，每亩撒施硫酸钾镁50千克，硅钙钾镁土壤调理剂50千克，优质腐熟动物粪便3000～4000千克，有机饼肥50～100千克，土壤生物菌接种剂500～1000克，粪、肥、生物菌等需掺混均匀，用农膜封闭，发酵腐熟后方可施用。

撒肥后随即旋耕，后东西向整高垄畦，畦面南北宽60厘米，高25厘米左右，畦垄的底部边缘处铺设滴灌管，后覆盖宽140厘米的废旧农膜（或地膜），将滴灌管封闭于农膜之下。畦垄之间的操作行宽120厘米，呈平底宽沟状，深25厘米。

4. 定植

提前20天启动滴灌管，浇水造墒，促进杂草萌发，后灭草、造墒，待土壤温度提高至13～15℃时定植。

在60厘米宽的畦垄中心线上，按行距200厘米、株距50厘米，用简易栽苗器打10厘米深的栽植穴，穴内浇足水，排放秧苗，每亩栽苗660株左右。

秧苗土坨放入栽植穴内，再浇灌1000倍土壤生物菌接种剂+1000倍植物细胞膜稳态剂混合液100毫升。穴内土壤升温后覆土封穴，封穴时严禁用力按压根际土壤，防止秧苗土坨散块伤及根系。

5. 直播栽培

在整好的高垄畦上覆盖地膜，保墒、提高土温、减少草害。用细土压严地膜边缘，地膜表面适度压土，预防风吹导致地膜破碎。滴灌至畦垄土壤湿润，后播种。

按行距 200 厘米、株距 50 厘米，用手指扣破地膜，开 2 厘米长、1.5厘米深的播种穴，平放 2 粒经过浸种、消毒、种喙机械开口并用土壤生物菌接种剂+植物细胞膜稳态剂处理过的种子，后在地膜开口处覆盖细土 3厘米厚，封闭并压严地膜口。

幼苗出土后，长至 3 片真叶时，用剪刀剪除小苗、大苗、弱苗，每穴只留 1 株生长均匀的壮苗。

6. 田间管理

（1）瓜秧调整　冬瓜以主蔓结瓜为主，早熟品种第 8~12 节始现第 1雌花，中熟品种第 15 节前后始现第 1 雌花，晚熟品种第 20~25 节始现第1 雌花。主蔓每叶节都可发生侧蔓，可在基部选择 1~2 条健壮侧蔓留下，增加叶片数量，扩大叶面积，提高产量。其他侧蔓及早摘除。

（2）压瓜秧　主蔓与侧蔓需调整彼此间距离，均匀分布，让其顺风向斜向并排延伸。

每株瓜秧每 3~5 节（50 厘米左右）压 1 次秧，壮秧 3 节左右、弱秧4~5 节压 1 次。压瓜秧方法：第 1 次压瓜秧，在距离生长点 15 厘米左右处，在秧蔓下面顺其延伸方向开挖深 3~5 厘米、长 15 厘米左右的条沟，将瓜秧茎蔓顺放入沟内，叶片露在地上，后用土封埋固定茎蔓，促发不定根，预防大风吹滚秧蔓，损伤叶片。以后每长长 50 厘米左右压 1 次，共压 3~4 次，瓜秧长满地面后，其卷须可相互联结，稳定瓜秧，无须再压。压瓜秧的同时，需及时抹除各叶节间发生的侧蔓，抑制其营养生长，促进坐瓜与幼瓜膨大。瓜坐稳后，可在瓜前预留 5~6 片叶子摘心，集中营养供瓜膨大。

（3）人工授粉　冬瓜雌花开放以后，为保证坐瓜，应于每天早晨6～10点进行人工授粉，确保坐瓜。方法：从旁边植株上摘1雄花，将其雄蕊在雌花花蕊上轻轻点擦，让其花粉抹在雌花花蕊上，授粉坐瓜；或田间放蜂授粉。以老熟冬瓜储存销售者，可从第2或第3雌花授粉坐瓜，每株坐1瓜；以嫩瓜销售者，可多次反复授粉，每株坐2～3瓜，甚至更多。

（4）肥水管理　冬瓜坐瓜以前，一般不浇水、不追肥，控制瓜秧旺长，促进根系发达。一旦门瓜坐稳，长至100克重时，需及时、适时浇水，结合浇水追肥。第二瓜坐稳后，需增加浇水频率，维持土壤见干见湿。浇水需在高垄畦的膜下滴灌或沟灌。浇水要在晴天清晨进行，严禁大水漫灌。

结合浇水，每10～15天追施1次肥。每次每亩施入沼液或腐熟动物粪便300千克+硫酸钾镁10千克+高氮海藻有机肥10千克，或糖蜜水溶性有机肥50～100千克，保障肥水供应，维持瓜秧健壮，增强植株光合效能，提高产品产量。

（5）根外追肥　根外追肥可结合防病进行。定植时及时喷一次300倍靓果安（或其他小檗碱类植物农药）+800倍大蒜油+50倍发酵牛奶 + 5%沼液+300倍硫酸钾镁+800倍植物细胞膜稳态剂+8000倍0.01%芸苔素内酯+6000倍有机硅混合液。后每间隔10天左右喷洒1次，提高冬瓜植株营养水平和光合效能，促进坐瓜、幼瓜膨大，预防病虫害发生。

（6）抑制瓜秧旺长　若冬瓜营养生长过旺，会难以坐瓜，坐瓜前严格控水，防止瓜秧旺长。也可在瓜秧基部，用酒精消毒过的竹质牙签1～3根，间隔、交错插入茎蔓，穿透瓜茎，破坏其输导组织，抑制其营养生长，促进坐瓜与幼瓜膨大。第2瓜坐稳后适度加强肥水管理。

（7）垫瓜、遮阳与翻瓜　冬瓜坐瓜后，需及时在瓜下封堆土台将瓜垫高，方法同露地西瓜栽培，预防大雨涝渍冬瓜，诱发烂瓜。为防止强光暴晒幼瓜，诱发日烧烂瓜，在垫瓜的同时，需调整瓜秧，用叶片给幼瓜遮阳，或用草覆盖幼瓜。老熟冬瓜采收前 15 天左右，需翻瓜，10 天之后再一次翻瓜，方法同露地西瓜有机栽培技术。

7. 综合防治病虫害

① 定植前或播种前 2~3 天，用嫩菜或新鲜青草切成寸段，均匀喷洒 100 倍 1.5%除虫菊素+100 倍 0.7%苦参碱混合液配制毒饵，后装于塑料袋内，低温保鲜，日落后 30~50 分钟，每亩用 3~5 千克毒饵均匀撒施地面，消灭地老虎等地下害虫。撒毒饵需连续 2~3 天，彻底消灭地下害虫，以保全苗。

② 消灭鼠害：利用田鼠有沿障碍物边缘行走、喜钻暗洞的习性，采用围栏-陷阱法投放毒饵，消灭田鼠，预防其取食冬瓜种子。

鼠饵可用 2 份炒熟的黄豆面加 1 份水泥面掺混均匀，放在小片牛皮纸上，置放于田间鼠洞处，田鼠食用后，其粪便硬结，性情暴躁，会将周边老鼠咬死，后自身也死去。

想办法多扑杀几只田鼠，将死田鼠放在水桶中，每桶 1 只，加满清水，浸泡 24~48 小时，后把泡过田鼠、存有死鼠气味的水，在播种前 1 天分散泼洒在瓜地的周边，忌避田鼠，3~5 天内，田鼠不会进地取食种子。

③ 田间吊挂黄色、蓝色杀虫板，每 30 平方米各吊挂一张，诱杀蚜虫、斑潜蝇、粉虱、蓟马等害虫。吊挂糖醋液灌，诱杀地老虎成虫等鳞翅目害虫。杀虫板需每 30 天左右更新 1 次。

④ 瓜秧 2 片真叶时，结合防病灭虫，喷洒 300 倍靓果安（或其他小檗碱类植物农药）+800 倍大蒜油+8000 倍 0.01%芸苔素内酯+800 倍植物细胞膜稳态剂+100 倍红糖+300 倍硫酸钾镁+500 倍 1.5%除虫菊素+500 倍 0.7%苦参碱+6000 倍有机硅混合液，促进花芽分化，提高植株抗逆性与光合效能，预防病害和蚜虫等害虫发生。

⑤ 授粉之前，喷洒 100 倍红糖+800 倍植物细胞膜稳态剂+8000 倍 0.01%芸苔素内酯+800 倍速溶硼+300 倍靓果安（或其他小檗碱类植物农药）+300 倍硫酸钾镁+300 倍葡萄糖酸钙+6000 倍有机硅混合液，促进坐瓜和雌花子房膨大。

⑥ 授粉后 3 天左右，冬瓜长至核桃大小时，再次喷洒 300 倍溃腐灵（或其他小檗碱类植物农药）+8000 倍 0.01%芸苔素内酯+100 倍红糖+300 倍葡萄糖酸钙+300 倍硫酸钾镁+6000 倍有机硅混合液，促进幼瓜细胞分裂，促长大瓜。

⑦ 幼瓜长至鸭蛋大之后，喷洒 800 倍植物细胞膜稳态剂+300 倍硫酸钾镁+300 倍葡萄糖酸钙+300 倍溃腐灵（或其他小檗碱类植物农药）+6000 倍有机硅混合液，预防病害发生，促进幼瓜膨大。

⑧ 此后每次大雨之前，抢喷 200 倍石灰半量式波尔多液+6000 倍有机硅+300 倍硫酸钾镁混合液，预防病害发生。

七、番茄

番茄生性喜温、怕寒、不耐热。气温低于 2℃会发生冻害，低于 5℃会发生生理性障碍；低于 10℃花芽分化不良，会发生多心皮果；高于 32℃授粉受精受制，难以坐果；长期高温，会诱发病毒病。故露地番茄栽培，必须选择气候适宜地区，避开高温、严寒季节，方能高产、优质。

长城以南的温带地区，可春、秋两季栽培。

长城以北的内蒙古、甘肃、宁夏、青海等地区，可于晚冬、初春在温室内建暖床培育大苗，谷雨至五一前后定植于大田，夏秋收获。热带高原地区，基本上可全年生产。山东、河北、河南以及苏北、皖北等温带地区，可在大寒前后建暖床或在温室中培育大苗，谷雨前后定植于大田，高温季节、雨季来临后结束。

1. 温带春茬番茄有机栽培技术

（1）培育壮苗　温带地区，春茬番茄需在大寒前后，在温室内采用保温苗床育苗，或在大拱棚内建造电热线加温苗床育苗。育苗需在定植之前 65~70 天进行，全程育苗期间严禁出现低于 10℃的夜温，预防多心皮果发生。

育苗方法与有关技术参阅第三章"二、茄果类蔬菜育苗技术"中

"（一）番茄有机栽培育苗技术"。

幼苗具 2 片真叶时分苗。分苗前 1～2 天苗床喷洒 800 倍大蒜油+100 倍红糖+600 倍植物细胞膜稳态剂+8000 倍 0.01%芸苔素内酯+300 倍溃腐灵+300 倍硫酸钾镁+400 倍葡萄糖酸钙+6000 倍有机硅混合液，促进花芽分化，提高植株抗逆性与光合效能，预防病害发生，提高花芽质量。

（2）整地与施基肥　栽培春茬番茄的土地，需在冬前深耕，耕后不耙，堡头越冬。翌年土壤翻浆时，结合旋耕，每亩撒施硫酸钾镁 50 千克、硅钙钾镁土壤调理剂 50 千克、土壤生物菌接种剂 500～1000 克、优质腐熟动物粪便 5000～6000 千克。

粪、肥、菌等需掺混均匀，用农膜封闭，发酵腐熟后均匀撒施地面，后细致旋耕。

定植前 10 天左右，地面喷洒 300 倍白僵菌+500 倍 1.5%除虫菊素混合液，消灭土壤中越冬地下害虫与初孵化地老虎等，后再次旋耕，整 M 形双高垄畦。畦顶面总宽 80 厘米，高 25 厘米，畦面中央有深 15 厘米、宽 25 厘米左右的灌水沟。操作行呈平底倒梯形畦沟，上宽 50 厘米，底宽 25 厘米，深 25 厘米。

（3）科学定植

① 整地除草　室外最低自然温度稳定在 8℃以上后定植，栽前 10 天左右在沟状操作行中灌足水造墒，结合灌水整理畦面与灌水沟至近水平状。大部分杂草萌发后，中耕灭草，后栽植。

② 炼苗　栽前 7 天左右，加大苗床通风量，降低床温，栽前 5～7 天苗床停止浇水，相互挪动移位营养钵。白天控温 16～20℃、夜温维持 10～16℃炼苗，栽前 5 天左右分多次撤除农膜，让幼苗逐步适应外界自然环境条件，以备露地定植。

③ 喷药、定植　栽前 1 天，苗床细致喷洒 800 倍大蒜油+100 倍红糖+600 倍植物细胞膜稳态剂+500 倍 0.7%苦参碱+500 倍 1.5%除虫菊素+300 倍溃腐灵+300 倍硫酸钾镁+400 倍葡萄糖酸钙+6000 倍有机硅

混合液，提高植株抗逆性与光合效能，杀灭秧苗上的病菌与害虫，利于幼苗发生新根，快速缓苗。

④ 定植 在畦面两个小高垄上，距离中线两边各20厘米（窄行距40厘米），按株距35厘米开挖10厘米深的定植穴，穴内浇足水，水渗至半穴时排放秧苗。土坨放入栽植穴内，秧苗的茎叶顺卧放在土面上。注意：同一M形垄畦，东边1行的秧苗生长点朝北顺行排放，西边1行的秧苗生长点朝南顺行排放，调整植株摆放方向，使其花序朝向宽行（操作沟）一方。

轻按土坨至与垄畦平，后在土坨上浇灌1000倍土壤生物菌接种剂+1000倍植物细胞膜稳态剂混合液100毫升，用有益生物菌保护根系，使其不受有害菌危害，用植物细胞膜稳态剂促进快速发生新根，及早缓苗。土穴升温后从中线处取土封埋植株土坨，浅埋下部茎秧，促发不定根，定向（花序朝向宽行）、定位（茎秧埋深由3～5厘米逐渐减至埋深1厘米，埋至距离花序25厘米处，让秧苗自行抬头离开地面）卧栽。

每畦双行秧苗全部栽植完成后，整理土垄成M形双高垄，双垄连接处成深12厘米左右、宽25～30厘米的灌水沟，沟底铺设滴灌管。栽植后随即滴灌，浇透缓苗水。

注意：封埋土坨与秧茎时，要细致操作，封埋的土垄需高度基本一致，严禁用力按压根际土壤，防止土坨散块伤及根系。

⑤ 覆盖地膜 用40厘米宽地膜覆盖灌水沟与小高垄内侧面，用宽130厘米的废旧农膜覆盖操作行沟与双土垄外侧面，提高土温，减少土壤水分蒸发，预防草害。地膜边缘用细土埋压，地膜表面适度压土，预防风吹导致地膜破碎。

（4）定植后的管理

① 搭建支架，绑缚秧茎 选用直径1～1.5厘米、长200厘米左右的竹竿，每株1根，基部插入植株旁边、畦面外边缘处土壤内，插深20～30厘米，上端每3～4根竹竿用细铁丝或细绳紧扎在一起，搭建成"人"字形、相互联结的稳定支架，后将番茄植株绑缚于支架上。随着植株的长高，

需及时、适时逐段绑缚，预防结果后植株倒伏。

② 及时抹杈摘心　番茄定植缓苗后，植株会逐渐自行抬头直立，每个叶腋间都会发生分杈。这些分杈除基部一杈保留，长至 3 叶时摘除生长点用于养根外，其他各叶节中的分杈应在发生初期，长度小于 4 厘米之时及早摘除，严禁分杈长得过大，争夺肥水、遮挡阳光、消耗有机营养。摘除时遗留大伤口，易诱发髓部坏死、晚疫病、青枯病等病害。抹芽要选择晴天 10 点之后、15 点之前进行，以便于伤口及时干燥愈合，预防其感染病菌，诱发病害。

③ 促进授粉　花序开始开花之后，每天 6~9 点用木棍轻轻敲击竹架，让番茄花序震动，促进授粉，以利坐果。

④ 摘除生长点　一般番茄发生第 4~6 穗花序时，需及时、适时在顶部花序之上 2 片叶处摘除生长点，使营养中心向花序转移，促进花序发育、开花结果、幼果膨大，以利高产优质。

需根据当地气候条件、品种特性、果实生育期决定摘心时间，根据当地雨季、高温季来临时间决定拔秧时间。夏季基本无 33℃以上高温的地区，可实现越夏栽培，根据初霜来临时间决定拔秧时间。拔秧之前 40 天左右，需保证果实长大，然后根据不同品种特性，即果实基本长大成熟时间，确定摘心时间，做到充分利用自然热量、光照，力争获取更高产量、取得更大效益。

⑤ 肥水管理　浇过缓苗水后，严格控制灌溉，适度蹲苗，防止植株徒长，促进根系发达，直至第一穗果全部坐果并长至核桃大小，第 2 穗果基本坐齐后，方可浇水。浇水之前，需先在其底穗果之下的茎部，用 2~3 根竹质牙签相互间隔、交叉插入基部秧茎内，抑制其营养生长，预防浇水后植株徒长。

浇水需在膜下灌水沟内滴灌或沟灌，严禁大水漫灌。注意：浇水要小水勤浇，春季浇水要在晴天清晨 5~9 时进行，夏季要在午后至傍晚浇水。

第 2 穗果坐齐、坐稳后，撤除覆盖灌水沟的地膜，适度提高浇水频率，减少每次的浇水量，防止土壤忽干忽湿；尽量减少肥水流失，预防土壤板结。

结合浇水，在灌水沟内追肥，每10～15天1次，每次每亩施入300～500千克腐熟动物粪便，或300～400千克沼液或沼渣，或100千克糖蜜水溶性有机肥+硫酸钾镁10千克，保障肥水均衡供应，维持植株健壮，促进果实膨大。

⑥ 根外追肥 定植之后，结合病虫害防治，每10天左右喷洒一次50倍发酵牛奶+300倍硫酸钾镁+300倍葡萄糖酸钙+800倍植物细胞膜稳态剂+8000倍0.01%芸苔素内酯+6000倍有机硅混合液，补充营养，提高植株的抗逆性与光合效能，促进幼果迅速膨大，预防病虫害发生，以利高产优质。

（5）病虫害防治

① 定植前一天，苗床细致喷洒800倍大蒜油+300倍溃腐灵（或其他小檗碱类植物农药）+100倍红糖+300倍硫酸钾镁+300倍葡萄糖酸钙+500倍0.7%苦参碱+500倍1.5%除虫菊素+600倍植物细胞膜稳态剂+8000倍0.01%芸苔素内酯+6000倍有机硅混合液，杀灭病菌与各种害虫。

② 菜田周边设置电频杀虫灯或黑光灯，诱杀鞘翅目、鳞翅目、膜翅目、半翅目等害虫成虫。

菜田吊挂黄色、蓝色杀虫板，每30平方米各1张，每20天更换1次，或重新涂刷黏虫油药，诱杀蚜虫、白粉虱、斑潜蝇、蓟马等害虫。

释放赤眼蜂、草蛉、瓢虫等天敌昆虫，消灭棉铃虫、菜青虫、蚜虫等害虫。

发生虫害时，需在初发期细致喷洒800倍大蒜油+500倍0.7%苦参碱+500倍1.5%除虫菊素+300～600倍苏云金杆菌；或将1千克大蒜、1千克辣椒打浆，兑水30千克，加6000倍有机硅，配制成悬浮液，细致喷洒植株，3天1次，连喷2次。

③ 定植之后、雨季到来之前，每间隔10～15天，结合根外追肥，掺加300倍溃腐灵（或其他小檗碱类植物农药）细致喷洒植株，预防病害发生。

每次大雨来临之前 1~2 天，抢喷 200 倍等量式波尔多液，预防病害发生。

2. 暖温带露地秋茬番茄栽培技术

（1）培育壮苗　露地栽培秋茬番茄，需选用耐热、早熟、丰产、高抗病毒病等病害的优良品种，在夏季采用"三防"苗床，培育具备 1 穗花序、无病虫害的健壮大苗栽植。育苗方法参阅"番茄有机栽培育苗技术"。

（2）整地与施肥　参考温带春茬番茄有机栽培技术。

（3）定植　处暑前后气温回落后定植，定植方法同春茬露地番茄栽培。定植前 1 天，需对苗床秧苗细致喷洒 800 倍大蒜油+200 倍溃腐灵（或其他小檗碱类植物农药）+300 倍硫酸钾镁+300 倍葡萄糖酸钙+100 倍红糖+500 倍 0.7%苦参碱+500 倍 1.5%除虫菊素+600 倍植物细胞膜稳态剂+8000 倍 0.01%芸苔素内酯+6000 倍有机硅混合液，预防各种病虫害发生，提高植株抗逆性与光合效能，快速缓苗。

（4）田间管理　及时、适时抹除叶腋间分杈，抑制其营养生长，促进花芽发育、开花结果。

适时摘心，要在初霜到来之前 40 天左右及时摘除生长点，促进营养中心转移至开花结果与果实膨大，确保顶穗果实在下霜之前长成个头较大的商品果实，争取获得较高产量。方法同春茬番茄栽培技术。

搭建支架、震动授粉、肥水管理、病虫害防治等有关栽培技术，可参阅温带春茬番茄有机栽培技术，灵活执行。

八、茄子

茄子喜热，怕寒，耐高温，抗干旱，根系发达，适应性强，南北方多是一年一大茬栽培。

1. 培育壮苗

育苗需在定植之前 70~75 天进行，育苗方法与有关技术参阅第三章中"茄子有机栽培育苗技术"。温带地区，需在大寒前后，在温室内采用保温苗床育苗，或在大拱棚内建造电热线加温苗床育苗。全育苗期间严禁出现低于 10℃ 的温度，预防僵茄、石茄发生。秧苗具 2 片真叶时分苗，并喷洒 100 倍红糖+8000 倍 0.01%芸苔素内酯+300 倍溃腐灵+300 倍硫酸钾镁+800 倍植物细胞膜稳态剂+6000 倍有机硅混合液，促进花芽分化，提高秧苗抗逆性与光合效能，预防病害发生，提高花芽质量，促进多生长柱花。

2. 整地与施基肥

栽培茄子的土地，需在冬前深耕，耕后不耙，堡头越冬，翌年土壤翻浆时结合旋耕，每亩撒施硫酸钾镁 50 千克、硅钙钾镁土壤调理剂 50 千克、土壤生物菌接种剂 500～1000 克、优质腐熟动物粪便 5000～6000 千克。粪、肥、菌等需掺混均匀，用农膜封闭发酵，充分腐熟后均匀撒施地面，后旋耕。定植前 15 天左右，地面喷洒 300 倍白僵菌+500 倍 1.5%除虫菊素混合液 50～60 千克，消灭土壤中的地下害虫与地老虎等鳞翅目害虫，后随即整修 M 形双高垄畦。

鲁、豫、冀、皖等省地市，谷雨前后整 M 形双高垄畦，畦顶面总宽 90 厘米，高 20～25 厘米，畦面中央有深 15 厘米、宽 30 厘米的滴灌沟。操作行畦沟宽 50 厘米、深 20 厘米。栽苗前先在畦沟内灌水，结合灌水，平整畦面与滴灌沟至近水平状。

3. 科学定植

最低气温稳定在 8℃以上后定植，栽前 10 天左右，先在滴灌沟内铺设滴灌管，滴灌造墒，大部分杂草萌发后，中耕灭草，后栽苗。

（1）炼苗　栽前 7～10 天，加大苗床通风量，降低床温，栽前 5～7 天苗床停止浇水，相互挪动移位营养钵。白天控温 16～20℃、夜温维持 10～16℃炼苗，栽前 5 天左右分多次撤除苗床农膜，让幼苗逐步适应外界自然环境条件，以备定植。

（2）喷药、定植　栽苗的前 1 天，苗床细致喷洒 800 倍大蒜油+100 倍红糖+600 倍植物细胞膜稳态剂+500 倍 0.7%苦参碱+500 倍 1.5%除虫菊素+300 倍溃腐灵+8000 倍 0.01%芸苔素内酯+300 倍硫酸钾镁+6000 倍有机硅混合液，杀灭秧苗上的病菌与害虫，提高植株抗逆性与光合效能，促进发根，快速缓苗。

（3）定植　在畦面双小高垄上，距离中线两边各 25 厘米（窄行距 50 厘米），按株距 40 厘米开挖 10 厘米深的定植穴，穴内浇足水，水渗至半穴时排放秧苗，轻按土坨，使之与畦面平齐。后在土坨上浇灌 1000 倍土壤生物菌接种剂+1000 倍植物细胞膜稳态剂混合液 100 毫升，用有益生物菌保护根系，使其不受有害菌危害，用植物细胞膜稳态剂促进快速发生新根，尽快缓苗。土穴升温后覆土，封埋土坨。

每畦双行秧苗全部栽植完成后，整理土垄成 M 形双高垄，双垄连接处呈深 15 厘米左右、宽 30 厘米的滴灌沟，沟底铺设滴灌管，栽植后随即滴灌，浇透缓苗水。

注意：封埋土坨时，要细致操作，严禁用力按压根际土壤，防止土坨散块伤及根系，预防土壤板结。

（4）覆盖地膜　用 50 厘米宽地膜覆盖滴灌沟与小高垄内侧面，用宽 130 厘米的废旧农膜覆盖操作行沟与双土垄外侧面。地膜边缘用细土埋压，地膜表面适度压土，预防风吹导致地膜破碎。

4. 定植后的管理

① 及时抹除基部小分杈，减少养分竞争。

② 适时、及时调整植株。植株长至 4 个分杈、开花至"四母顶"时，对其中 1 组分枝的 2 个分杈，在花上留 1 片叶摘心，让另一组分枝向上继续发展。该组分枝再次长至 4 个分枝时，对每组分枝的 2 个分杈中的 1 个弱分杈，在花上留 1 叶摘心。按照此规律，每层只留 4 杈、开 4 朵花、结 3～4 果，做到株密、枝不密，维持叶幕层通风透光、光照充足。

待株高达到 120～140 厘米时，上部分枝全部在花上留一叶摘心，该分枝上的果实全部采收后，从基部发出的分杈处回剪，让早先摘心的分枝继续发展。直至初霜来临之前 40 天左右，摘除植株的全部生长点，集中营养，促进茄果快速膨大，坚持结果至初霜前后结束，做到充分利用自然热量、光照，力争更高产量、更大效益。

③ 肥水管理。浇过缓苗水后，严格控制灌溉，适度蹲苗，防止植株徒长，促进根系发达，直至门茄全部坐稳，小者长至红枣大小时，方可浇水。

浇水需在膜下滴灌或沟灌，严禁大水漫灌。注意：浇水开始之后要见干见湿，小水勤灌。春季浇水要在晴天 5~9 时进行，对茄坐稳后适度提高浇水频率，控制浇水量，尽量减少肥水流失，预防土壤板结。夏秋季节要在午前或傍晚浇水。立夏前后撤除地膜。

结果之后，结合浇水，在滴灌沟内追肥，每 15 天左右 1 次，每次每亩施入 300~500 千克腐熟动物粪便，或 300 千克沼渣，或 300 千克沼液，或 50 千克糖蜜水溶性有机肥+硫酸钾镁 10 千克，保障肥水均衡供应，维持植株健壮，加速茄果膨大。

④ 根外追肥。从坐果开始，每 7~10 天喷洒一次 50 倍发酵牛奶+300 倍硫酸钾镁+300 倍葡萄糖酸钙+8000 倍 0.01%芸苔素内酯+800 倍植物细胞膜稳态剂+6000 倍有机硅混合液，补充营养，增强叶片光合效能，提高植株抗逆性，促进高产、优质。

5. 病虫害防治

① 定植前一天，苗床细致喷洒 800 倍大蒜油+300 倍溃腐灵（或其他小檗碱类植物农药）+100 倍红糖+300 倍硫酸钾镁+300 倍葡萄糖酸钙+500 倍 0.7%苦参碱+500 倍 1.5%除虫菊酯+600 倍植物细胞膜稳态剂+8000 倍 0.01%芸苔素内酯混合液。此后每 10 天左右喷洒 1 次，提高植株抗逆性，杀灭病菌与各种害虫。

② 茄田周边设置电频杀虫灯或黑光灯，诱杀鞘翅目、鳞翅目、膜翅目、半翅目等害虫成虫。茄田吊挂黄色、蓝色杀虫板，每30平方米各1张，每15天左右更换 1 次，或重新涂刷黏虫油药，诱杀蚜虫、白粉虱、斑潜蝇、蓟马等害虫。

③ 释放赤眼蜂、草蛉、瓢虫等天敌昆虫，消灭棉铃虫、夜蛾、叶螨、

蚜虫等害虫。

④ 发生虫害时，需在初发期细致喷洒 800 倍大蒜油+500 倍 0.7%苦参碱+500 倍 1.5%除虫菊素+300～600 倍苏云金杆菌。

⑤ 定植之后、雨季到来之前，每间隔 10～15 天结合根外追肥，掺加 300 倍溃腐灵（或其他小檗碱类植物农药），预防病害发生。

⑥ 每次大雨之前 1～2 天，抢喷 200 倍等量式波尔多液+300 倍硫酸钾镁+6000 倍有机硅混合液，预防病害发生。

九、辣甜椒

辣甜椒喜热，怕寒，耐高温，怕水涝，根系不发达，必须选择大雨之后无积水的肥沃壤土地或沙壤土地栽培。南方北方多是一年一大茬。

1. 培育壮苗

育苗需在定植之前 60～70 天进行，育苗方法与有关技术参阅第三章中"辣甜椒有机栽培育苗技术"。温带地区需在大寒前后，在温室内建暖床育苗，或在拱棚内采用电热线加温苗床育苗。全育苗期间苗床严禁出现低于 10℃ 的温度，预防僵果、石果发生。秧苗具 2 片真叶时分苗，分苗时需细致喷洒 100 倍红糖+8000 倍 0.01%芸苔素内酯+300 倍溃腐灵+300 倍硫酸钾镁+800 倍植物细胞膜稳态剂+300 倍葡萄糖酸钙+800 倍大蒜油+500 倍 0.7%苦参碱+500 倍 1.5%除虫菊素+6000 倍有机硅混合液，增强植株抗逆性与光合效能，促进发根、快速缓苗，提高花芽质量，多生长柱花，预防病害发生。

2. 整地与施基肥

冬前深耕，耕后不耙，垡头越冬，翌年土壤翻浆时结合旋耕，每亩撒施硫酸钾镁 50 千克、硅钙钾镁土壤调理剂 50 千克、土壤生物菌接种剂 500～1000 克、优质腐熟动物粪便 5000～6000 千克。粪、肥、菌等需掺混均匀，用农膜封闭发酵，充分腐熟后均匀撒施地面，后旋耕。定植前 15 天左右，地面喷洒 300 倍白僵菌+500 倍 1.5%除虫菊素混合液 50～60 千克，消灭土壤中的地下害虫与地老虎等鳞翅目害虫，后随即整修 M 形双高垄畦。

　　鲁、豫、冀、皖等省地市，谷雨前整 M 形双高垄畦，畦顶面总宽 80 厘米、高 20 厘米，畦面中央有深 15 厘米、宽 25 厘米的滴灌沟。操作行平底沟状，宽 50 厘米、深 20 厘米。后在沟状操作行中灌水，结合灌水，平整畦面与滴灌沟至近水平状。

3. 科学定植

　　（1）除草　室外最低温度稳定在 8℃以上后定植，栽前 10 天左右先在滴灌沟内铺设滴灌管，滴灌造墒，促进杂草萌发。大部分杂草萌发后，中耕灭草，后修整垄畦栽植。

　　（2）炼苗　栽前 7 天左右加大苗床通风量，降低床温，栽前 5 天苗床停止浇水，相互挪动移位营养钵。白天控温 16～20℃、夜温维持 10～16℃炼苗，栽前 5 天左右，分多次撤除农膜，让幼苗逐步适应外界自然环境条件，以备定植。

　　（3）喷药、定植　栽前 1 天，苗床细致喷洒 800 倍大蒜油+100 倍红糖+500 倍 0.7%苦参碱+500 倍 1.5%除虫菊素+300 倍溃腐灵+8000 倍 0.01%芸苔素内酯+800 倍植物细胞膜稳态剂+6000 倍有机硅混合液，杀灭秧苗上的病菌与害虫，提高植株抗逆性，促进发生新根、加速缓苗。

　　（4）定植方法　在畦面两个小高垄上，距离中心线两边各 20 厘米（窄行距 40 厘米），按株距 30 厘米开挖 10 厘米深的定植穴，穴内浇足水，水渗至半穴时排放秧苗，植株竖直，轻轻下按土坨与畦垄平齐，随即在土坨上浇灌 1000 倍土壤生物菌接种剂+1000 倍植物细胞膜稳态剂混合液 100 毫升。穴温升高后，填土封埋稳定土坨。

　　每畦双行秧苗全部栽植完成后，整修土垄成 M 形双高垄，双垄连接处呈深 15 厘米、宽 25～30 厘米的滴灌沟，沟底铺设滴灌管，栽植后随即滴灌，浇透缓苗水。

　　注意：封埋土坨时要细致操作，严禁用力按压根际土壤，防止土坨散块伤及根系，预防土壤板结。

（5）全面积覆盖地膜　用40厘米宽地膜覆盖滴灌沟与小高垄的内侧面，用宽120厘米的废旧农膜覆盖操作行沟与双土垄的外侧面。地膜边缘用细土埋压，地膜表面适度压土，预防风吹导致地膜破碎。坐果后开始追肥时撤除窄行地膜，立夏前后撤除宽行地膜。

4. 定植后的管理

① 及时抹除基部小分杈，减少养分竞争。

② 适时、及时调整植株。植株长至5~7个分枝、开花至"四母顶"时，对其中一组分枝的2~3个分杈，在花上留1片叶摘心，让另一组分枝向上继续发展，该组分枝再次长至5~7个分枝时，对其中的2~3个弱分枝，在花上留1叶摘心。按照此方法，每层分枝只选留6个左右的分枝、开6朵花、结4~5果，做到株密、枝不密，维持叶幕层通风透光、光照充足。

待植株高度达到120厘米左右时，上部所留分枝全部在花上留一叶摘心，待其上的果实全部采收后，再从基部发出的壮分枝处回剪，让下部新的分枝重新发展、开花结果。直至初霜来临之前30天左右，摘除其全部生长点，集中营养促进椒果快速膨大，坚持结果至初霜前后结束，做到充分利用自然热量、光照、地力，获取更高产量、更大效益。

③ 肥水管理。浇过缓苗水后，严格控制灌溉，适度蹲苗，防止植株徒长，促进根系发达，直至门椒全部坐稳，小者长至"瞪眼"时，方可浇水。

浇水需在膜下滴灌沟内滴灌或小水沟灌，严禁大水漫灌。注意：浇水开始之后要见干见湿，小水勤灌。春季浇水要在晴天5~9时进行，夏秋季节需在午后或傍晚浇水，适度提高浇水频率，控制浇水量，尽量减少肥水流失，预防土壤板结。

结果之后，气温升高，可撤掉窄行地膜，结合浇水，在滴灌沟内追肥，每15天左右1次，每次每亩施入300千克腐熟动物粪便，或400千克沼液，或50~100千克糖蜜水溶性有机肥+10千克硫酸钾镁，保障肥水均衡供应，维持植株健壮，促进椒果膨大、丰产。

④ 根外追肥。从开花始，结合防治病虫害，每7~10天喷洒一次50

倍发酵牛奶+300 倍硫酸钾镁+300 倍葡萄糖酸钙+600 倍植物细胞膜稳态剂+8000 倍 0.01%芸苔素内酯+600 倍硼砂+3000 倍 20%萘乙酸+100 倍红糖+6000 倍有机硅混合液，提高植株抗逆性与光合效能，促进坐果，实现高产、优质、高效益。

5. 病虫害防治

① 定植前一天，苗床细致喷洒 800 倍大蒜油+100 倍红糖+300 倍溃腐灵(或其他小檗碱类植物农药)+300 倍硫酸钾镁+300 倍葡萄糖酸钙+500 倍 0.7%苦参碱+500 倍 1.5%除虫菊素+600 倍植物细胞膜稳态剂+8000 倍 0.01%芸苔素内酯+6000 倍有机硅混合液，杀灭病菌与各种害虫，促进发根、快速缓苗，增强植株抗逆性与光合效能，保苗健壮。

② 辣甜椒田周边设置电频杀虫灯或黑光灯，诱杀鞘翅目、鳞翅目、膜翅目、半翅目等害虫成虫。辣甜椒田中吊挂黄色、蓝色杀虫板，每 30 平方米各 1 张，每 20 天左右更换 1 次，或重涂刷黏虫油药，诱杀蚜虫、白粉虱、斑潜蝇、蓟马等害虫。

③ 释放赤眼蜂、草蛉、瓢虫等天敌昆虫，消灭棉铃虫、菜青虫、夜蛾等害虫。

④ 发生虫害时,需在其初发期细致喷洒 800 倍大蒜油+500 倍 0.7%苦参碱+500 倍 1.5%除虫菊素+300 ~ 600 倍苏云金杆菌+6000 倍有机硅混合液。

⑤ 定植之后、雨季到来之前，每间隔 10 ~ 15 天，结合根外追肥，掺加 300 倍溃腐灵（或其他小檗碱类植物农药），预防病害发生。

⑥ 每次大雨之前 1 ~ 2 天,抢喷 200 倍等量式波尔多液,预防病害发生。

十、蔓生豆角

1. 栽培季节

豆角喜温，耐热，在短日照、大温差的条件下，成花节位低。植株生长发育的最适宜温度为 20 ~ 32℃。33 ~ 35℃的高温条件下,植株生长不受影响,只是开花、授粉、受精不良，落花、落荚严重，荚果纤维多、粗糙、品质差。

露地有机豆角栽培，在北方严寒地区，每年只能栽培一茬，5月份直播或4月份育苗，5月份定植，6~9月份收获。

暖温带以南地区，每年春、秋两茬栽培。春茬3月份育苗，4月份地温稳定通过10~12℃时定植，5~7月份收获。秋茬在7~8月份建"三防"苗床育苗，8月份定植或直播，9~11月份收获。

亚热带、热带地区，可实现一年多茬栽培。轮流播种，长年收获。

2. 培育壮苗

参阅第三章"四、豆类蔬菜育苗技术"。

3. 整地与施基肥

结合耕翻土壤，每亩撒施硫酸钾镁30千克，硅钙钾镁土壤调理剂30千克，优质腐熟动物粪便1500~2000千克，有机饼肥50千克，土壤生物菌接种剂500~1000克。粪、肥、菌等需掺混均匀，用农膜封闭发酵，充分腐熟后均匀撒施地面，随即旋耕，整南北向M形高垄平畦，畦面东西宽100厘米，畦面中心处有宽30厘米、深15厘米的滴灌沟，畦垄高20~25厘米，操作行呈平底沟状，上宽40厘米，底宽20厘米，深20~25厘米。

播种或移栽前15天左右，畦沟内灌水，结合灌水整平畦面。杂草大部分萌发后锄地灭草，后栽苗或直接播种。

4. 定植

先在畦沟内灌足水造墒，土壤温度提高至10~13℃时定植。在100厘米宽的M形双高垄畦的2条35厘米宽的小高垄上，按行距70厘米、株距20厘米开挖10厘米深的栽植穴，穴内灌足水，排放秧苗，每亩栽苗4600穴左右，每穴双株，每亩栽植9200株左右。

穴内水分下渗后，再在土坨上浇灌1000倍土壤生物菌接种剂+1000倍植物细胞膜稳态剂混合液100毫升。穴内土壤温度升高后覆土封穴。封穴时严禁用力按压根际土壤，防止秧苗土坨散块伤及根系，预防土壤板结。

整理畦面，消除土块，随即用 1 幅 70 厘米宽的地膜把双高垄封闭，用 1 幅 110 厘米宽的废旧农膜将操作行全面封闭，以保墒提温，预防草害发生。地膜边缘用细土压严，地膜表面适度压土，固定地膜，防止被风吹开、刮碎地膜。后随即滴灌足水，至畦面湿润。

5. 直播栽培

在整好的 M 形双高垄畦面上，覆盖宽 150~160 厘米农膜（用大棚更换下来的旧农膜），农膜边缘用细土埋压，农膜表面适度压土，预防风吹导致农膜破碎。覆膜后随即滴灌至底层土壤湿润，后播种。方法：按行距 70 厘米、株距 20 厘米，用播种铲切破农膜，开 3~4 厘米长、3 厘米深的播种穴，穴内放 3~4 粒经过浸种、消毒并用土壤生物菌接种剂+植物细胞膜稳态剂处理过的种子 3~4 粒，后在农膜开口处覆盖细土，封闭压严农膜开口即可。

幼苗出土后，长至 3 片真叶时，用剪刀剪除小苗、大苗、弱苗，每穴留 2 株生长健壮、长势均匀的壮苗。

6. 搭建支架

豆角属蔓生植物，其植株需借助支架盘旋攀缘上爬，必须搭建支架。方法：每 2 株用 1 根长 250 厘米的细竹竿，在双行植株的外侧 5 厘米处，每间隔 20 厘米斜插一根，竹竿下插深 30 厘米，地上留高 220 厘米，用纤维或细线绳将两行的竹竿顶部每 3~4 根绑缚在一起，呈"人"字形相互连接，组成尖塔形篱架。

后在支架顶部南北、东西双向拉细钢丝，南北向钢丝东西间隔 150 厘米，拉紧后，用细铁丝绑缚固定于支架顶部竹竿上。东西向钢丝，每间隔 120 厘米一条，组成钢丝网。后在钢丝网上搭设防虫网，菜田四周亦用防虫网严密封闭，防止各种害虫进入危害作物。在近路处设置双层网门。

7. 田间管理

（1）植株调整　搭支架之后，每个秧蔓都会沿竹竿盘旋攀缘向上延伸。中晚熟品种，主蔓多在第 5~9 节出现第一花序，第一花序以下的侧蔓应及早抹除，排除竞争，节省营养，促进结荚。

主蔓上部，每节叶腋间都会生长花序或叶芽。有花序处的叶芽应及时抹除，无花序处的叶芽，留 2 叶摘心，促使其侧枝尽早形成花序。

主蔓攀缘至 120 厘米左右高时，及时摘除生长点，促使多发侧蔓，培育侧蔓形成更多花序。

（2）肥水管理　豆角结荚以前，一般不浇水、不追肥，控制植株旺长，促进根系发达。一旦第一花序结荚、坐稳，需及时、适时浇水，第二花序结荚坐稳后，应适度增加浇水频率，维持土壤表面见干见湿，5 厘米以下深层土壤湿润。

浇水需在膜下滴灌沟内滴灌或沟灌。浇水要在晴天清晨或傍晚进行，小水勤灌，严禁大水漫灌。结合浇水，每 10～15 天追 1 次肥。每次每亩冲施沼液、沼渣或腐熟动物粪便 300～500 千克+硫酸钾镁 10 千克+高氮海藻有机肥 10 千克，或糖蜜水溶性有机肥 50 千克，保障肥水供应，维持植株健壮，增强光合效能，延长结荚时间。

如果豆角营养生长过旺，可适度减少浇水次数与浇水量，防止植株旺长。

（3）根外追肥　豆角定植后，为促进植株生长、尽早结荚，应加强根外追肥。根外追肥可结合预防病虫害进行。

定植时，需喷洒一次 300 倍靓果安（或其他小檗碱类植物农药）+50倍发酵牛奶+5%沼液+1500 倍钼酸铵+300 倍白僵菌+300 倍硫酸钾镁+800倍植物细胞膜稳态剂+8000 倍 0.01%芸苔素内酯+6000 倍有机硅混合液，促进新根与根瘤发生、快速缓苗。后每间隔 10 天左右喷洒 1 次 600 倍植物细胞膜稳态剂+3000 倍 20%萘乙酸+8000 倍 0.01%芸苔素内酯+300 倍溃腐灵（或其他小檗碱类植物农药）+300 倍硫酸钾镁+300 倍葡萄糖酸钙+1000倍速溶硼+6000 倍有机硅混合液，提高豆角营养水平，增强植株抗逆性与光合效能，促进多结荚，预防病害发生。

8. 采摘

豆角以嫩果食用，必须及时、适时采摘，既不能摘过于细嫩的豆角，又不可让其粗长老化，降低商品价值。采摘时要细致查找，预防遗漏、老化。采摘时注意从豆角与角柄连接处摘除，不可伤及角柄基部的花序，预防花序被破坏引起减产，诱发病害。

9. 科学防治病虫害

架设防虫网，严密封闭菜田，每次进田管理都要谨慎开启网门并随即关门，严防害虫进田造成危害。

田间吊挂黄色、蓝色杀虫板，每 30 平方米各 1 张，诱杀蚜虫、粉虱、斑潜蝇、蓟马等害虫。杀虫板每 20 天左右更新 1 次。

吊挂糖醋罐，每 30 平方米左右吊挂 1 个，诱杀危害豆角的各种鳞翅目、鞘翅目害虫。

每次降雨之前，及时细致喷洒 200 倍等量式波尔多液+6000 倍有机硅+300 倍硫酸钾镁混合液，预防病害发生。

若发生白粉病，可在发病初期及时喷洒 0.3 波美度石硫合剂。

若发生豆野螟（豆荚螟）等鳞翅目虫害，需在发生初期细致喷洒 300 倍白僵菌（或杀螟杆菌或苏云金杆菌）+500 倍 0.7%苦参碱+500 倍 1.5%除虫菊素+6000 倍有机硅混合液防治。

若发生蚜虫、斑潜蝇等虫害，幼苗期可细致喷洒 800 倍大蒜油+500 倍 0.7%苦参碱+500 倍 1.5%除虫菊素混合液防治。

十一、秋茬大白菜

1. 整地与施肥

立秋前结合耕翻，每亩撒施优质腐熟动物粪便4000～5000 千克+硫酸钾镁 30 千克+硅钙钾镁土壤调理剂 30 千克+硼砂 2 千克+土壤生物菌接种剂 500～1000 克。粪、肥、菌等需掺混均匀，用农膜封闭发酵，充分腐熟后均匀撒施地面，随即每亩均匀喷洒200 倍 1.5%除虫菊素+200 倍 0.7%苦参碱+300 倍白僵菌混合液 60 千克，消灭地下害虫与各种鳞翅目、鞘翅目害虫。喷洒后随即旋耕、整畦。每 90 厘米宽整修一高 20 厘米、宽 50 厘米的弧形高垄畦，畦垄沟宽 40 厘米。

2. 灌水造墒，锄地灭草

播种前 5 天左右，若天气无雨，需在垄沟内灌足水造墒。杂草大部分萌发后及时锄地灭草。

3. 撒毒饵消灭地下害虫

播种前 2 天，每亩用鲜嫩青草 2.5 千克，用刀切成寸段，用 100 倍 2.5% 除虫菊素 +100 倍 0.7% 苦参碱混合液细致喷洒均匀，随即装入塑料袋内，封闭保鲜。日落后 30 ~ 60 分钟均匀撒施地面，毒杀地老虎、蝼蛄、金龟子等害虫。

4. 播种

（1）播种时间　北纬 35° 左右地区，立秋后 5 ~ 10 天播种；北纬 38° 左右地区，立秋后 2 ~ 5 天播种；北纬 40° 以北地区，立秋前后播种；淮河流域及以南地区，白露前后播种。

（2）播种方法　在土垄顶部，按株距 50 厘米左右点播，每亩播种 1200 ~ 1400 穴。穴深 1 厘米，每穴浇灌 1000 倍土壤生物菌接种剂 +1000 倍植物细胞膜稳态剂混合液 200 毫升，水渗后播种，每穴分散撒播种子 5 ~ 6 粒，后用细土覆穴，堆成 5 厘米厚土堆。播后 1 ~ 3 天及时检查种子发芽情况，只要开始发芽，随即在下午 4 点后突击抹平土堆，保留覆土厚度 0.5 ~ 1 厘米，以利出苗。

5. 田间管理与病虫害防治

① 播种后，随即用防虫网封闭菜田，阻挡各种害虫侵入田间造成危害。防虫网高 180 ~ 200 厘米，便于操作者进入田间管理。

② 播种后、出苗前，田间吊挂黄色、蓝色杀虫板，每亩各 30 张，诱杀蚜虫、粉虱、斑潜蝇、蓟马等害虫。杀虫板每 20 天左右更新 1 次。

③ 菜田周边吊挂糖醋罐，每间隔 30 米左右吊挂 1 个，均匀排开，诱杀小菜蛾、地老虎、夜蛾、金龟子等鳞翅目、鞘翅目害虫。

④ 出苗后及时喷洒 300 倍溃腐灵（或其他小檗碱类植物农药）+500 倍 0.7%苦参碱+500 倍 1.5%除虫菊素+800 倍植物细胞膜稳态剂+100 倍红糖+5%沼液+300 倍硫酸钾镁+300 倍葡萄糖酸钙+6000 倍有机硅混合液，每 7～10 天一次，预防病虫害发生，提高植株抗逆性与光合效能，促进幼苗健壮生长。

⑤ "拉十字"时间苗，每穴留双株，结合间苗锄地灭草，后细致喷洒 500 倍 0.7%苦参碱+500 倍 1.5%除虫菊素+600 倍苏云金杆菌+800 倍植物细胞膜稳态剂+6000 倍有机硅+800 倍氢氧化铜+8000 倍 0.01%芸苔素内酯+300 倍硫酸钾镁+300 倍葡萄糖酸钙混合液。预防病虫害发生，提高植株抗逆性与光合效能，促进幼苗快速生长发育。

⑥ 3～4 片真叶时定苗，每穴留单株，结合定苗，再次锄地灭草。后喷洒 1000 倍大蒜油+500 倍 0.7%苦参碱+500 倍 1.5% 除虫菊素+600 倍苏云金杆菌+800 倍植物细胞膜稳态剂+50 倍米醋+300 倍硫酸钾镁+300 倍葡萄糖酸钙+6000 倍有机硅混合液，预防病虫害发生。

⑦ 团棵期（5～6 片真叶时）与莲座期（长成发达的叶丛），各喷洒一次 500 倍 0.7%苦参碱+800 倍大蒜油+300 倍溃腐灵（或其他小檗碱类植物农药）+800 倍植物细胞膜稳态剂+8000 倍 0.01%芸苔素内酯+600 倍硼砂（或 1000 倍速溶硼）+300 倍硫酸钾镁+300 倍络氨铜+6000 倍有机硅混合液。

⑧ 卷心后，每次变天之前，喷洒 1 次 800 倍植物细胞膜稳态剂+300 倍硫酸钾镁+300 倍葡萄糖酸钙+5%沼液+300 倍溃腐灵（或其他小檗碱类植物农药）+500 倍 0.7%苦参碱+500 倍 1.5%除虫菊素+6000 倍有机硅混合液，预防病虫害发生。

⑨ 肥水管理。5～8 片真叶之前，地不干旱一般不浇水，促使根系发达，若干旱，可在清晨或傍晚时少量浇水；莲座期之后，需水量急速增加，每 3～5 天浇一次水，结合浇水，每 10 天左右追施一次肥，每次每亩冲施充分腐熟动物粪便 300 千克，或沼液 500 千克+硫酸钾镁 10 千克+氯化钙 5～10 千克，或糖蜜水溶性有机肥 50 千克。

6. 收获

收获前 10～15 天，将莲座叶适度收拢，并用草绳或塑料纤维绑缚其下部老叶，预防包球发生冻害。气温降至 0℃左右时，及时收获。收获后去除烂叶、老叶，在田间晾晒 2～3 天后销售，或入窖储藏。

十二、叶菜类

叶菜类大多数为喜冷凉蔬菜，例如菠菜、油菜、油麦菜、生菜等，比较耐热的有小白菜、菜心、芥蓝、苋菜、空心菜等。此类蔬菜大多数以鲜嫩叶为商品，生育期短，从播种至收获多数在 30～60 天，少者 20 天，其中空心菜、苋菜、菜心、芥蓝可一次播种多次采收，生育期长达 100～200天。叶菜类蔬菜露地有机栽培技术如下：

1. 茬口安排

菠菜喜冷凉，耐寒，不耐高温。在南方，露地栽培一般 9 月份至翌年2 月份播种，每 50 天左右一茬。在北方一般春、秋两季栽培。秋季立秋后播种，10～11 月收获。亦可 11 月份播种，幼苗越冬，翌年 2～3 月份收获。春季 2～3 月份播种，4～5 月份收获。

小油菜、油麦菜、小白菜（杭白、鸡毛菜）、生菜等蔬菜，喜冷凉，较耐热。南方露地栽培，全年播种，可每间隔 15～20 天播种一茬，每茬30～50 天收获。在北方，秋茬栽培，立秋至 9 月份播种，9～11 月份收获；早春 2～5 月份播种，每 10～20 天一茬，3～7 月份收获。

苋菜、空心菜、菜心、芥蓝等，较耐热，南方露地栽培，可在 1～2月份育苗，2～3 月份定植，3～11 月份分次摘心、采叶收获。亦可在 2～3月份直播，4～11 月份分次摘心、采叶收获。

2. 整地与施基肥

结合耕翻，每亩撒施硫酸钾镁 30 千克、硅钙钾镁土壤调理剂 30 千克、优质腐熟动物粪便 1000～2000 千克、土壤生物菌接种剂 500 克。

粪、肥、生物菌等需掺混均匀，用农膜封闭发酵，充分腐熟后施用。撒肥后随即旋耕，整高垄平畦。畦面宽 100～120 厘米、高 10～15 厘米，畦沟宽 30 厘米、深 10～15 厘米，每 2 排苗畦之间铺设微喷灌管，每管喷灌 2 畦。

苗畦整修后，大水喷灌至 20 厘米深土层浇透，后用白色农膜封闭畦面，提高土壤温度至 15～30℃，促进杂草萌发。大部分杂草萌发后，锄地灭草或机械灭草，后修整畦面，播种或育苗定植。

3. 培育壮苗

参阅第三章"三、十字花科蔬菜育苗技术"。

4. 定植

秧苗移栽前 3～4 天，苗床停止浇水，移栽前 1 天，下午 4 点后，苗床细致喷洒 300 倍溃腐灵+300 倍硫酸钾镁+50 倍米醋+500 倍 1.5%除虫菊素+800 倍大蒜油+500 倍 0.7%苦参碱+5%沼液+800 倍植物细胞膜稳态剂+8000 倍 0.01%芸苔素内酯+6000 倍有机硅混合液，第二天起苗定植。

开挖栽植沟：从菜畦的一端，南北间距 8～10 厘米开挖 1 条东西向、深 5 厘米、宽 4 厘米左右的栽植沟，备栽。

从苗床取出育苗盘时，先两手端起育苗盘，向地面水平摔打 1～2 次，震动营养基质，使之脱离盘壁，再平端运往菜地畦面栽植处，开沟后轻轻取出秧苗（注意：秧苗需根系完整，多带营养基质），按东西向、株距 5～6 厘米垂直排放于沟底，立即封细土覆盖，埋严营养基质土坨。

每两排微喷灌管两边的菜畦定植完毕后，立即开启微喷灌管，喷灌菜畦秧苗至浇透水。

5. 直播栽培

菜畦灭草后，修整畦面，让土壤疏松、透气、平整、细碎，土壤含水量充足，无杂草，后播种。

计算播种量方法参阅大拱棚叶菜类蔬菜有机栽培技术。

掺土撒播：把计算好的每 24 平方米（一个标准畦）所需的种子掺混于 2.5 千克左右细土中，充分搅拌均匀，再分成 3 等份，每份都细致撒播 24 平方米，分 3 次播完。播后细致搂耙畦面，后开启微喷灌，喷灌至土壤充分湿润，随即覆盖地膜，2 天左右幼苗大部分出土，于傍晚日落后或清晨日出前撤除地膜，第二天清晨再次喷水灌溉。

6. 田间管理

叶菜类蔬菜秧苗定植或直播出苗后，注意及时用井水微喷，浇灌缓苗水，降低土壤温度，维持土壤湿润，促进缓苗，加速秧苗生长。

缓苗水一般每 1～2 天微喷 1 次，连续微喷 2～3 次，直至秧苗全部成活并开始生长，随即细致锄地松土，消灭杂草，促进发根。

适度蹲苗后，小水勤灌，一直维持土壤湿润，结合喷灌，每 7～10 天追施 1 次 5% 沼液，或 5% 腐熟动物粪便浸出液，或冲施糖蜜水溶性有机肥 50 千克/亩。秧苗长至高 12～15 厘米时采收。

7. 直接利用营养盘栽培

（1）整畦　菜畦为深 5～10 厘米、宽 100～120 厘米、长 10～12 米的平底凹畦。畦面整平至水平。

方法：畦面基本整平后压实，畦内浇水 1 厘米深，后借助水面整平畦面至水平。畦底面干燥后在畦底面上铺设农膜，农膜不得破碎漏水，其宽度、长度都必须长于菜畦的长和宽 10 厘米。铺设后四周有高 5 厘米的农膜壁，畦面能够均匀存水 1～2 厘米深。

（2）机械播种　用专用机械操作营养盘播种，营养盘事先需用 50 倍石灰水或 500 倍高锰酸钾溶液浸泡消毒杀菌，晾干后机械操作填满营养基质（营养基质配制参阅第二章"二、营养基质配制"），播入种子，随即整齐排放于苗畦的农膜上面。

每排满 1 苗畦，随即开启水管开关，在畦底面的农膜上面浇水，水深 1～1.5 厘米，少量营养盘基质表面略显湿润时，随即关闭水管开关。此后每5～7天浇灌1次，结合浇水，每10天追肥1次，每次每标准畦冲施沼液10千克，或腐熟动物粪便浸出液10千克，或糖蜜水溶性有机肥1～2千克。

（3）轮番收获　收获时取出营养盘，用长刀沿营养盘平面横切去根，摘除基部小叶、黄叶，整理装箱，随即进入冷库保鲜，销售。

收获后，原营养盘内的基质倒出，连同菜根、废叶，每1000千克再掺加5千克硫酸钾镁、60千克鸡粪、5千克硅钙钾镁土壤调理剂、50克土壤生物菌接种剂，掺混均匀，后用农膜封闭，发酵15～20天，充分腐熟后作后茬的基质重复利用。

苗畦内营养盘清除干净后，随即排放新播种的营养盘。每收获1畦，排放1畦，轮番操作，年收获15茬次左右。

用营养盘栽培，一次性整修菜畦，可多年长期利用，省去了整地用工。用机械作业，省去了大量人力，可显著降低成本，且增产50%～100%，高产优质，效益高。

8. 病虫害防治

① 田间吊挂黄色、蓝色杀虫板，每30平方米各一张，诱杀蚜虫、斑潜蝇、粉虱、蓟马等害虫，吊挂糖醋液罐，诱杀地老虎、金龟子、小菜蛾等害虫。杀虫板每20天左右更新1次。

菜畦用30目防虫网严密封闭，防止各种害虫侵入造成危害。

② 每次下雨之后，立即抢喷600倍植物细胞膜稳态剂+300倍硫酸钾镁+300倍葡萄糖酸钙+50倍米醋+300倍溃腐灵（或其他小檗碱类植物农药）+8000倍0.01%芸苔素内酯+6000倍有机硅混合液，提高植株抗逆性与光合效能，防止病害发生。

③ 若发生跳甲、蚜虫、小菜蛾、斑潜蝇等虫害，需在发生初期细致喷洒300倍硫酸钾镁+300倍葡萄糖酸钙+500倍1.5%除虫菊素+500倍0.7%苦参碱+500倍苏云金杆菌+300倍靓果安+6000倍有机硅混合液防治。

十三、韭菜

韭菜喜冷凉的气候条件，抗寒，耐热，其最适宜生长发育温度为12~24℃。健壮的地下根茎，遇-40℃的低温可安全越冬。春季气温上升至2~3℃时，鳞茎可萌发新芽，6~15℃时生长速度加快，上升至15~20℃时生长速度最快，20℃以上时生长速度减缓，25℃以上时生长几乎停止。因此必须选择冷凉、暖温带地区栽培韭菜，躲开高温，方能实现高产、优质的有机韭菜栽培。

1. 培育壮苗

参阅第三章"七、韭菜育苗技术"。

2. 整地与施肥

（1）施肥　选择肥沃的沙壤土、壤土或黏壤土地，结合整地，每亩撒施腐熟的羊粪4000~5000千克、硫酸钾镁30千克、硅钙钾镁土壤调理剂50千克、海藻肥50千克、腐熟菜籽饼肥100千克、土壤生物菌接种剂1000克。

硫酸钾镁、硅钙钾镁土壤调理剂、生物菌、海藻肥、菜籽饼等需全部掺混入羊粪中，拌匀后用农膜封闭发酵20天左右，整地前均匀撒施地面，随即旋耕。

（2）做高平畦　畦宽120厘米，畦高10~20厘米，畦沟宽30~40厘米，沟内间隔铺设微喷灌管，喷灌透水后，覆盖白色地膜增温，促进杂草萌发。杂草大部分出土时，撤去农膜，细致喷洒300倍1.5%除虫菊素+300倍0.6%苦参碱溶液，再次旋耕灭草，消灭地下害虫，修整畦面后定植。

3. 起苗定植

韭菜定植，需选在气温不高于23℃的早春或中晚秋，秧苗移栽前5~7天，苗床停止浇水，移栽前1天下午4点后，细致喷洒300倍溃腐灵（或其他小檗碱类植物农药）+300倍硫酸钾镁+50倍米醋+500倍1.5%除虫菊素+500倍0.7%苦参碱+800倍大蒜油+5%沼液混合液，第二天起苗定植。

（1）韭苗处理 刨出秧苗，将须根剪留 2 厘米长，再将叶片上部在叶鞘上留 5 厘米左右剪除，后用 200 倍植物细胞膜稳态剂+8000 倍 0.01%芸苔素内酯+500 倍 1.5%除虫菊素+500 倍 0.7%苦参碱混合液浸泡 5～10 分钟，后栽植。

（2）定植 从畦面的一端，按行距 20 厘米开挖深 8～10 厘米、宽 8 厘米左右的定植沟，在沟内按株距 5～7 厘米丛栽，每丛 10～15 株，栽深 3 厘米左右，以叶鞘埋入土中为度，留有深 4 厘米左右的浅沟，以便于以后培土。随即在栽植沟内灌水，稳苗。

注意：每定植一畦，随即畦面扎小拱棚架，用防虫网严密封闭畦面，严防韭蝇侵入产卵，孵化韭蛆危害韭根。

4. 田间管理

（1）肥水管理 韭菜定植后，注意及时用井水喷灌，降低土壤温度，维持土壤湿润，促进缓苗。

缓苗水每 2～3 天微喷 1 次，连续微喷 2～3 次，直至秧苗全部成活并开始生长。后适度蹲苗，控水 10 天左右，促发新根，促使根系发达。结合蹲苗，细致锄地松土，消灭杂草。

此后，小水勤灌，维持土壤见干见湿，结合灌溉，每 15 天左右追施 1 次 5%沼液或 5%腐熟动物粪便浸出液，每次每亩 200～300 千克，或糖蜜水溶性有机肥 50 千克。秧苗长至高 20 厘米左右时，再次浅锄土壤，消灭杂草。此后增加浇水频率，维持土壤湿润，结合灌溉，每 15 天左右追施 1 次 5%沼液或 5%腐熟动物粪便浸出液，每次每亩 500 千克，或糖蜜水溶性有机肥 50 千克。

必须注意：每次采收前 3～4 天，需浇灌 1 次 5%沼液或 5%腐熟动物粪便浸出液，每亩 300～500 千克。收割后，新芽长至 5 厘米之前，严禁浇水，若收割后过早浇水，极易诱发韭菜病害。

（2）越夏管理 气温高于 25℃后，进入夏季高温季节，韭菜基本停止生长，纤维老化。俗语"六月韭，臭死狗"便形象地说明了这一规律。

故韭菜进入高温季节，要在防虫网上面覆盖旧农膜，预防雨淋植株诱发病害。防雨农膜两边底部保留 30 厘米高的通风口，床畦两头不封闭，保障空气流通，农膜上面撒细土遮阳，降低畦内空气温度。

每次降雨之前，喷洒 300 倍溃腐灵（或其他小檗碱类植物农药）+300 倍硫酸钾镁+300 倍葡萄糖酸钙+800 倍植物细胞膜稳态剂混合液，增强植株抗逆性能和光合效能，预防病害发生。

高温季节过后，结合浇水追施 1 次 5%沼液或 5%腐熟动物粪便浸出液，每亩 500 千克。3～5 天后，割除老韭秧。待新芽长至 5～7 厘米时，行间开挖深 10 厘米左右的浅沟，沟内每亩撒施 150～200 千克腐熟饼肥或 500 千克腐熟动物粪便。撒后细致翻刨施肥沟，肥、土掺混均匀，结合翻刨，在根际覆盖肥土 2 厘米左右。随即喷灌浇水，进行秋季栽培。

（3）秋季管理 秋季收割过两茬后停止采收，加强肥水管理，根外喷洒 300 倍溃腐灵（或其他小檗碱类植物农药）+300 倍硫酸钾镁+50 倍食醋+5%沼液+600 倍植物细胞膜稳态剂+8000 倍 0.01%芸苔素内酯+6000 倍有机硅混合液，提高植株抗逆性和光合效能，预防病害发生，保叶养根，积蓄有机营养，为翌年早春丰产打基础。

气温降至-6℃后，叶片开始萎蔫，逐渐枯黄，全部枯黄后，清除残秧，越冬。

5. 分株移栽

韭菜分蘖力极强，每分蘖一次，其新株所发新根都高于老根，所以随栽培时间的延长，韭菜根系越来越浅，这种现象称为"跳根"。

鉴于韭菜的"跳根"规律，栽培韭菜不但每年都需培土 2 次左右，还应适时、及时分株移栽。分株移栽一般 2～3 年一次，需在春、秋季节进行。分株时刨出老株，后掰除植株基部衰老鳞茎，只保留叶鞘下部新生健壮鳞茎，重新栽植，栽植方法同韭菜定植。

6. 病虫害防治

① 预防韭蛆。对韭菜危害最严重的虫害是韭蛆，露地栽培必须用防

虫网全面封闭韭畦，严防韭蝇侵入，预防韭蛆等虫害发生。一旦发生韭蛆危害，收割韭菜后，立即用新的聚氯乙烯农膜全面封闭韭畦，农膜四周边缘用细土压严，闷畦 1～2 天，通过阳光暴晒韭根，可彻底杀死韭蛆，晚上撤除农膜，韭菜会继续健壮生长。

② 田间吊挂黄色、蓝色杀虫板，每亩各 30 张以上，及时诱杀蚜虫、白粉虱、斑潜蝇、蓟马等害虫。杀虫板每 20 天左右更新 1 次。

③ 如果发生其他害虫危害，需及时喷洒 400 倍 1.5%除虫菊素+500 倍鱼藤酮等药液。

④ 每次降雨之后，及时抢喷 300 倍溃腐灵（或其他小檗碱类植物农药）+300 倍硫酸钾镁+50 倍发酵牛奶+600 倍植物细胞膜稳态剂+6000 倍有机硅混合液，预防病害发生，促进植株生长健壮。

十四、芹菜

1. 栽培地区与栽培季节的选择

芹菜喜冷凉的气候条件，种子发芽最适宜温度为 15～20℃，茎叶最适宜生长发育温度：昼温 15～23℃，夜温 10～18℃，土壤温度 23℃。幼苗在 2～5℃的低温条件下，经过 10～20 天可完成春化阶段，遇到长日照条件，即可抽薹。因此栽培芹菜必须选择冷凉地区，躲开高温与严冬低温季节，方能实现高产、优质的有机芹菜生产。

云贵高原地区四季如春，可全年生产；内蒙古、宁夏、新疆和东北地区，可在 4～10 月份露地生产；中原温带地区，可春、秋季节生产；亚热带地区，可在晚秋、早春露地生产；热带地区，可在冬季生产。

2. 培育壮苗

参阅第三章"五、芹菜育苗技术"。

3. 整地与施肥

（1）施肥旋耕 选择无根结线虫危害的沙壤土或壤土地，结合整地，每亩施入腐熟有机羊粪3000千克、硫酸钾镁30千克、硅钙钾镁土壤调理剂30千克、海藻肥50千克、腐熟菜籽饼肥50千克、土壤生物菌接种剂1000克、生石灰块30~50千克。

硫酸钾镁、生物菌、海藻肥、菜籽饼等需全部掺混入羊粪中，拌匀后用农膜封闭，发酵20天左右，整地前均匀撒施地面。

生石灰块，每56千克需用18千克清水分次泼洒，让其粉化成石灰粉，后立即均匀撒施地面，撒后随即旋耕，掺混入土，预防被空气中的二氧化碳碳化失效。

（2）做高平畦 畦面宽100~120厘米，畦高10~15厘米，畦沟宽30厘米，沟内间隔铺设微喷灌管，灌透水后，覆盖白色地膜增温，促进杂草萌发。杂草大部分出土时，撤去农膜，细致喷洒300倍1.5%除虫菊素+300倍0.6%苦参碱溶液50~60千克，再次旋耕灭草，消灭地下害虫。修整畦面，后播种或定植秧苗。

4. 定植

（1）喷洒农药 秧苗移栽前5~7天，苗床停止浇水，移栽前1天下午4点后，细致喷洒300倍溃腐灵（或其他小檗碱类植物农药）+800倍植物细胞膜稳态剂+8000倍0.01%芸苔素内酯+300倍硫酸钾镁+50倍米醋+800倍大蒜油+500倍1.5%除虫菊素+6000倍有机硅混合液。第二天起苗定植。

（2）起苗 用锋利的平板铁锹，从畦沟处离地面高4~5厘米水平铲切，将秧苗主根保留4~5厘米切断，然后按大、中、小苗分类定植。

（3）定植 从畦面的一端，按行距15~20厘米、株距10~15厘米，用宽3~5厘米的锋利、光滑、直型钢铲垂直下扎深5厘米，向北掰动铁铲，将扎穴挤压成V形穴，随即将秧苗根部插放入穴内，拔出铁铲，在V形穴的北部2厘米处，斜向下扎，铲刃扎至V形穴底部处，并向南挤压土壤，将秧苗根部封闭，拔出铁铲，封土埋穴，整平畦面土壤。

注意：同一苗畦，定植时需选用同级、同等大小的秧苗，秧苗栽植后，做到下不露根、上不埋心，栽后随即喷灌透水。

5. 田间管理

芹菜定植后，注意及时用井水微喷，降低土壤温度，维持土壤湿润，促进缓苗。

缓苗水每 1～2 天微喷 1 次，连续微喷 3 次左右，直至秧苗全部成活并开始生长。此后适度蹲苗，控水 10 天左右，促使根系发达。结合蹲苗，细致锄地松土，消灭杂草。

此后，小水勤灌，维持土壤见干见湿，结合灌溉，每 15 天左右追施 1 次 5%沼液，或 5%腐熟动物粪便浸出液，或 5%糖蜜水溶性有机肥溶液。

秧苗长至 20 厘米左右时，再次浅锄土壤，消灭杂草。此后增加浇水频率，维持土壤湿润，结合灌溉，每 10～15 天追施 1 次 5%沼液，或 5%腐熟动物粪便浸出液，或 5%糖蜜水溶性有机肥溶液，直至采收前 10 天左右停止。

6. 病虫害防治

① 田间吊挂黄色、蓝色杀虫板，每亩各 30 张以上，及时诱杀蚜虫、白粉虱、斑潜蝇、蓟马等害虫。杀虫板每 20 天左右更换 1 次。

② 如果发生害虫危害，需及时喷洒 500 倍 1.5%除虫菊素+500 倍鱼藤酮+500 倍苏云金杆菌+6000 倍有机硅混合液等药液。

③ 每次降雨之前或停雨之后，需及时喷洒 300 倍溃腐灵（或其他小檗碱类植物农药）+600 倍植物细胞膜稳态剂+300 倍硫酸钾镁+50 倍发酵牛奶+800 倍植物细胞膜稳态剂+6000 倍有机硅混合液，预防病害发生，促使植株生长健壮。

④ 降大雨之前，抢喷 200 倍石灰等量式波尔多液+300 倍硫酸钾镁+6000 倍有机硅混合液，保护植株，预防叶斑病等病害发生。

十五、大葱

1. 栽培地区与栽培季节的选择

大葱喜冷凉气候条件，耐寒，耐热，抗干旱，怕雨涝，种子在 4～5℃

的温度条件下开始发芽，发芽最适宜温度为 13~20℃。植株生长最适宜温度为 20~25℃，低于 10℃生长缓慢，高于 25℃植株细弱。4~5 叶的幼株，遇到低于 2~5℃的低温条件，经过 60~70 天，在长日照条件下就可抽薹开花。因此，栽培大葱必须选择相对冷凉的地区，躲开高温与低温季节，方能生产高产、优质的有机葱株。

长城以南的温带地区，可于晚秋至早春露地育苗（注意：晚秋育苗，越冬期葱株以叶片 3 片、株高 10 厘米左右为佳，叶片超过 4 片、植株粗矮者越冬，春季回暖后会抽薹开花，失去食用价值），夏季定植，大雪前后收获；亦可冬季在温室中培育大苗，春分后定植于大田，夏秋收获。长城以北的内蒙古、甘肃、宁夏、青海、新疆等地区，可于冬季在温室内培育大苗，谷雨至"五一"定植于大田，冬季收获。淮河以南、长江流域，可在冬季育苗，雨水后定植于大田，夏季收获。两广、海南地区可在立秋前后育苗，立冬后定植，翌年春夏季收获。云贵高原可全年育苗，全年生产。

2. 整地与施肥

选择大雨之后无积水，前 3 年中没有栽培过葱、蒜、韭菜的地块栽培大葱。定植前结合深耕翻，每亩撒施优质腐熟动物粪便 5000 千克左右+硫酸钾镁 50 千克+硅钙钾镁土壤调理剂 50~75 千克+土壤生物菌接种剂 500 克+氯化钙 30~40 千克（若为酸性土壤，改施石灰块 30~50 千克；若为碱性土壤，改施硫酸钙 50 千克或硫黄粉 8~10 千克）。以上粪、肥、菌等应掺混均匀，用塑料农膜封闭发酵 20 天左右，充分腐熟后，1/2 均匀撒施地面，后深耕 30 厘米左右。

3. 培养壮苗

参阅第三章"八、大葱育苗技术"。

4. 定植

（1）葱苗筛选分级　剔除细弱苗、分杈苗、损伤苗、非本品种植株与病虫危害株，后进行幼苗分级。葱苗直径 1~1.5 厘米的为 2 级苗，大于

1.5 厘米者为 1 级苗，小于 1 厘米者为 3 级苗。选取高矮粗细一致、无病虫危害的 1、2 级壮苗，去除枯叶，晾晒 1～2 天后栽苗。注意 1、2 级苗需分地段栽植。

（2）葱苗处理　把分好级的葱苗放入 500 倍 0.7% 苦参碱+400 倍 1.5% 除虫菊素+300 倍硫酸钾镁+100 倍红糖+100 倍植物细胞膜稳态剂+100 倍溃腐灵（或 100 倍靓果安）+8000 倍 0.01% 芸苔素内酯+6000 倍有机硅混合液中浸泡 5～10 分钟，杀虫、抑菌、预防病害，后栽植。

（3）开挖定植沟　按 100 厘米行距，南北向开挖深、宽各 40 厘米的定植沟，后在沟内均匀撒施剩余 1/2 的腐熟肥料，再用开沟机在定植沟的中部开深 30 厘米的沟，搂平耙细、灌水，水分下渗后插栽。

（4）栽植　按株距 4～6 厘米垂直插栽，插深以不埋住管状叶分杈处为宜。注意：大葱叶片互生排列在同一平面上，插栽时需让叶片平面与行向平行，以利于通风透光和后期追肥、培土等田间管理。

5. 田间管理

（1）注意排涝　每次大雨之后，注意田间排涝，不得有积水现象发生，预防软腐病、烂根等病害发生。

（2）锄地灭草　每次雨后需及时、适时锄地松土、晾墒、消灭杂草。

（3）肥水管理与培土　立秋前后，温度下降至大葱生长适宜温度，葱株进入生长旺盛时期，需水量、需肥量快速增加，需及时、适时浇水、追肥。

浇水每 5～7 天一次。每 15 天左右追 1 次肥，结合追肥进行培土。每次每亩追施腐熟动物粪便 2000～3000 千克（或沼渣 2000 千克+硫酸钾镁 20 千克）。施肥后随即搂锄土壤，将粪肥与土壤掺混，后将部分粪土封埋于葱棵基部，土垄呈山峰状，每次培土的垄以不埋住管状叶分杈处为宜。

也可结合降雨进行追肥培土，降雨前夕，在葱行间每亩撒施腐熟动物粪便 2000 千克+硫酸钾镁 20 千克，撒后搂锄，雨后适时培土，封埋葱棵基部，土垄呈山峰状。追肥、培土需 3～4 次，直至霜降前后结束。

6. 病虫害防治

（1）病害防治　每次降雨之前，细致喷洒200倍等量式波尔多液+300倍硫酸钾镁+3000倍有机硅混合液，预防紫斑病等病害发生；或在降雨后，叶片干燥时，立即喷洒300倍溃腐灵（或其他小檗碱类植物农药）+300倍硫酸钾镁+600倍植物细胞膜稳态剂+8000倍0.01%芸苔素内酯+3000倍有机硅混合液，预防病害发生。

（2）虫害防治

① 田间吊挂黄色、蓝色杀虫板，每亩各30张以上，及时诱杀蚜虫、白粉虱、斑潜蝇、蓟马等害虫。杀虫板每20天左右更新1次。

② 如果发生虫害，可在发生初期，结合防病与根外追肥用药，掺加800倍大蒜油+500倍1.5%除虫菊素+500倍0.7%苦参碱+3000倍有机硅混合液。

7. 收获与存放

11月上中旬，土壤开始结冻时，大葱长成，需及时收获。收获时注意不要损伤葱棵，收获后就地摊放晾晒半天，然后每20千克左右捆1捆，2~4捆集中立放排成1行，于背风向阳处存放，注意行与行之间需间隔100~120厘米，便于检查，利于通风，预防葱棵发热霉烂，同时需尽快联系销售。

以后需选晴朗天气，解捆检查，剔除霉烂病株，摊放晾晒3~4次。严寒季节到来之前，需覆盖草帘、农膜等覆盖物保护，或转移到空房、敞棚中存放，预防冻烂葱棵。

8. 露地小葱有机栽培技术

立春至谷雨前后，山东人民特别喜食小嫩葱，生食、熟食、凉拌皆可。其栽培技术如下：

（1）培育壮苗　收割小麦之后，随即露地育苗，育苗方法与有关技术参阅第三章"八、大葱育苗技术"，并要注意遮阳降温。

（2）整地与施肥　秋玉米收获之后，随即按30厘米行距、南北向开挖深 20 厘米的定植沟，结合开沟，每亩均匀撒施优质腐熟动物粪便 3000 千克、硫酸钾镁 30 千克、硅钙钾镁土壤调理剂 30 千克（或硫酸钾镁 30 千克+高氮海藻有机肥 100 千克+氯化钙 30 千克。若为酸性土壤，改施石灰块 30 千克；若为碱性土壤，改施硫酸钙 30 千克或硫黄粉 5 千克）、土壤生物菌接种剂 500 克。粪、肥、菌等需掺混均匀，用塑料农膜封闭发酵 20 天左右，充分腐熟后撒入栽植沟内，随即定植。

（3）定植

① 葱苗分级　葱苗直径大于 1.5 厘米者为 1 级苗，1~1.5 厘米者为 2 级苗，小于 1 厘米者为 3 级苗。去除枯叶，各级别的葱苗分片栽植。

② 葱苗处理　分好级的葱苗放入 500 倍 0.7% 苦参碱+400 倍 1.5% 除虫菊素+300 倍硫酸钾镁+100 倍红糖+100 倍植物细胞膜稳态剂+100 倍溃腐灵（或 100 倍靓果安）+8000 倍 0.01% 芸苔素内酯+6000 倍有机硅混合液中浸泡 5~10 分钟，杀虫、抑菌，预防病害，后栽植。

③ 栽植　沟内撒施腐熟动物粪便后，随即灌水，水分下渗后，选取高矮粗细比较一致、无病虫危害的同级别葱苗，每 4~5 株 1 组（墩），让其根系高矮一致，按组距 8~10 厘米垂直插栽入沟内泥土中，后覆土埋严，埋深至管状叶分权处以下 1 厘米左右为宜。

（4）田间管理

① 注意排涝　如秋后遇大雨，大雨之后，注意田间排涝，葱田不得有积水，预防软腐病、烂根等病害发生。

② 锄地灭草　栽植之后，需及时、适时锄地，消灭杂草。

③ 肥水管理　立秋之后至寒露之前，温度恰好适宜葱苗生长发育，葱株生长比较旺盛，需水量、需肥量快速增加，需及时、适时浇水、追肥。如果天气无雨，需每 10 天左右浇一次水，并结合浇水追肥。每次每亩追施腐熟动物粪便 1000~1500 千克（或沼渣 2000 千克）+硫酸钾镁 20 千克，或糖蜜水溶性有机肥 50 千克。撒肥后随即搂锄土壤，粪、肥与土壤掺混后适度培土于葱棵基部。培土以不埋住管状叶分权处为宜。

也可结合降雨进行追肥，降雨前夕，在葱行间每亩撒施腐熟动物粪便2000千克+硫酸钾镁20千克，撒后耧锄，雨后结合锄地灭草，适时封埋于葱墩处。冬前需浇水追肥2~3次，直至霜降时结束。

翌年土壤翻浆时，随即在葱行间每亩撒施腐熟动物粪便2000千克+硫酸钾镁20千克，撒后耧锄、浇水。水渗后适时覆土，封埋于葱墩根际。此后每7~10天浇1次水，地见干后锄地松土，提高地温，消灭杂草，促进葱棵快速生长发育。

（5）收获　大葱植株越冬后已经度过春化阶段，开始孕育花薹，生长速度加快，清明节前后开始抽薹，大葱一旦开花，植株就会老化，失去食用价值。必须抢在春节前后开始收获，可优价供应节日市场，并要力争在葱棵老化之前全部收获。

（6）病虫害防治

① 病害防治　定植之后，降雨前细致喷洒1次200倍等量式波尔多液+300倍硫酸钾镁+6000倍有机硅混合液，预防紫斑病等病害发生。此后，在每次降雨叶片干燥之后，立即喷洒300倍溃腐灵（或其他小檗碱类植物农药）+300倍硫酸钾镁+6000倍有机硅混合液，预防病害发生。

② 虫害防治　田间吊挂黄色、蓝色杀虫板，每亩各30张以上，及时诱杀蚜虫、白粉虱、潜叶蝇、蓟马等害虫。杀虫板需每20天左右更新1次。

如果已经发生虫害，可在发生初期，结合防病用药，掺加800倍大蒜油+500倍1.5%除虫菊素+500倍0.7%苦参碱进行防治。

十六、洋葱

1. 栽培地区与栽培季节的选择

洋葱喜冷凉，耐寒，喜湿，怕热，种子在3~5℃的低温条件下开始发芽，12℃以上发芽迅速。幼苗生长最适宜温度为12~20℃。植株具有4片或4片以上叶片、基部直径大于0.9厘米时，冬季可完成春化阶段，孕育花薹，越冬后就会抽薹开花，影响鳞茎膨大。

进入长日照、地温达到 15.5℃ 以上时，鳞茎开始膨大，鳞茎生长膨大期最适宜温度为 20 ~ 26℃，气温超过 26℃ 后植株生长受到强烈抑制，会快速休眠。因此栽培洋葱，必须选择冷凉地区，躲开高温季节，方能生产高产、优质的有机洋葱头。

长城以南温带地区，可于晚秋至早春露地育苗。注意：晚秋育苗，苗龄以 40 ~ 50 天为宜，以 3 片叶片、株高低于 20 厘米、株径 0.6 ~ 0.9 厘米的苗株越冬为佳。叶片超过 4 片、株径大于 0.9 厘米者，越冬期间会完成春化阶段，春季回暖后会抽薹开花，影响鳞茎膨大。

北温带地区，初冬与早春定植，夏季气温高于 28℃ 后收获。也可冬季在温室中培育大苗，春分前后定植于大田，立夏前后收获。

长城以北的内蒙古、甘肃、宁夏、青海等地区，可于冬季在温室内培育大苗，谷雨至"五一"期间定植于大田，晚秋收获。云贵高原可全年生产。

2. 施肥与整地

选择大雨之后无积水、前 3 年中没有栽培过葱、蒜、韭菜的地块，定植前结合深耕，每亩撒施优质腐熟动物粪便 4000 ~ 5000 千克、硅钙钾镁土壤调理剂 50 ~ 75 千克、硫酸钾镁 50 ~ 70 千克、土壤生物菌接种剂 1000 克。

粪、肥、菌等需掺混均匀，用塑料农膜封闭发酵 20 天左右，充分腐熟后均匀撒施地面。撒后随即旋耕，后整成高 10 厘米、宽 120 厘米，操作行宽 30 厘米、深 10 厘米的宽平垄高畦。操作行沟内铺设微喷管，启动喷灌，浇透畦面，后畦面覆盖农膜，增温保墒，促进杂草萌发。

3. 培养壮苗

参阅第三章"六、洋葱育苗技术"。

4. 定植

（1）定植季节　分初冬定植与早春定植。长城以南地区以初冬定植为宜，应在土壤结冻之前 7 ~ 10 天结束，冬前可发生适量新根，确保缓苗，安全越冬。长城以北地区应早春定植，在土壤翻浆后，地温稳定在 7 ~ 8℃

时进行。

（2）筛选秧苗　苗床出苗后，随即筛选分级，剔除细弱苗、矮化苗、徒长苗、损伤苗、病虫苗，以及株径大于 0.9 厘米、株高大于 20 厘米、叶片多于 4 片的大苗，选留只有 3～4 片叶片的健壮葱株定植。

（3）秧苗处理　选出的秧苗，需把 4 叶苗与 3 叶苗分开栽植。栽植前用 500 倍 0.7%苦参碱+400 倍 1.5%除虫菊素+300 倍溃腐灵+600 倍植物细胞膜稳态剂+8000 倍 0.01%芸苔素内酯+300 倍硫酸钾镁+100 倍红糖+6000 倍有机硅混合液，浸泡秧苗 3～5 分钟，杀虫、抑菌防病，促进秧苗快速发生新根、尽快缓苗发棵，提高秧苗耐低温、抗干旱性能与光合效能。

（4）灭草、栽植　揭除农膜，锄地灭草、耙平畦面，后按 15～20 厘米行距、12～15 厘米株距栽植，每亩栽植22000～25000 株。

栽苗时用 2 厘米宽的小铁铲，按上述株行距，扎"一"字形口，扎深 5～7 厘米，横向晃动铁铲，加宽"一"字形定植穴成"V"字形，放入葱苗，后向上提升葱苗，伸展根系，让根基距离地面 1.5 厘米左右。拔出小铁铲，再在离开穴旁 2 厘米左右，与穴口同方向下扎深 7 厘米左右，后向穴口处挤压土壤，埋严葱根。

洋葱需浅栽，秋栽以 2～2.5 厘米为宜，春栽 1.5～2 厘米。栽植后随即喷灌，促进缓苗。

5. 田间管理

（1）保护越冬　栽植后随即喷洒 300 倍溃腐灵+300 倍硫酸钾镁+100 倍红糖+600 倍植物细胞膜稳态剂+8000 倍 0.01%芸苔素内酯+3000 倍有机硅混合液，增强植株抗逆性与光合效能，促进发根，快速缓苗，确保植株安全越冬。

土壤冻结始期，浇灌足水，水渗后 3～4 天细致锄地灭草，结合锄地，根部覆土，预防冬季风大吹苗造成干旱。

比较寒冷的地区，浇灌越冬水后，可地面撒施发酵腐熟后捣细的动物粪便 4000～5000 千克，覆盖葱株基部，保护越冬。

（2）锄地灭草　春季回暖、土壤翻浆后，适时、及时锄地灭草。结合锄地，清除植株基部的粪肥与覆土，让幼小鳞茎上部略微显露，以利于鳞茎膨大。后注意每次喷灌后，及时、适时锄地灭草、松土晾墒、提高土壤温度，促进植株生长发育。

（3）肥水管理　洋葱喜湿，肉质根浅，返青后需及时喷灌，补充土壤水分，后间隔10天左右再次喷灌，后锄地松土，适度控水蹲苗。

鳞茎开始膨大时，及时浇水，结合喷灌，每亩畦面撒施腐熟动物粪便2000千克+20千克硫酸钾镁（或黄腐酸钾10千克+海藻高氮有机肥10千克），或糖蜜水溶性有机肥50～100千克。或结合喷灌喷施5%发酵腐熟动物粪便浸出液500千克或5%沼液500千克。后控水10天左右，再次浇水，结合浇水，再次追施发酵腐熟动物粪便浸出液500千克或5%沼液500千克。此后小水勤喷，每7～10天1次，收获前10天停止浇水。

6. 病虫害防治

（1）病害防治　春天返青后，降雨之前细致喷洒200倍等量式波尔多液+300倍硫酸钾镁+6000倍有机硅混合液，间隔30～40天，于雨前再次喷洒1次波尔多液，预防病害发生。

若两次喷洒波尔多液之间遇到降雨，雨后叶片干燥时，抢喷1次300倍溃腐灵（或其他小檗碱类植物农药）+300倍硫酸钾镁+600倍植物细胞膜稳态剂+8000倍0.01%芸苔素内酯+6000倍有机硅混合液，提高植株抗逆性与光合效能，预防病害发生。

喷洒过两次波尔多液之后20天左右，若遇到降雨，雨后随即抢喷300倍溃腐灵（或其他小檗碱类植物农药）+300倍硫酸钾镁+600倍植物细胞膜稳态剂+6000倍有机硅混合液。

（2）虫害防治

① 田间吊挂黄色、蓝色杀虫板，每亩各30张以上，及时诱杀潜叶蝇、蚜虫、蓟马、粉虱等害虫。杀虫板每20天左右更新1次。

② 如果发生葱蓟马、甜菜夜蛾等虫害，可在发生初期及时、适时喷

洒 300 倍白僵菌（或苏云金杆菌）+800 倍大蒜油+300 倍溃腐灵+500 倍 1.5%除虫菊素+500 倍 0.7%苦参碱+300 倍硫酸钾镁+6000 倍有机硅混合液，进行防治。

7. 收获与存放

气温达到 28℃后，葱头长成，会迅速进入休眠期，葱秧基部 2～3 叶逐渐变黄变枯，假茎变软，开始倒伏，此时鳞茎停止膨大，其外皮变为革质状，需尽快收获。

收获后，就地晒秧 2～3 天，让叶部营养回流葱头，后割除葱秧，葱头继续晾晒 2～5 天，然后预冷、储存于−2～2℃的恒温库内，逐步销售。

8. 葱秧处理

结合换茬耕翻，就地埋压葱秧，秸秆还田，变老葱秧为肥料。严禁将葱秧清理地边乱放，这样做既浪费资源、破坏环境卫生，又会散布病菌，传染病害。

十七、马铃薯

1. 栽培地区与栽培季节的选择

马铃薯喜冷凉，怕严寒，种薯 5～7℃开始发芽，13℃时发芽速度加快，20℃左右时茎叶进入旺盛生长期。气温 14～24℃、土壤温度 16～18℃时，地下块茎迅速膨大。气温达到 27～28℃时，植株、薯块进入休眠期；气温达到 30℃时，营养物质积累接近停滞；高于 33℃时，光合产物积累与呼吸消耗基本平衡。

鉴于马铃薯对气候条件的要求严格，必须选择适宜地区、适宜气候条件进行栽培。

2. 整地与施肥

（1）施肥耕翻　结合整地，每亩施腐熟羊粪5000 千克（或腐熟鸡粪

3000 千克）+硫酸钾镁 80～100 千克+硅钙钾镁土壤调理剂 50 千克+土壤生物菌接种剂 1000 克。动物粪便、硫酸钾镁、硅钙钾镁土壤调理剂、土壤生物菌接种剂必须在播种前 30～40 天掺混均匀，农膜封闭发酵，充分腐熟后于播种之前均匀撒施地面，随即耕翻。

（2）消灭地下害虫　在土壤旋耕前与旋耕后，两次细致喷洒 300 倍 0.7%苦参碱+300 倍 1.5%除虫菊素+600 倍苏云金杆菌混合液每亩 50～60 千克，消灭地下害虫，第 2 次喷洒后立即整地覆垄。待大部分杂草萌发后，灭草、喷灌造墒，后播种。

3. 种子准备

（1）备种　马铃薯每亩需达到4000株左右，每亩需种薯≥200千克。

（2）种薯切块、消毒　用 500 倍高锰酸钾+3000 倍有机硅 +50～100 倍植物细胞膜稳态剂混合液浸泡薯种 3～5 分钟消毒，晾干后切块。每个种块重 70～80 克，每千克种薯切块 12～15 块，切块刀需用 500 倍高锰酸钾溶液消毒，每块种薯只保留一个顶部芽眼，其余芽眼切块时扣掉。

（3）草木灰拌种　种块切好后，每 100 千克种块用 4～5 千克草木灰拌种，后方可播种。注意：如需堆放种块，必须放置于通风处，装入种块的容器需相互间隔 30～50 厘米，防止种块发热、烧种。

4. 播种

（1）播种时间　度过休眠期的薯块，4℃时芽眼开始萌动，其最适宜的发芽温度为 12～18℃；茎叶生长、光合产物积累最适宜温度为 13～25℃；薯块膨大最适宜的土壤温度为 16～18℃，最适宜夜间空气温度为 12～14℃。故必须选择在冷凉地区和冷凉气候条件下安排种植。

在北纬 35℃左右的温带地区，惊蛰前后为最佳播种期。随着纬度的增加，播种期向后逐渐推迟，长城以北地区可推迟至谷雨至 5 月上中旬。广西、云南等省区，利用冬春冷凉季节种植，国庆节至十一月上中旬播种。

（2）播种　按窄行距 30 厘米、宽行距 80 厘米开深 5～7 厘米播种沟，沟内播放种块，每30～35厘米放1个种块，每亩播种3600～4000株。后在种块上面覆土起垄，垄高15厘米左右（种块埋深12～15厘米），随即在土垄边缘处铺设滴灌管、覆盖地膜。播种沟的正上方地膜上需覆土1～2厘米厚，压紧、压严地膜，薯芽可自行破膜出土。

（3）消灭地下害虫　播种后，随即用50倍0.7%苦参碱+50倍1.5%除虫菊素混合液，与刀切碎的新鲜菜叶或嫩鲜草掺混搅拌均匀制作毒饵，菜叶长度2～3厘米。拌匀后装入塑料袋内，在冷凉处保鲜。太阳落山后30～60分钟地面均匀撒放毒饵，每亩撒施毒饵3～5千克，连续撒施2天，消灭地老虎等地下害虫。

5. 田间管理

（1）留芽　出苗后，只留独芽生长，多余的芽子及时抹除掉。

（2）肥水管理　秧苗现蕾初期，破除地膜，结合浇水，每亩撒施腐熟鸡粪1000千克+硫酸钾镁20千克，后培土加厚土垄。盛花期再次浇水，结合浇水每亩撒施硫酸钾镁20～25千克，或冲施沼液500千克，或撒施糖蜜水溶性有机肥50千克，后土、肥掺混培土，均匀覆盖于植株基部。

播种后至团棵期，严格控水，以防种块霉烂。团棵到显蕾期前适当控水，人工除草。显蕾时，结合浇水每亩追施硫酸钾镁20千克（或黄腐酸钾20千克）+氨基酸有机肥60～100千克，或糖蜜水溶性有机肥50千克。落花后随即浇水，结合浇水再次追施上述肥料。

浇水以滴灌为佳，也可沟灌，严禁喷灌，以免诱发晚疫病等病害。沟灌时浇水量严禁漫过栽培土垄，以水漫垄高1/2～2/3为佳。土壤显干时追肥、覆土培垄。

（3）根外追肥　出齐苗后结合预防病虫害进行根外追肥，幼苗长至5～6厘米高时，喷洒8000倍0.01%芸苔素内酯+600倍植物细胞膜稳态剂+50倍发酵牛奶+300倍溃腐灵+300倍硫酸钾镁+3000倍有机硅混合液。显蕾初期、盛花期、落花后分别喷洒1次，增强植株抗逆性与光合效能，预防病虫害发生，促进薯块膨大，优化薯块品质，提高产品产量。

6. 病虫害防治

① 播种后、出苗前，全园区地面（包括地边、沟边）喷洒 300 倍白僵菌（或 400 倍杀螟杆菌或 500 倍苏云金杆菌）+300 倍 0.7%苦参碱+300 倍 1.5%除虫菊素+6000 倍有机硅混合液，消灭地老虎、金针虫、蛴螬、绿盲蝽等害虫。

② 团棵期，喷洒 300 倍溃腐灵（或其他小檗碱类植物农药）+800 倍大蒜油+800 倍 0.7%苦参碱+500 倍 1.5%除虫菊素+600 倍植物细胞膜稳态剂+300 倍硫酸钾镁+500 倍糖醇钙+6000 倍有机硅混合液，提高植株抗逆性与光合效能，预防病虫害发生。

③ 显蕾期喷洒 300 倍溃腐灵（或其他小檗碱类植物农药）+600 倍植物细胞膜稳态剂+8000 倍 0.01%芸苔素内酯+500 倍氨基酸+300 倍硫酸钾镁+500 倍 0.7%苦参碱+500 倍 1.5%除虫菊素+6000 倍有机硅混合液，促进块茎迅速膨大，预防病虫害发生。

④ 每次降大雨之前，喷洒 200 倍等量式波尔多液+6000 倍有机硅+300 倍硫酸钾镁混合液，预防病害发生。

7. 采收

气温达到 30℃并稳定在 28℃以上时，需及时采收。为早抢市场，薯块重量达到 150 ~ 180 克即可提前采收，优价销售。采收前 15 天禁止浇水。

十八、大姜

1. 生育特点与栽培季节选择

大姜喜温暖，又怕热，适宜栽植于气候湿润的地区，发芽的适宜温度为 22 ~ 25℃，地上茎叶生长的适宜温度为 25 ~ 28℃。35℃以上时，其生长受到抑制，所以栽培大姜应选在无霜冻、适度高温季节进行。

大姜的生长发育可分为发芽期、幼苗期、旺盛生长期和根茎休眠期四个时期。

发芽期：约 45～50 天，靠种姜储存的养分生长，生长缓慢、生长量不大，要求温度 22～25℃，管理上要培育壮芽，为后期生长打基础。

幼苗期：从幼苗出土、第一片真叶展开到形成两个大侧枝的时期，称为幼苗期，俗称"三股杈""三马杈"时期。此期姜苗由完全依靠种姜营养物质，转向姜苗自身叶片进行光合作用制造营养物质，以主茎和根茎生长为主，但生长量仍不大，占全植株的十分之一左右，约需 65～70 天。在管理上注意中耕追肥、除草，提高地温，培育壮苗。

旺盛生长期："三股杈"后，姜棵生长进入旺盛生长期，也是产品器官（地下肉质茎）形成的主要时期，是姜生长的重要转折期，约需 70～75 天。此期的茎叶生长适宜温度为 25～29℃。

地下姜块膨大期，要求较低的夜温，以白天 22～25℃、夜间 18℃为宜。因此在栽培季节的选择上，应尽可能将这一时期安排在气候适宜的月份，一般安排在 9 月下旬。这时期要加强肥水管理，保持土壤湿润，及时进行追肥培土。立秋以后，天气变凉，需及时撤除遮阳网，以改善光照条件，获取高产。

山东省大都于 3 月下旬至清明节前后播种，播种前 20～30 天从姜窖中取出种姜，困姜催芽。到 5 月上旬，当 5～10 厘米地温稳定在 16℃以上，种姜上的芽长到 1.5～2 厘米时，露地播种。5 月底前后出苗，10 月中下旬初霜到来之前收刨。

大姜是喜湿作物，不耐寒冷和霜冻，霜降之后、立冬之前温度下降，迫使根茎进入休眠期，应及时收刨。

2. 精选姜种

种姜之前 20～30 天，要精细地选择姜种。应选用生长健壮、肉质茎肥壮、芽头饱满、大小均匀、无病虫害的姜块作种姜。

最好从无姜瘟病发生的产地留种，不从病区引种，严格淘汰、剔除瘦弱、变色、发软和干瘪的种姜，防止病害发生。选种后，将种姜冲洗干净，后用 50 倍溃腐灵（或其他小檗碱类植物农药）+100 倍植物细胞膜稳态剂+200 倍红糖+200 倍 1.5%除虫菊素+300 倍 0.7%苦参碱+3000 倍有机硅混合液浸种 10~15 分钟，预防姜蛆、根结线虫等病虫害发生。

3. 晒姜

晴天 9 点左右把种姜排放在阳光充足的地面上晾晒，中午翻动 1 次，下午阳光弱时搬回室内堆放 3~4 天，第 1 天晒姜时注意姜芽向北，避免强光晒伤嫩芽。如此反复 3~4 次，晾晒 12 天左右。

4. 催芽

最后 1 次晒姜，于午后 2 点左右、种姜温度较高时将种姜转运至室内，置于火炕上。炕面需铺设 10~12 厘米厚麦糠，四周用土坯或砖块垒框，框内壁围 2 层草纸，姜种仔细排放堆码其内，厚度 40 厘米左右。上面铺设 3 层草纸，纸上覆盖厚度 10~12 厘米的麦糠，晚上在麦糠外覆盖草帘保温，保持温度在 20~25℃进行催芽，俗称"困姜"，加速养分分解和芽的分化，促其迅速发芽。

注意：催芽的前 5~7 天保持室内温度 20~21℃，第 8~10 天提高温度到 23~25℃，后 5~7 天维持温度 22℃左右，通过变温处理促使姜芽健壮。

当幼芽出齐、长至 1.5~2 厘米时，把姜种掰成小块，每块 75 克左右，每块保留一个健壮的顶芽，其余的芽全部去除。结合除芽剔除芽基变黑、纤维太多、有红圈者。筛选出的姜种用草木灰拌种消毒、补钾。当 10 厘米土壤温度达到 16℃以上时，下地栽种。

5. 整地、施肥、播种

（1）选地　大姜虽然适应力强，各种土地均能种植，但以沙壤土种姜生长最好。大姜的根系不发达，在土壤中分布较浅，不耐旱、不耐涝，应选择此前 3 年未种过姜、土层深厚、富含有机质、疏松、透气性好、保水保肥性能强又便于浇水、排水的中性或微酸性沙壤土或沙土地。

（2）施肥　姜需肥较多，每生产 1000 千克鲜姜，约需吸收纯氮 6.34 千克、五氧化二磷 1.57 千克、氧化钾 9.27 千克、氧化钙 1.30 千克、氧化镁 1.36 千克，另外还需要适量的硼、锌、铁、锰等微量元素，增施微肥可显著提高大姜产量。

大姜耐肥能力强，增施基肥是增加大姜产量的关键措施之一，尤其应增施钾肥，其增产效果明显。栽姜之前，每亩姜田需施入腐熟动物粪便 5000 千克左右、硅钙钾镁土壤调理剂 100 千克、硫酸钾镁 50～80 千克（或腐熟动物粪便 5000 千克、硫酸钾镁 100 千克、硝酸铵钙 50 千克、硫酸亚铁 3 千克、硼砂 3 千克、硫酸锌 1.5 千克）、土壤生物菌接种剂 1000 克。注意：以上各种粪、肥、菌等必须掺混均匀，用塑料农膜严密封闭发酵 20～30 天，净化、优化粪肥后方可施用。施肥后细致翻耕耙平，开沟栽种。

（3）栽姜　东西向开沟，行距 50 厘米，株距 26～30 厘米，沟深 15～20 厘米，沟宽 25 厘米，沟底需刨翻、耙细、搂平、浇水，待水渗后将姜芽朝南斜放，后将姜块按入湿土中，使芽与土面相平。种姜栽植好后，每亩用充分腐熟后捣细的动物粪便 1000～2000 千克掺混生物菌有机肥 50～100 千克覆盖，覆盖厚度 6～8 厘米，后撒施芽孢杆菌或土壤生物菌接种剂 1000 克，预防根结线虫等病虫害发生。撒后覆盖少量细土，随即覆盖地膜保湿，提高土温，以利出苗。

6. 田间管理

（1）覆盖遮阳网遮阳　姜为耐阴作物，不耐高温与强光，在花荫条件下生长良好。幼苗期正处于初夏季节，天气炎热，阳光强烈，空气干燥，姜种下地后，应及时搭建遮阳拱棚等设施遮阳降温。拱架高 1.5 米左右，架上覆盖遮阳网遮阳，秋季天气凉爽、光照减弱时，去除遮阳网，拆除拱棚架。

（2）去除地膜，中耕除草　少量姜苗出土后，于傍晚日落后或清晨日出前揭去地膜。

大姜幼苗期生长缓慢，又处于高温多雨季节，必须及时除草。大姜的根系浅，且主要分布在土壤表层，宜浅中耕，防止伤根。一般在出苗后浅锄 1～2 次，清除杂草，松土保墒，提高地温。

（3）科学浇水　姜不耐旱，根系又浅，应及时浇水、勤浇水，维持土壤湿润。浇水需采用滴灌，除栽种时浇透底水外，通常在出齐苗时浇 1 次水。浇水过早，易造成出苗不齐；浇水过晚，芽尖易干枯。浇第 1 次水后 2~3 天，中耕除草、松土提温、保墒，间隔 3~5 天再次浇水，后中耕除草、保墒，以保姜苗生长健壮。

大姜幼苗期植株小，生长慢，需水不多，应浇小水，浅中耕，松土保墒，提高地温，促进新根生长。以后随着气温升高，植株生长量增大，尤其到夏季，天气炎热，蒸发量增大，应勤浇水，逐渐增加浇水量，维持土壤相对湿度在 70%~75%。夏季应在早晨或傍晚浇井水，降低土壤温度。雨后及时排水，预防姜田积水诱发根茎腐烂。

立秋以后，姜棵进入旺盛生长期，地上茎叶生长旺盛，地下根茎迅速膨大，需水量显著增多，一般每 4~6 天浇 1 次水。收刨之前 3~4 天浇最后 1 次水，以便收刨时姜块多带泥土，有利于入窖贮藏。

（4）清除侧芽　出齐苗后，部分姜种会发生侧芽，必须及时清除，以免影响侧枝生长。

（5）追肥培土　姜的生育期 200 余天，产量高，需肥量大，除栽姜前要施足基肥外，还应分期多次追肥。

发芽期大姜主要靠种姜储存的营养生长，一般无须追肥。苗高 15 厘米左右时，结合浇水追施提苗肥，每亩追施腐熟动物粪便 1000 千克+硫酸钾镁 10 千克（或黄腐酸钾 10 千克）+海藻高氮有机肥 50 千克（粪、肥应掺混生物菌发酵腐熟后施用），或追施糖蜜水溶性有机肥 30 千克。追肥应在距姜苗 5~7 厘米处开浅沟，预防伤根。追肥后浇水、培土，培土厚度 3 厘米左右。

长成"三枝"姜苗时，应在姜棵北侧 10 厘米处开深 5~7 厘米浅沟，每亩姜田沟内撒施腐熟动物粪便 2000 千克，或腐熟大粪干 1500 千克，或糖蜜水溶性有机肥 50 千克，后随即浇水、培土。

随着分蘖的增加，每出一杈追一次肥、浇一次水、培一次土，每次每亩追施硫酸钾镁 15 千克（或黄腐酸钾 15 千克）+腐殖酸有机肥 100 千克

（或糖蜜水溶性有机肥 50 ~ 100 千克）+腐熟动物粪便 500 ~ 1000 千克（粪、肥掺混生物菌发酵腐熟后施用），浇水后培土，培土可以抑制过多分蘖，利于姜块膨大。

立秋以后，大姜进入旺盛生长期，必须增加追肥量，结合清除遮阳设施，在距离姜苗 15 ~ 20 厘米的一侧开沟，每亩施入腐熟大粪干 1000 千克（或腐熟动物粪便 2000 千克）+硫酸钾镁 20 千克（或黄腐酸钾 20 千克），或糖蜜水溶性有机肥 50 千克（粪、肥等需掺混均匀，发酵腐熟后施用），浇水后覆土。

9 月上旬，可再追 1 次肥，每亩冲施或撒施腐熟人粪尿 500 千克，或海藻高氮有机肥 100 千克，或糖蜜水溶性有机肥 50 千克，或沼液 500 ~ 800 千克，防止茎叶早衰。结合追肥浇水，再次培土。此后可结合浇水培土 1 ~ 2 次，变姜沟成土垄，垄面要宽达 25 厘米以上，覆土要厚，垄高 12 ~ 15 厘米，防止肉质根茎露出土面，影响姜块品质与产量。

（6）根外追肥　结合病虫害防治用药，叶面喷施 600 倍植物细胞膜稳态剂+8000 倍 0.01%芸苔素内酯+50 倍发酵牛奶+300 倍硫酸钾镁+400 倍氯化钙（或 300 倍葡萄糖酸钙），每 10 天左右喷洒一次，提高植株抗逆性与光合效能，促进肉质块茎迅速膨大，优化品质，增加产量。

7. 病虫害防治

（1）病害防治　每次降雨之后，立即喷洒 200 倍溃腐灵（或其他小檗碱类植物农药）+600 倍植物细胞膜稳态剂+300 倍硫酸钾镁+50 倍发酵牛奶+3000 倍有机硅混合液。

进入雨季，抢在降大雨之前细致喷洒 150 倍等量式波尔多液+300 倍硫酸钾镁+3000 倍有机硅混合液。间隔 20 ~ 25 天，抢在雨前再喷洒 1 次，预防姜瘟病、炭疽病等病害发生。

如果发生姜瘟病，需及时拔出病株，园外深埋，并用 100 倍硫酸铜液喷洒病穴消毒。后全园喷洒 100 倍溃腐灵+800 倍大蒜油+300 倍硫酸钾镁+600 倍植物细胞膜稳态剂+3000 倍有机硅混合液，预防健康植株发病。

（2）虫害防治　搞好虫情测报，在姜螟、弄蝶卵孵化盛期（幼虫初发期），结合防病用药，掺加 500 倍 1.5%除虫菊素+500 倍苏云金杆菌进行防治。

8. 收获

姜不耐寒，初霜到来之前 2～3 天，地上茎叶生长变缓，姜叶开始萎缩，地上茎尚未枯黄，地下肉质块茎停止生长，需及时收刨，以免冻害发生。

先刨松行侧土壤，后整株拔出，抖掉泥土，用刀削去茎叶，或从基部掰去茎叶，无须晾晒，直接入窖贮藏。

种姜虽然在土壤中生长 200 天左右，但一般不会腐烂，大都完好无损，可与鲜姜一起收刨。

也可根据市场需求，在姜苗长有 5～6 片真叶时，选生长势强的植株，扒开表土取出种姜出售。

必须选晴天收种姜，以收后 3 天内不下雨为宜，若收种姜后下雨，易造成根茎腐烂，诱发姜瘟病。取种姜后需穴撒石灰面消毒，2 天后追肥、培土。姜瘟病发生较重的地块，种姜应和鲜姜一起收刨。

十九、萝卜

1. 秋萝卜有机栽培技术

（1）整地与施肥　选择无根结线虫、无砂砾石子的沙土地或沙壤土地，结合整地，每亩施腐熟羊粪 3000 千克（或腐熟鸡粪 2000 千克）+硫酸钾镁肥 50 千克+硅钙钾镁土壤调理剂 50 千克+土壤生物菌接种剂 1000 克。硫酸钾镁、硅钙钾镁土壤调理剂、土壤生物菌接种剂全部掺混入动物粪便中，拌匀后用农膜封闭发酵 20 天，腐熟后在整地前均匀撒施地面，撒后立即耕翻。喷水造墒，待杂草大部分萌发后，每亩细致喷洒 300 倍 1.5%除虫菊素+300 倍 0.7%苦参碱+300 倍苏云金杆菌混合溶液 60 千克，消灭地下害虫。随即细致旋耕灭草，耙平、耙细，不得存有土块，以免发生肉质根分杈现象，影响产品品质。

后每 55～60 厘米宽做一垄宽 30 厘米、垄高 10～15 厘米、垄沟宽

25～30厘米的小高垄畦。

（2）播种

① 种子处理　播前应选择有光泽、籽粒饱满、无病斑、无虫伤、无霉变的种子，晒种2～3天，后装入尼龙纱网袋中，扎住袋口，放在水龙头下用清水冲洗干净，后用500倍高锰酸钾溶液浸泡5～10分钟杀菌。洗净药液，甩净水分，再用100倍土壤生物菌接种剂+50倍植物细胞膜稳态剂混合药液浸泡10分钟，避光晾干，播种。

② 播种与定植　立秋前后，选择适宜秋播的品种种子播种，气温高、病害重的地区可适度推迟5～10天，气温低、病害轻的地区可适度提前播种。

按株距20～25厘米在土垄顶部开穴，穴深1～2厘米，每穴分散撒播5～7粒种子，覆湿土0.5厘米左右，轻轻按压，让种子密切接触土壤，再次覆土厚5厘米左右，堆成长10～12厘米、宽5～7厘米、高4厘米左右的土堆，以利保墒。播种后第2～3天傍晚刮除土堆，与土垄顶部平齐，以利出苗。

（3）田间管理

① 间苗　幼苗出土，"拉十字"（2片真叶）时，拔除小苗、弱苗、过密苗、过大苗，每穴分散选留生长均匀苗3株。4片真叶时再次间苗，每穴选留生长均匀壮苗2株。5～6叶时定苗，每穴选留壮苗1株。结合间苗，拔出杂草。

② 中耕、除草、培土　出齐苗后及时浅中耕灭草，疏松表土，切断土壤毛管，减少水分蒸发，穴中幼苗周围的杂草用手拔除或剪除。

定苗时，再次中耕灭草，结合中耕，在植株基部培土，拔除杂草。

③ 肥水管理　出苗前需保持土壤湿润，适当控制浇水。浇水最好采用微喷灌管喷灌，土壤见干见湿，促进根系发育。叶片封垄前，需划锄2～3次，灭草、保墒，促进根系发育。结合浇水追施第1次肥，每亩冲施腐熟粪稀或沼液500千克。

第2叶环展开后，适度控制浇水，浅锄土垄1～2次，预防叶片徒长，促进根系发育。

肉质根膨大期,应及时适度增加灌溉,保证水分供应,保持土壤湿润。每次浇水之前,每亩撒施硫酸钾镁(或黄腐酸钾)10千克+海藻高氮有机肥15~20千克,或糖蜜水溶性有机肥20千克,撒后锄地,肥、土掺混均匀,适度培土,后喷灌;也可每亩冲施沼液或腐熟粪稀500千克,促进块根迅速膨大。

遇大雨后,需及时排除积水,防止因水量过多引起裂根、烂根。收获前7天左右停止浇水,15天左右停止追肥。

(4)病虫害防治 出齐苗时,田间及时吊挂黄色、蓝色杀虫板,每30平方米各一张,每20天左右更换1次,诱杀蚜虫、粉虱、斑潜蝇、蓟马等害虫。

出苗后、定苗后分别喷洒300倍溃腐灵(或其他小檗碱类植物农药)+500倍0.7%苦参碱+500倍1.5%除虫菊素+600倍苏云金杆菌+100倍红糖+8000倍0.01%芸苔素内酯+600倍植物细胞膜稳态剂+500倍黄腐酸钾+6000倍有机硅混合液,预防病虫害发生,促进植株快速生长。后每次降雨之后及时喷洒上述药肥混合液,预防病虫害发生。

降大雨之前1~2天,及时喷洒200倍等量式波尔多液+300倍硫酸钾镁+6000倍有机硅混合液,预防病害发生。

若发生红蜘蛛危害,需在发生初期细致喷洒0.3波美度石硫合剂+6000倍有机硅混合液防治。

2. 春萝卜有机栽培技术

(1)整地、施肥、做高垄畦 参阅"秋萝卜有机栽培技术"。

(2)播种 选择冬性强、不易抽薹的春播萝卜品种,于春分前后播种。要预防因播种过早苗期低温时间长,度过春化阶段,诱发抽薹现象。种子处理、播种方法、间苗等参阅"秋萝卜有机栽培技术"。

(3)田间管理

① 中耕、除草、培土 出齐苗后及时浅中耕灭草,疏松表土,切断土壤毛管,减少水分蒸发,穴中幼苗周围的杂草用手拔除或剪除。

定苗时，再次中耕灭草，结合中耕，在植株基部培土，拔除杂草。

② 肥水管理　出苗前需保持土壤湿润，适当控制浇水。浇水最好采用微喷灌管喷灌，土壤见干见湿，促进根系发育。叶片封垄前，需划锄 2～3 次，灭草、保墒，促进根系发育。结合浇水追肥，每亩冲施腐熟粪稀或沼液 500 千克，或糖蜜水溶性有机肥 30 千克。

第 2 叶环展开后，适度增加喷灌次数与灌水量，抓住两次浇水间隙中浅锄土垄 1～2 次，疏松土壤，促进块根快速生长。

肉质根膨大期，及时适度增加灌溉，保证水分供应，保持土壤湿润。每次浇水之前，每亩撒施硫酸钾镁（或黄腐酸钾）10 千克+海藻高氮有机肥 15～20 千克，撒后锄地，肥、土掺混均匀，适度培土，后喷灌；也可每亩冲施沼液或腐熟粪稀 500 千克，或糖蜜水溶性有机肥 30 千克，促进块根迅速膨大。

遇大雨后，需及时排除积水，防止因水量过多引起裂根、烂根。收获前 7 天左右，停止浇水，15 天左右停止追肥。

（4）及时收获　只要肉质根长成商品大小，就要及时收获、快速销售，预防高温诱发糠心现象。

（5）病虫害防治　参阅"秋萝卜有机栽培技术"。

3. 夏萝卜有机栽培技术

（1）整地、施肥、做高垄畦　参阅"秋萝卜有机栽培技术"。

（2）播种　选择耐热、高抗病毒病的夏播萝卜品种，立夏后、夏至前播种。种子处理、播种方法、间苗等技术参阅"秋萝卜有机栽培技术"。

（3）田间管理

① 出苗后，及时用井水勤喷灌，降低地温，促进幼苗快速生长发育。间苗、中耕、除草、培土等技术参阅"秋萝卜有机栽培技术"。定苗时，结合中耕，在植株基部培土，随即用井水喷灌，降低地温，促进肉质根生长发育。

② 肥水管理。播种前浇灌井水造墒，降低土壤温度，保持土壤湿润；出苗后用井水勤喷灌，降低地温，保持土壤湿润，促进植株发育。叶片封

垄前，需划锄 2~3 次，灭草、保墒、促进根系发育。结合浇水勤追肥，每亩撒施腐熟动物粪便 500 千克左右，撒肥后锄地松土、及时喷灌，或结合浇水冲施腐熟粪稀或沼液 500 千克，或糖蜜水溶性有机肥 20 千克。

第 2 叶环展开后，适度增加喷灌次数与喷灌水量，抓住两次浇水间隙，浅锄土垄 1~2 次，疏松土壤，促进肉质根快速生长。

肉质根迅速膨大期，及时适度增加灌溉量，保证水分供应，保持土壤湿润。每次浇水之前，每亩撒施腐熟动物粪便 500 千克，撒后锄地，肥、土掺混均匀，适度培土，后喷灌。也可每亩冲施沼液或腐熟粪稀 500 千克，或糖蜜水溶性有机肥 20 千克，促进肉质根迅速膨大。

③ 遇大雨后，需及时排除积水，防止因水量过多引起裂根、烂根。收获前 7 天左右停止浇水，15 天左右停止追肥。

（4）病虫害防治　参阅"秋萝卜有机栽培技术"。

二十、胡萝卜

胡萝卜耐干旱，适应性强，其叶片生长适宜温度为 23~25℃，肉质根形成和快速膨大适宜温度为 20~22℃。在北方暖温带地区一年可栽培春、秋两茬。春茬栽培适宜播种期为春分前后，秋茬栽培于小暑后、大暑前播种。北方寒冷地区一年栽培一茬，"五一"前后播种，霜冻到来之前半月左右收获。

1. 整地与施肥

选择无根结线虫、无砂砾石块的沙土地或沙壤土地，结合整地，每亩施腐熟羊粪 5000 千克（或腐熟鸡粪 3000 千克）+硫酸钾镁 50 千克+硅钙钾镁土壤调理剂 50 千克+海藻高氮有机肥 20 千克+土壤生物菌接种剂 1000 克。硫酸钾镁、硅钙钾镁土壤调理剂、海藻高氮有机肥、土壤生物菌接种剂全部掺混入动物粪便中，拌匀后用农膜封闭发酵 20 天，腐熟后在整地前均匀撒施地面，撒后立即耕翻，细致旋耕、耙平、耙细，不得有土块与石块，以免发生肉质根分杈现象。

做高垄平畦，畦宽100厘米，畦高10厘米，畦沟宽30厘米，灌溉后覆盖白色农膜增温，促进杂草萌发。杂草大部分出土后撤去农膜，细致喷洒300倍1.5%除虫菊素+300倍0.7%苦参碱溶液，再次旋耕灭草，消灭地下害虫，整理畦面后备播。

2. 播种

（1）种子处理　每亩需种子0.4～0.5千克，播前应选择有光泽、籽粒饱满、无病斑、无虫伤、无霉变的种子，晒种2～3天，搓去种子的刺毛，清理干净，装入尼龙纱网袋内，清水搓洗洁净，后用500倍高锰酸钾溶液浸泡5～10分钟杀菌。洗净药液，甩净水分，后用200倍生物菌+50倍植物细胞膜稳态剂混合药液浸泡10分钟，避光晾干后播种。

（2）播种与定苗　采用干籽绳播，行距20厘米，播深1厘米，覆土2毫米左右，畦面覆盖地膜，增温、保墒。基本出齐苗后，于清晨日出前或傍晚日落后撤除地膜。

3. 田间管理

（1）间苗　幼苗出土，长至2片真叶时，拔除小苗、弱苗、过密苗、过大苗，按株距2～3厘米留匀苗。3～4片真叶时，按株距5～7厘米定苗。结合间苗，拔除杂草。

（2）中耕、除草、培土　出齐苗后及时浅中耕灭草，疏松表土，切断土壤毛管，减少水分蒸发，行中杂草用手拔除。

封垄前再次中耕灭草，结合中耕，在植株基部培土，拔除杂草。

（3）肥水管理　出苗前覆盖地膜，保持土壤湿润。撤膜后，适当控制浇水。浇水采用微喷灌管喷灌，土壤见干见湿，促进根系发育。封垄前，划锄2～3次，灭草、保墒、增温。

如果植株长势过旺，需控制浇水，蹲苗10～15天。肉质根膨大期，应及时适量灌溉，保证水分供应，保持土壤湿润，结合浇水每亩冲施硫酸钾镁（或黄腐酸钾）10 千克+海藻高氮有机肥 15～20 千克，或冲施沼液500 千克，或冲施糖蜜水溶性有机肥30 千克，促进肉质根快速膨大。

遇大雨后，需及时排除积水，防止因水量过多引起裂根、烂根。收获前 10 天停止浇水。

4. 病虫害防治

播种前结合旋耕，每亩土壤喷洒 200 倍 0.7%苦参碱+200 倍 1.5%除虫菊素+300 倍白僵菌混合液 60 千克，消灭地老虎、蝼蛄、蛴螬等土壤害虫，确保全苗。

定苗后，及时喷洒 500 倍 0.7%苦参碱+500 倍 1.5%除虫菊素+800 倍大蒜油+300 倍溃腐灵+600 倍植物细胞膜稳态剂+8000 倍 0.01%芸苔素内酯+6000 倍有机硅+500 倍黄腐酸钾混合液，每 10 天左右 1 次，预防病虫害发生，促进植株发育、肉质根快速膨大。

每次降大雨之前 1～2 天，特别是在连阴雨之前，需及时喷洒 200 倍等量式波尔多液+300 倍硫酸钾镁+6000 倍有机硅混合液；或降雨之后及时抢喷 300 倍溃腐灵+6000 倍有机硅+600 倍植物细胞膜稳态剂+500 倍黄腐酸钾混合液，预防病害发生。

出齐苗时，田间及时吊挂黄色、蓝色杀虫板，每 30 平方米各一张，诱杀蚜虫、白粉虱、潜叶蝇、蓟马等害虫。杀虫板每 20 天左右需更新 1 次。

若发生红蜘蛛危害，需在发生初期细致喷洒 0.3 波美度石硫合剂+6000倍有机硅混合液防治。

参考文献

[1] 孙培博. 农作物灾害防治指南[M]. 北京: 化学工业出版社, 2013.

[2] 孙培博. 新编植物医生指南[M]. 北京: 中国农业出版社, 2009.

[3] 王同雨, 孙培博. 辣(甜)椒高产优质栽培技术问答[M]. 北京:中国农业出版社, 2013.

[4] 孙培博. 温室蔬菜栽培十大误区与矫正[M]. 北京: 中国农业出版社, 2008.